"十四五"职业教育国家规划教材

职业教育"十三五"
数字媒体应用人才培养规划教材

Photoshop CS6

图像处理
基础教程

第 5 版 | 微课版

石坤泉 汤双霞 / 主编

U0265027

人民邮电出版社

北 京

图书在版编目（CIP）数据

Photoshop CS6图像处理基础教程：微课版 / 石坤泉，汤双霞主编. -- 5版. -- 北京 ： 人民邮电出版社，2019.11（2023.8重印）
职业教育"十三五"数字媒体应用人才培养规划教材
ISBN 978-7-115-52297-9

Ⅰ. ①P… Ⅱ. ①石… ②汤… Ⅲ. ①图象处理软件—职业教育—教材 Ⅳ. ①TP391.413

中国版本图书馆CIP数据核字(2019)第274292号

内 容 提 要

本书全面、系统地介绍了 Photoshop CS6 的基本操作方法和图形图像处理技巧，包括初识Photoshop CS6、图像处理基础知识、绘制和编辑选区、绘制和修饰图像、编辑图像、调整图像的色彩和色调、图层的应用、文字的使用、图形与路径、通道的应用、滤镜效果、动作的制作、综合应用精彩实例等内容。

本书将案例融入软件功能的介绍过程，在讲解了基础知识和基本操作后，精心设计了课堂案例，力求通过课堂案例演练，使学生快速掌握软件的应用技巧；最后通过课后习题实践，拓展学生的实际应用能力。在本书的最后一章，精心安排了专业设计公司的 13 个精彩实例，力求通过这些实例的制作，提高学生的设计创意能力。

本书适合作为职业院校数字媒体艺术类专业 Photoshop 课程的教材，也可供相关人员自学参考。

◆ 主　编　石坤泉　汤双霞
　　责任编辑　桑　珊
　　责任印制　马振武
◆ 人民邮电出版社出版发行　　北京市丰台区成寿寺路 11 号
　　邮编　100164　　电子邮件　315@ptpress.com.cn
　　网址　http://www.ptpress.com.cn
　　北京天宇星印刷厂印刷
◆ 开本：787×1092　1/16
　　印张：22.25　　　　　　　　2019 年 11 月第 5 版
　　字数：565 千字　　　　　　2023 年 8 月北京第 10 次印刷

定价：59.80 元

读者服务热线：**(010)81055256**　印装质量热线：**(010)81055316**
反盗版热线：**(010)81055315**
广告经营许可证：京东市监广登字 20170147 号

第5版前言

　　Photoshop 是由 Adobe 公司开发的图形图像处理和编辑软件。它功能强大、易学易用，深受图形图像处理爱好者和平面设计人员的喜爱，已经成为这一领域最流行的软件之一。目前，我国很多职业院校的数字媒体艺术类专业，都将"Photoshop"列为一门重要的专业课程。为了帮助职业院校的教师全面、系统地讲授这门课程，使学生能够熟练地使用 Photoshop 来进行创意设计，我们几位长期在高职院校从事 Photoshop 教学的教师和专业平面设计公司经验丰富的设计师，共同编写了本书。

　　本书具有完备的知识结构体系，力求通过对软件基础知识的讲解，帮助学生深入学习软件功能；在讲解了基础知识和基本操作后，精心设计了课堂案例，力求通过课堂案例演练，帮助学生快速掌握软件的应用技巧；通过主要章节最后的课后习题实践，拓展学生的实际应用能力；最后一章的精彩实例可以提高学生的设计创意能力。在内容编写方面，我们力求细致全面、重点突出；在文字叙述方面，我们注意言简意赅、通俗易懂；在案例选取方面，我们强调案例的针对性和实用性。

　　本书配备了所有案例的素材及效果文件、详尽的课堂练习和课后习题的操作步骤及 PPT 课件、教学大纲等丰富的教学资源，任课教师可到人邮教育社区（www.ryjiaoyu.com）免费下载使用。本书的参考学时为 64 学时，其中实训环节为 36 学时，各章的参考学时参见下面的学时分配表。

第5版前言

章	课程内容	学时分配	
		讲授（学时）	实训（学时）
第 1 章	初识 Photoshop CS6	2	2
第 2 章	图像处理基础知识	2	
第 3 章	绘制和编辑选区	2	2
第 4 章	绘制和修饰图像	2	2
第 5 章	编辑图像	2	2
第 6 章	调整图像的色彩和色调	2	4
第 7 章	图层的应用	2	4
第 8 章	文字的使用	2	4
第 9 章	图形与路径	2	4
第 10 章	通道的应用	2	4
第 11 章	滤镜效果	2	2
第 12 章	动作的制作	2	2
第 13 章	综合应用精彩实例	4	4
学 时 总 计		28	36

　　本书中关于颜色设置的表述，如蓝色（232、239、248），括号中的数字分别为其 R、G、B 的值。

　　本书全面贯彻党的二十大精神，以社会主义核心价值观为引领，传承中华优秀传统文化，坚定文化自信，使内容更好体现时代性、把握规律性、富于创造性。

　　由于编者水平有限，书中难免存在疏漏和不妥之处，敬请广大读者批评指正。

编　者

2023 年 5 月

Photoshop 教学辅助资源及配套教辅

素材类型	名称或数量	素材类型	名称或数量
教学大纲	1 套	课堂实例	46 个
电子教案	13 单元	课后实例	28 个
PPT 课件	13 个	课后答案	28 个
第 3 章 绘制和编辑 选区	制作圣诞贺卡	第 11 章 滤镜效果	制作舞蹈宣传单
	制作合成婚纱照		制作淡彩钢笔画
	制作空中楼阁		制作荷花纹理
第 4 章 绘制和修饰 图像	漂亮的画笔	第 12 章 动作的制作	柔和分离色调效果
	制作运动宣传照片		制作炫酷海报
	修复美女照片		创建 LOMO 特效动作
第 5 章 编辑图像	制作卡片	第 13 章 综合应用 精彩实例	更换照片背景
	绘制时尚装饰画		调整照片颜色
	制作展示油画		局部灰度照片
	校正倾斜的照片		制作烛台特效
	制作产品手提袋		制作动感舞者
	制作科技宣传卡		制作粒子光
第 6 章 调整图像的 色彩和色调	制作摄影作品展示		添加文身
	更换衣服颜色		制作主题海报
	制作艺术化照片		制作手绘图形
	调整曝光不足的照片		制作漂浮的水果
	制作个性人物轮廓照片		制作相机图标
	制作城市风光		制作收音机图标
第 7 章 图层的应用	制作卡通图标		制作视频图标
	制作趣味文字		制作荷花餐具
	制作美妆宣传单		制作美丽夕阳插画
	制作合成风景照片		制作海湾插画
	制作艺术照片		制作生日贺卡
	制作茶道生活照片		制作美容宣传卡
第 8 章 文字的使用	制作文字效果		制作春节贺卡
	制作房地产广告		制作房地产广告
	制作运动鞋促销海报		制作电视广告
第 9 章 图形与路径	制作炫彩图标		制作汽车广告
	制作路径特效		制作美食书籍封面
	制作圣诞主题图案		制作少儿读物书籍封面
第 10 章 通道的应用	变换时尚背景		制作儿童教育书籍封面
	制作合成图像		制作零食包装
	使用通道更换照片背景		制作曲奇包装
第 11 章 滤镜效果	制作海洋拼贴画		制作书籍包装
	制作液化文字		制作数码产品网页
	制作素描图像		制作家具网页
	制作滤镜扭曲		制作绿色粮仓网页

目 录

CONTENTS

CONTENTS

目 录

CONTENTS

目录

CONTENTS

扩展知识扫码阅读

设计基础知识

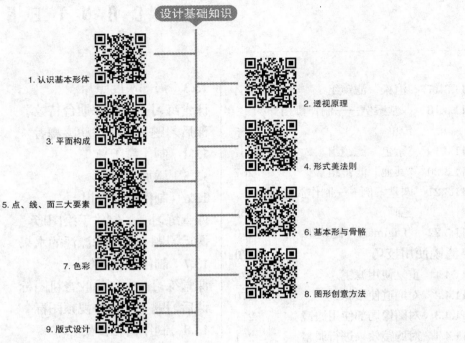

1. 认识基本形体
2. 透视原理
3. 平面构成
4. 形式美法则
5. 点、线、面三大要素
6. 基本形与骨骼
7. 色彩
8. 图形创意方法
9. 版式设计

设计应用知识

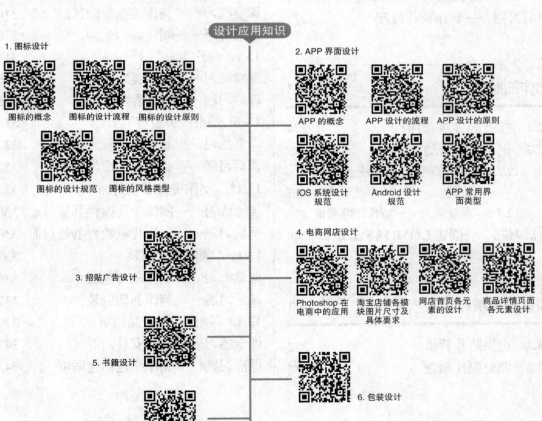

1. 图标设计
图标的概念　图标的设计流程　图标的设计原则
图标的设计规范　图标的风格类型

2. APP 界面设计
APP 的概念　APP 设计的流程　APP 设计的原则
iOS 系统设计规范　Android 设计规范　APP 常用界面类型

3. 招贴广告设计

4. 电商网店设计
Photoshop 在电商中的应用　淘宝店铺各模块图片尺寸及具体要求　网店首页各元素的设计　商品详情页面各元素设计

5. 书籍设计

6. 包装设计

7. 网页设计

01

第1章
初识 Photoshop CS6

本章介绍

本章将详细讲解 Photoshop CS6 的基础知识和基本操作。读者通过学习本章将对 Photoshop CS6 有初步的认识和了解，并能够掌握软件的基本操作方法，为以后的学习打下坚实的基础。

学习目标

- ✔ 了解 Photoshop CS6 的系统要求。
- ✔ 了解工作界面的介绍。
- ✔ 了解如何新建和打开图像。
- ✔ 了解如何保存和关闭图像。
- ✔ 了解图像的显示效果。
- ✔ 了解标尺、参考线和网格线的设置。
- ✔ 了解图像和画布尺寸的调整。
- ✔ 了解绘图颜色的设置。
- ✔ 了解图层的含义。
- ✔ 了解恢复操作的应用。

技能目标

- ✱ 掌握软件的工作界面。
- ✱ 熟练掌握文件的基本操作方法。
- ✱ 掌握图像和画布的尺寸设置技巧。
- ✱ 掌握不同的颜色设置技巧。
- ✱ 了解图层的基本运用和恢复操作的方法。

1.1　Photoshop CS6 的系统要求

在使用 Photoshop CS6 制作图像的过程中，不仅有大量的信息需要存储，而且在每一步操作中都需要经过复杂的计算，才能改变图像的效果。所以，计算机配置的高低对 Photoshop CS6 软件的运行有直接的影响。要使 Photoshop CS6 正常运行，对系统的基本要求如下。

- 配有 Intel Pentium 4、AMD Athlon 64 或更高级的处理器。
- 具有 1 GB 以上的内存。
- 具有 80 GB 以上的可用硬盘空间。
- 配有 16 位颜色或更高级视频卡的彩色显示器。
- 配有 1 024 px × 768 px 或更高的显示器分辨率。
- 配有鼠标或其他定位设备。
- 为 Windows XP 及以上的操作系统。
- 配有 DVD-ROM 驱动器。

如果要从事平面设计工作，在系统配置上要尽量选择高配置。应该配置高性能的真彩色适配卡，显存要大于 512 MB，这样才能在处理高质量的图像时提高显示速度。内存的容量也要尽量增加，这样可以明显地提高处理图像的速度。硬盘空间必须要充足，因为高质量的图像存储和处理也需要较大的硬盘空间。

1.2　工作界面的介绍

使用工作界面是学习 Photoshop CS6 的基础。熟练掌握工作界面的内容，有助于广大初学者日后得心应手地使用 Photoshop CS6。

Photoshop CS6 的工作界面主要由菜单栏、属性栏、工具箱、控制面板和状态栏组成，如图 1-1 所示。

图 1-1

1.2.1　菜单栏及其快捷方式

Photoshop CS6 的菜单栏依次分为"文件"菜单、"编辑"菜单、"图像"菜单、"图层"菜单、"文字"菜单、"选择"菜单、"滤镜"菜单、"3D"菜单、"视图"菜单、"窗口"菜单及"帮助"菜单，如图 1-2 所示。

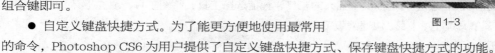

图1-2

选择这些菜单命令来管理和操作软件，有以下几种方法。

● 使用鼠标选择所需要的命令。使用鼠标左键单击（以下简称为"单击"）菜单名，在打开的菜单中选择所需要的命令。打开图像，在工具箱中选择不同的工具，用鼠标右键单击图像区域，将弹出不同的快捷菜单，可以选择快捷菜单中的命令对图像进行编辑，如选择"矩形选框"工具后，用鼠标右键单击图像区域，弹出的快捷菜单如图 1-3 所示。

● 使用快捷键选择所需要的命令。使用菜单命令旁标注的快捷键，如选择"文件 > 打开"命令，直接按 Ctrl+O 组合键即可。

● 自定义键盘快捷方式。为了能更方便地使用最常用的命令，Photoshop CS6 为用户提供了自定义键盘快捷方式、保存键盘快捷方式的功能。

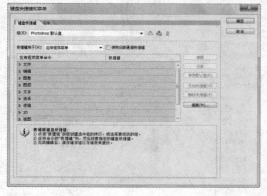

图1-3

选择"编辑 > 键盘快捷键"命令，或按 Alt+Shift+Ctrl+K 组合键，弹出"键盘快捷键和菜单"对话框，如图 1-4 所示。在对话框下面的信息栏中说明了快捷键的设置方法，在"组"选项的下拉列表中可以选择使用哪种快捷键的设置，在"快捷键用于"选项的下拉列表中可以选择需要设置快捷键的菜单或工具，在下面的表格中选择需要的命令或工具进行设置即可，如图 1-5 所示。

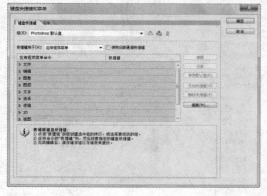

图1-4

图1-5

需要更改快捷键的设置时，单击"键盘快捷键和菜单"对话框中的"根据当前的快捷键组创建一组新的快捷键"按钮，弹出"存储"对话框，如图 1-6 所示。在"文件名"选项的文本框中输入名称，单击"保存"按钮，保存新的快捷键设置。这时，在"组"选项中就可以选择新的快捷键设置了，如图 1-7 所示。

图 1-6

图 1-7

更改快捷键的设置后，需要单击"存储对当前快捷键组的所有更改"按钮 对设置进行存储，单击"确定"按钮，应用更改的快捷键设置。如果要将快捷键的设置删除，可以在"键盘快捷键和菜单"对话框中单击"删除当前的快捷键组合"按钮 ，Photoshop CS6 会将其自动还原为默认状态。

1.2.2 工具箱

Photoshop CS6 的工具箱提供了强大的工具，包括选择工具、绘图工具、填充工具、编辑工具、颜色选择工具、屏幕视图工具、快速蒙版工具等，如图 1-8 所示。

1. 选择工具箱中的默认工具

选择工具箱中的默认工具，有以下几种方法。

● 使用鼠标选择默认工具。单击工具箱中需要的工具，即可快速选择该工具。

● 使用快捷键选择默认工具。直接按键盘上的工具快捷键，即可快速选择该工具，如要选择"移动"工具 ，可以直接按 V 键。

2. 选择工具箱中的隐藏工具

在工具箱中，有的工具图标的右下方有一个黑色的小三角 ，则该工具表示为一个图标有隐藏工具的工具组，如图 1-8 所示。选择工具箱中的隐藏工具，有以下几种方法。

● 使用鼠标选择隐藏工具。单击工具箱中有黑色小三角的工具图标，并按住鼠标左键不放，弹出隐藏的工具选项。将鼠标指针移动到需要的工具图标上，单击鼠标左键即可选择该工具。例如，要选择"磁性套索"工具 ，可先将鼠标指针移动到"套索"工具图标 上，单击图标并按住鼠标左键不放，弹出隐藏的"套索"工具选项，

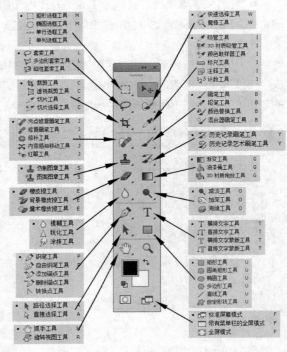

图 1-8

如图 1-9 所示,将鼠标指针移动到"磁性套索"工具图标 🔲 上,单击鼠标左键即可选择"磁性套索"工具 🔲 。

● 使用快捷键选择隐藏工具。按住 Alt 键的同时反复单击有隐藏工具的图标,就会循环出现每个隐藏的工具图标。按住 Shift 键的同时反复按键盘上的工具快捷键,也会循环出现每个隐藏的工具图标。

3. 改变图像中光标的形状

改变图像中光标的形状,有以下几种方法。

● 选择工具箱中的工具。选择工具箱中的工具后,图像中的光标就变为工具图标,如图 1-10 所示。

图 1-9   图 1-10

● 按键盘上的快捷键。反复按 Caps Lock 键,可以使光标在工具图标和精确"十"字形之间切换。

1.2.3 属性栏

用户选择工具箱中的任意一个工具后,都会在 Photoshop CS6 的界面中出现相对应的属性栏。例如,选择工具箱中的"套索"工具 🔘 ,出现"套索"工具的属性栏,如图 1-11 所示。

图 1-11

1.2.4 状态栏

在 Photoshop CS6 中,图像的状态栏显示在图像文件窗口的底部。状态栏的左侧是当前图像缩放显示的百分数;状态栏的中间部分是图像的文件信息,单击黑色三角图标 ▶ ,在弹出的菜单中可以选择当前图像的相关信息,如图 1-12 所示。

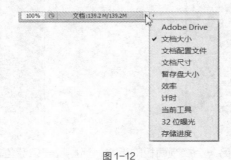

图 1-12

1.2.5　控制面板

Photoshop CS6 的控制面板是处理图像时另一个不可或缺的部分。打开 Photoshop CS6，可以看到 Photoshop CS6 的界面为用户提供了多个控制面板组，如图 1-13 所示。

在这些控制面板组中，通过切换各控制面板的选项卡还可以选择其他控制面板，如图 1-13 所示。如果控制面板组的右下角有 图标，那么单击图标 并按住鼠标左键不放，即可拖曳放大或缩小控制面板。

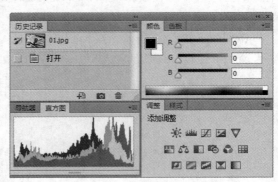

图1-13

1. **选择控制面板**

选择控制面板有以下几种方法。

● 在"窗口"菜单中选择控制面板的菜单命令，可选择控制面板。

● 使用快捷键选择控制面板。按 F6 键，可选择"颜色"控制面板；按 F7 键，可选择"图层"控制面板；按 F8 键，可选择"信息"控制面板。

● 使用鼠标选择控制面板。在打开的控制面板中，单击要使用的控制面板选项卡，将从当前控制面板切换到用户要使用的控制面板中。

如果想单独使用一个控制面板，可以在控制面板组中单击需要单独使用的控制面板选项卡，并按住鼠标左键不放，拖曳选项卡到其他位置，此时松开鼠标左键将出现一个单独的控制面板，如图 1-14 和图 1-15 所示。如果想将不同控制面板组中的控制面板调换位置，也可以使用这种方法，如图 1-16 和图 1-17 所示。

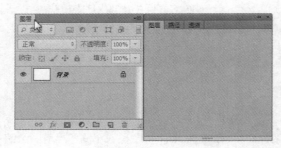

图1-14 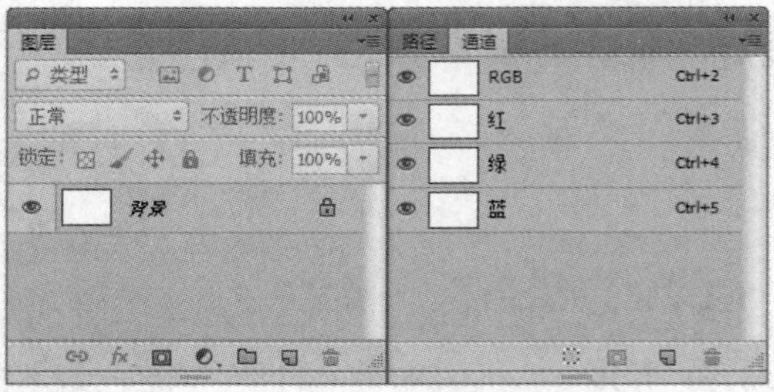　　　　　　　　　　　图1-15

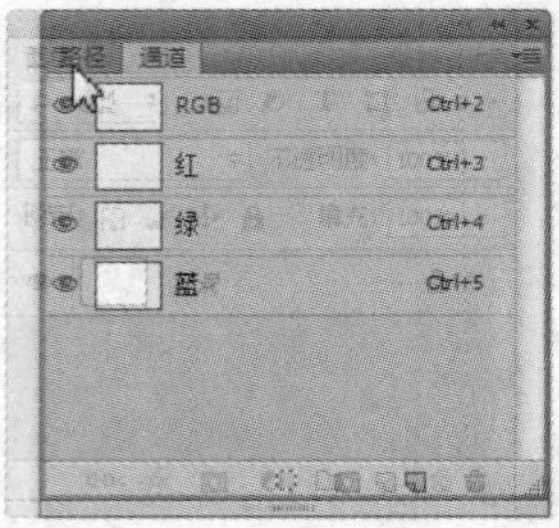

图1-16

图1-17

拖曳控制面板的选项卡到另一个控制面板的下方，当出现一条蓝色粗线时，如图 1-18 所示，松开鼠标左键即可将两个控制面板连接在一起，效果如图 1-19 所示。

图 1-18   图 1-19

2. 显示或隐藏控制面板

显示或隐藏控制面板，有以下几种方法。

● 在"窗口"菜单中可选择需要显示或隐藏的控制面板。

● 使用快捷键显示或隐藏控制面板。反复按 Tab 键，可控制显示或隐藏工具箱和控制面板；反复按 Shift+Tab 组合键，可控制显示或隐藏控制面板。

3. 自定义工作区

可以依据个人习惯来自定义工作区、存储控制面板及设置工具的排列方式，设计出个性化的 Photoshop CS6 界面。

选择"窗口 > 工作区 > 新建工作区"命令，如图 1-20 所示。弹出"新建工作区"对话框，如图 1-21 所示，输入名称，单击"存储"按钮，即可存储图 1-20 所示的自定义工作区。

图 1-20   图 1-21

使用自定义工作区时，在"窗口 > 工作区"命令中选择新保存的工作区名称即可。如果想要恢复使用 Photoshop CS6 默认的工作区状态，可以选择"窗口 > 工作区 > 复位调板位置"命令。选择"窗口 > 工作区 > 删除工作区"命令，可以删除自定义的工作区。

1.3　如何新建和打开图像

如果要在一个空白的图像上绘图，就要在 Photoshop CS6 中新建一个图像文件；如果要对照片或图片进行修改和处理，就要在 Photoshop CS6 中打开需要的图像。

1.3.1　新建图像

新建图像是使用 Photoshop CS6 进行设计的第一步。启用"新建"命令，有以下几种方法。
- 选择"文件 > 新建"命令。
- 按 Ctrl+N 组合键。

启用"新建"命令，将弹出"新建"对话框，如图 1-22 所示。

在对话框中，"名称"选项的文本框用于输入新建图像的文件名；"预设"选项的下拉列表用于自定义或选择其他固定格式文件的大小；"宽度"和"高度"选项的数值框用于输入需要设置的宽度和高度的数值；"分辨率"选项的数值框用于输入需要设置的分辨率的数值；"颜色模式"选项的下拉列表用于选择颜色模式；"背景内容"选项的下拉列表用于设定图像的背景颜色。

单击"高级"按钮 ，弹出新选项。其中，"颜色配置文件"选项的下拉列表可以设置文件的色彩配置方式；"像素长宽比"选项的下拉列表可以设置文件中像素比的方式；信息栏中"图像大小"下面显示的是当前文件的大小。设置好后，单击"确定"按钮，即可完成新建图像的任务，如图 1-23 所示。

图1-22

图1-23

 每英寸像素数越高，图像文件也就越大。应根据工作需要设定合适的分辨率。

1.3.2　打开图像

打开图像是使用 Photoshop CS6 对原有图片进行修改的第一步。

1. 使用菜单命令或快捷键打开文件

启用"打开"命令，有以下几种方法。

● 选择"文件 > 打开"命令。

● 按 Ctrl+O 组合键。

● 直接在 Photoshop CS6 界面中双击鼠标左键。

启用"打开"命令，将弹出"打开"对话框，如图 1-24 所示。在对话框中搜索路径和文件，确认文件类型和名称，通过 Photoshop CS6 提供的预览缩略图选择文件，然后单击"打开"按钮，或直接双击文件，即可打开指定的图像文件，如图 1-25 所示。

图 1-24   图 1-25

 　　在"打开"对话框中，也可以同时打开多个文件。只要在文件列表中将所需的多个文件选中，单击"打开"按钮，Photoshop CS6 就会按先后次序逐个打开这些文件，以免多次反复调用"打开"对话框。在"打开"对话框中，按住 Ctrl 键的同时单击，可以选择不连续的文件；按住 Shift 键的同时单击，可以选择连续的文件。

2. 使用"浏览"命令打开文件

启用"浏览"命令，有以下几种方法。

● 选择"文件 > 在 Bridge 中浏览"命令。

● 按 Alt+Ctrl+O 组合键。

启用"在 Bridge 中浏览"命令，系统将弹出"文件浏览器"控制面板，如图 1-26 所示。

在"文件浏览器"控制面板中可以直观地浏览和检索图像，双击选中的文件即可在 Photoshop CS6 界面中打开该文件。

3. 打开最近使用过的文件

如果要打开最近使用过的文件，可以选择"文件 > 最近打开文件"命令，系统会弹出最近打开过的文件菜单供用户选择。

图 1-26

1.4 如何保存和关闭图像

对图像的编辑和制作完成后，就需要对图像进行保存。对于暂时不用的图像，进行保存后就可以将它关闭。

1.4.1 保存图像

编辑和制作完图像后，就需要对图像进行保存。启用"存储"命令，有以下几种方法。

● 选择"文件 > 存储"命令。

● 按 Ctrl+S 组合键。

当对设计好的作品进行第一次存储时，启用"存储"命令，系统将弹出"存储为"对话框，如图 1-27 所示，在对话框中，输入文件名并选择文件格式，单击"保存"按钮，即可将图像保存。

图 1-27

在对图像文件进行了各种编辑操作后，选择"存储"命令，系统不会弹出"存储为"对话框，计算机直接保留最终确认的结果，并覆盖原始文件。因此，在未确定要放弃原始文件之前，应慎用此命令。

若既要保留修改过的文件，又不想放弃原文件，则可以使用"存储为"命令。启用"存储为"命令，有以下几种方法。

● 选择"文件 > 存储为"命令。

● 按 Shift+Ctrl+S 组合键。

启用"存储为"命令，系统将弹出"存储为"对话框，在对话框中，可以为更改过的文件重新命名、选择路径和设定格式，然后进行保存。原文件保留不变。

"存储选项"选项组中一些选项的功能如下。

选中"作为副本"复选框时，可将处理后的文件保存为该文件的副本。选中"Alpha 通道"复选框时，可保存带有 Alpha 通道的文件。选中"图层"复选框时，可将图层和文件同时保存。选中"注释"复选框时，可保存带有批注的文件。选中"专色"复选框时，可保存带有专色通道的文件。选中"使用小写扩展名"复选框时，将使用小写的扩展名保存文件；不选中该复选框时，将使用大写的扩展名保存文件。

1.4.2　关闭图像

保存图像后，就可以将其关闭了。关闭图像，有以下几种方法。

● 选择"文件 > 关闭"命令。

● 按 Ctrl+W 组合键。

● 单击图像窗口右上方的"关闭"按钮 ✕。

关闭图像时，若当前文件被修改过或是新建的文件，则系统会弹出一个提示框，如图 1-28 所示，询问用户是否进行保存，若单击"是"按钮则保存图像。

图 1-28

如果要将打开的图像全部关闭，可以选择"文件 > 关闭全部"命令。

1.5　图像的显示效果

使用 Photoshop CS6 编辑和处理图像时，可以通过改变图像的显示比例来使工作变得更加便捷、高效。

1.5.1　100%显示图像

100%显示图像，如图 1-29 所示。在此状态下可以对文件进行精确的编辑。

图 1-29

1.5.2 放大显示图像

放大显示图像有利于观察图像的局部细节并更准确地编辑图像。放大显示图像，有以下几种方法。

● 使用"缩放"工具。选择工具箱中的"缩放"工具 🔍，图像中光标变为"放大"工具 ⊕，每单击一次鼠标，图像就会放大原图的一倍。例如，图像以 100%的比例显示在屏幕上，单击"放大"工具 ⊕ 一次，则图像的比例变成 200%，再单击一次，则变成 300%，如图 1-30 和图 1-31 所示。当要放大一个指定的区域时，先选择"放大"工具 ⊕，然后把"放大"工具定位在要放大的区域，按住鼠标左键并拖动鼠标，使画出的矩形框选住所需的区域，然后松开鼠标左键，这个区域就会放大显示并填满图像窗口，如图 1-32 和图 1-33 所示。

图 1-30

图 1-31

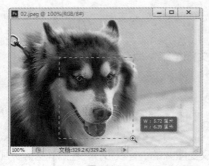

图 1-32

图 1-33

● 使用快捷键。按 Ctrl + +组合键，可逐次地放大图像。

● 使用属性栏。如果希望将图像的窗口放大填满整个屏幕，可以在"缩放"工具的属性栏中勾选"调整窗口大小以满屏显示"选项，再单击"适合屏幕"按钮，如图 1-34 所示。这样在放大图像时，窗口就会和屏幕的尺寸相适应，效果如图 1-35 所示。单击"实际像素"按钮，图像就会以实际像素比例显示；单击"打印尺寸"按钮，图像就会以打印分辨率显示。

图 1-34

图 1-35

● 使用"导航器"控制面板。用户也可以在"导航器"控制面板中对图像进行放大。单击控制面板右下角较大的三角图标 ▲，可逐次地放大图像。单击控制面板左下角较小的三角图标 ▲，可逐次地缩小图像。拖拉滑块可以自由地将图像放大或缩小。在左下角的数值框中直接输入数值后，按 Enter 键确认，也可以将图像放大或缩小，如图 1-36 ~ 图 1-38 所示。

图 1-36

图 1-37

图1-38

双击"抓手"工具，可以把整个图像放大成"满画布显示"效果。当正在使用工具箱中的其他工具时，按住 Ctrl+Spacebar（空格）组合键，可以快速调用"放大"工具，进行放大显示的操作。

1.5.3 缩小显示图像

缩小显示，可使图像变小，这样一方面可以用有限的屏幕空间显示出更多的图像，另一方面可以看到一个较大图像的全貌。缩小显示图像，有以下几种方法。

● 使用"缩放"工具。选择工具箱中的"缩放"工具，图像中光标变为"放大"工具图标，按住 Alt 键，则屏幕上的"缩放"工具图标变为"缩小"工具图标。每单击一次鼠标，图像将缩小显示一级，如图 1-39 所示。

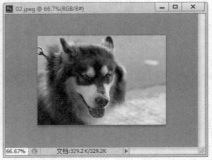

图1-39

● 使用属性栏。在"缩放"工具的属性栏中单击"缩小"工具按钮，如图 1-40 所示，则屏幕上的"缩放"工具图标变为"缩小"工具图标。每单击一次鼠标，图像将缩小显示一级。

图1-40

● 使用快捷键。按 Ctrl + − 组合键，可逐次地缩小图像。

当正在使用工具箱中的其他工具时，按住 Alt+Spacebar（空格）组合键，可以快速地选择"缩小"工具 🔍，进行缩小显示的操作。

1.5.4 全屏显示图像

全屏显示图像可以更好地观察图像的完整效果。全屏显示图像有以下几种方法。

● 单击工具箱中的"更改屏幕模式"按钮 🖵，弹出屏幕模式快捷菜单，包括标准屏幕模式、带有菜单栏的全屏模式和全屏模式。

● 使用快捷键。反复按 F 键，可以切换不同的屏幕模式效果，如图 1-41 ~ 图 1-43 所示。按 Tab 键，可以关闭除图像和菜单外的其他控制面板，效果如图 1-44 所示。

图 1-41

图 1-42

图 1-43

图 1-44

1.5.5 图像窗口显示

当打开多个图像文件时，会出现多个图像文件窗口，这就需要对窗口进行布置和摆放。

双击 Photoshop CS6 界面，弹出"打开"对话框。在"打开"对话框中，按住 Ctrl 键的同时，单击要打开的文件，如图 1-45 所示，然后单击"打开"按钮，效果如图 1-46 所示。

按 Tab 键，关闭界面中的工具箱和控制面板，将鼠标指针放在图像窗口的标题栏上，拖曳图像窗口到屏幕的任意位置，如图 1-47 所示。

图 1-45

图 1-46

图 1-47

选择"窗口 > 排列 > 层叠"或"平铺"命令，效果如图 1-48 和图 1-49 所示。

图 1-48

图 1-49

1.5.6　观察放大图像

可以将图像进行放大以便观察。选择工具箱中的"缩放"工具 ，在图像中光标变为"放大"工具图标 后，放大图像，图像周围会出现滚动条。

观察放大图像，有以下几种方法。

● 应用"抓手"工具 。选择工具箱中的"抓手"工具 ，图像中光标变为抓手，在放大的图像中拖曳，可以观察图像的每个部分，效果如图 1-50 所示。

● 拖曳滚动条。直接用鼠标拖曳图像周围的垂直或水平滚动条，可以观察图像的每个部分，效果如图 1-51 所示。

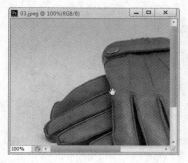

图 1-50

图 1-51

技巧

如果正在使用其他工具进行工作，按住 Spacebar（空格）键，可以快速选择"抓手"工具 🖐️。

1.6 标尺、参考线和网格线的设置

标尺、参考线和网格线的设置可以使图像处理变得更加精确。有许多实际设计任务中的问题也需要使用标尺和网格线来解决。

1.6.1 标尺的设置

设置标尺可以精确地编辑和处理图像。选择"编辑 > 首选项 > 单位与标尺"命令，如图 1-52 所示。"单位"选项组用于设置标尺和文字的显示单位，有不同的显示单位可供选择；"列尺寸"选项组可以用来精确确定图像的尺寸；"点/派卡大小"选项组则与输出有关。

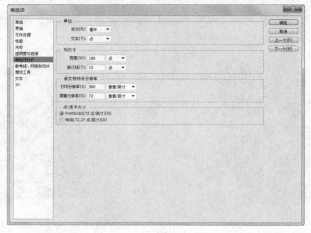

图 1-52

选择"视图 > 标尺"命令，或反复按 Ctrl+R 组合键，可以显示或隐藏标尺，如图 1-53 和图
1-54 所示。

图 1-53   图 1-54

将鼠标指针放在标尺的 X 轴和 Y 轴的 0 点处，如图 1-55 所示。单击并按住鼠标左键不放，拖
曳指针到适当的位置，如图 1-56 所示，松开鼠标左键，标尺的 X 轴和 Y 轴的 0 点就会处于光标移动
到的位置，如图 1-57 所示。

图 1-55   图 1-56   图 1-57

1.6.2　参考线的设置

设置参考线可以使编辑图像的位置更精确。将鼠标指针放在水平标尺上，按住鼠标左键不放，可
以拖曳出水平的参考线，效果如图 1-58 所示。将鼠标指针放在垂直标尺上，按住鼠标左键不放，可
以拖曳出垂直的参考线，效果如图 1-59 所示。

图 1-58   图 1-59

按住 Alt 键，可以从水平标尺中拖曳出垂直参考线，也可以从垂直标尺中拖曳出水平参考线。

选择"视图 > 显示 > 参考线"命令（只有在参考线存在的前提下此命令才能应用），或反复按 Ctrl +; 组合键，可以将参考线显示或隐藏。

选择工具箱中的"移动"工具，将鼠标指针放在参考线上，指针由"移动"工具图标变为或，按住鼠标左键拖曳可以移动参考线。

选择"视图 > 锁定参考线"命令或按 Alt+Ctrl+; 组合键，可以将参考线锁定，锁定后参考线便不能移动。选择"视图 > 清除参考线"命令，可以将参考线清除。选择"视图 > 新建参考线"命令，弹出"新建参考线"对话框，如图 1-60 所示，设定后单击"确定"按钮，图像中出现新建的参考线。

图1-60

在实际制作过程中，要精确设置标尺和参考线，可以在设定标尺和参考线时参考"信息"控制面板中的数值进行设定。

1.6.3 网格线的设置

设置网格线可以更精确地处理图像，设置方法如下。

选择"编辑 > 首选项 > 参考线、网格和切片"命令，如图 1-61 所示。"参考线"选项组用于设定参考线的颜色和样式；"智能参考线"选项组用于设定智能参考线的颜色；"网格"选项组用于设定网格的颜色、样式、网格线间隔和子网格等；"切片"选项组用于设定线条颜色和显示切片编号。

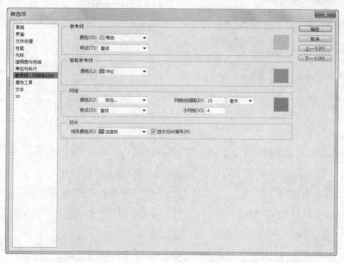

图1-61

打开一张图片，显示标尺，效果如图 1-62 所示，选择"视图 > 显示 > 网格"命令，或反复按 Ctrl+' 组合键，可以将网格显示或隐藏，如图 1-63 所示。

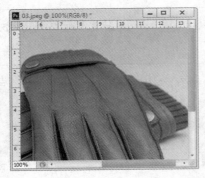

图1-62

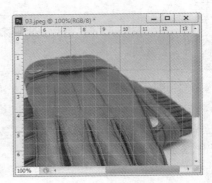

图1-63

1.7   图像和画布尺寸的调整

在完成平面设计任务的过程中，经常需要调整图像尺寸。下面具体讲解图像和画布尺寸的调整方法。

1.7.1   图像尺寸的调整

打开一幅图像，如图 1-64 所示，选择"图像 > 图像大小"命令，系统将弹出"图像大小"对话框，如图 1-65 所示。

图1-64

图1-65

可以通过"像素大小"选项组改变宽度和高度的数值，来改变在屏幕上显示的图像大小，图像的尺寸也相应改变。可以通过"文档大小"选项组改变宽度、高度和分辨率的数值，来改变图像的文档大小，图像的尺寸也相应改变。若勾选"约束比例"选项，则在宽度和高度的选项后会出现"锁链"图标▒，表示改变其中一项设置时，两项会成比例地同时改变。若不勾选"重定图像像素"选项，则像素大小将不会发生变化，此时"文档大小"选项组中的宽度、高度和分辨率的选项后将出现"锁链"图标▒，改变其中一项设置时三项会同时改变，如图 1-66 所示。

单击"自动"按钮，弹出"自动分辨率"对话框，系统将自动调整图像的分辨率和品质效果，如图 1-67 所示。在"图像大小"对话框中，也可以改变数值的计量单位，如图 1-68 所示。

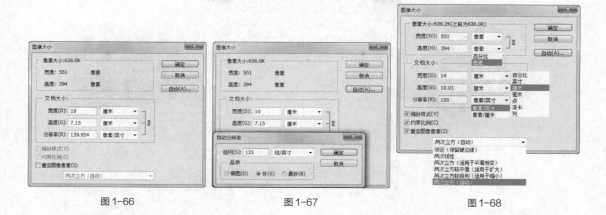

图 1-66   图 1-67   图 1-68

1.7.2　画布尺寸的调整

图像画布尺寸的大小是指当前图像周围的工作空间的大小。

选择"图像 > 画布大小"命令，系统将弹出"画布大小"对话框，如图 1-69 所示。"当前大小"选项组用于显示当前文件的大小和尺寸；"新建大小"选项组用于重新设定图像画布的大小；"定位"选项则可用来调整图像在新画面中的位置，如居中、偏左或偏右上等，如图 1-70 所示。

图 1-69

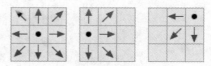

图 1-70

调整画布大小的效果对比如图 1-71 所示。

图 1-71

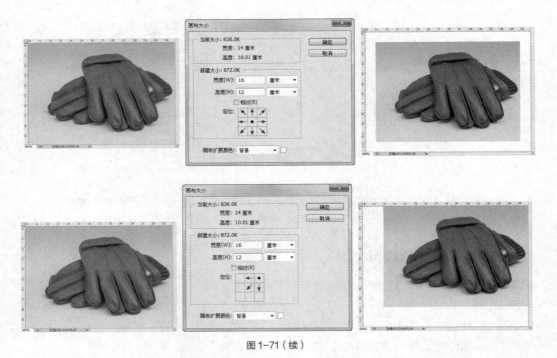

图 1-71（续）

在"画布扩展颜色"选项的下拉列表中可以选择填充图像周围扩展部分的颜色，在列表中可以选择前景色、背景色或 Photoshop CS6 中的默认颜色，如图 1-72 所示，也可以自己调整所需颜色，效果如图 1-73 所示。

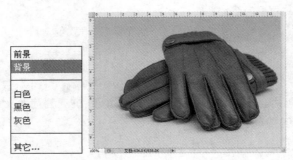

图 1-72

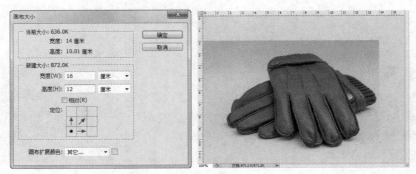

图 1-73

1.8 设置绘图颜色

在 Photoshop CS6 中，可以根据设计和绘图的需要设置多种不同的颜色。

1.8.1 使用色彩控制工具设置颜色

工具箱中的色彩控制工具可以用于设定前景色和背景色。单击切换标志，或按 X 键可以互换前景色和背景色；单击初始化图标，可以使前景色和背景色恢复到初始状态，前景色为黑色、背景色为白色；单击前景色或背景色控制框，系统将弹出图 1-74 所示的"拾色器"对话框，可以在此选取颜色。

在"拾色器"对话框中设置颜色，有以下几种方法。

● 使用颜色滑块和颜色选择区选择颜色。用鼠标在颜色色相区域内单击或拖曳两侧的三角形滑块，如图 1-75 所示，都可以使颜色的色相产生变化。

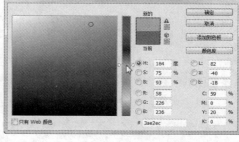

图 1-74   图 1-75

在"拾色器"对话框左侧的颜色选择区中，可以选择颜色的明度和饱和度，垂直方向表示的是明度的变化，水平方向表示的是饱和度的变化。

选择好颜色后，在对话框右侧上方的颜色框中会显示所选择的颜色，右侧下方是所选择颜色的 HSB、RGB、CMYK、Lab 值，单击"确定"按钮，所选择的颜色将变为工具箱中的前景色或背景色。

● 使用"颜色库"按钮选择颜色。在"拾色器"对话框中单击"颜色库"按钮 颜色库 ，弹出"颜色库"对话框，如图 1-76 所示。在"颜色库"对话框中，"色库"选项的下拉列表中是一些常用的印刷颜色体系，如图 1-77 所示。其中，"TRUMATCH"是为印刷设计提供服务的印刷颜色体系。

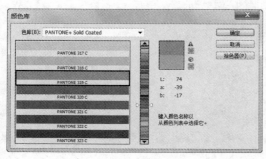
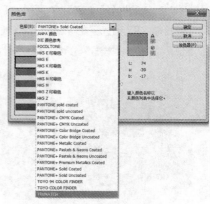

图 1-76   图 1-77

　　在颜色色相区域内单击或拖曳两侧的三角形滑块，可以使颜色的色相产生变化。在颜色选择区中选择带有编码的颜色，在对话框的右侧上方颜色框中会显示所选择的颜色，右侧下方是所选择颜色的CMYK值。

　　选择好颜色后，单击"拾色器"按钮，返回到"拾色器"对话框。

　　● 通过输入数值选择颜色。在"拾色器"对话框中，右侧下方的 HSB、RGB、CMYK、Lab 色彩模式后面，都有可以输入数值的数值框，在其中输入所需颜色的数值也可以得到希望的颜色。

　　勾选对话框左下方的"只有 Web 颜色"选项，颜色选择区中将出现供网页使用的颜色，如图 1-78 所示，在右侧的 # 33cccc 中，显示的是网页颜色的数值。

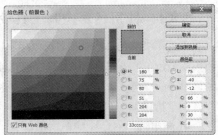

图 1-78

1.8.2　使用"吸管"工具设置颜色

　　可以使用"吸管"工具吸取图像中的颜色来确定要设置的颜色。下面讲解具体的设置方法。

　　1. "吸管"工具

　　使用"吸管"工具 可以在图像或"颜色"控制面板中吸取颜色，并可在"信息"控制面板中观察像素点的色彩信息。选择"吸管"工具 ，属性栏状态如图 1-79 所示。在"吸管"工具属性栏中，"取样大小"选项用于设定取样点的大小。

图 1-79

　　启用"吸管"工具 ，有以下几种方法。

　　● 单击工具箱中的"吸管"工具 。

　　● 按 I 键或反复按 Shift+I 组合键。

　　打开一幅图像，启用"吸管"工具 ，在图像中需要的位置单击鼠标左键，前景色将变为吸管吸取的颜色，在"信息"控制面板中可以观察到吸取颜色的色彩信息，如图 1-80 所示。

　　2. "颜色取样器"工具

　　使用"颜色取样器"工具 可以在图像中对需要的色彩进行取样，最多可以对 4 个颜色点进行取样。取样的结果会出现在"信息"控制面板中。使用"颜色取样器"工具 可以获得更多的色彩信息。选择"颜色取样器"工具 ，属性栏状态如图 1-81 所示。

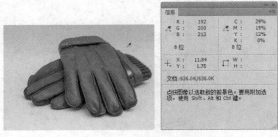

图 1-80　　　　　　　　　　　　　　图 1-81

启用"颜色取样器"工具 ，有以下几种方法。

● 单击工具箱中的"颜色取样器"工具 。

● 反复按 Shift+I 组合键。

启用"颜色取样器"工具 ，打开一幅图像，在图像中需要的位置单击鼠标左键 4 次，在"信息"控制面板中将记录下 4 次取样的色彩信息，效果如图 1-82 所示。

将颜色取样器形状的鼠标指针放在取样点中，指针变成移动图标，按住鼠标左键不放，拖动鼠标可以将取样点移动到适当的位置，移动后"信息"控制面板中的记录会改变，如图 1-83 所示。

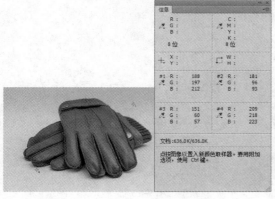

图 1-82

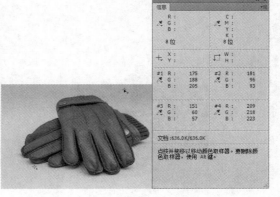

图 1-83

> **技巧**
> 单击颜色取样器属性栏中的"清除"按钮，或按住 Alt 键的同时单击取样点，都可以删除取样点。

1.8.3　使用"颜色"控制面板设置颜色

"颜色"控制面板可以用来改变前景色和背景色。选择"窗口 > 颜色"命令，系统将弹出"颜色"控制面板，如图 1-84 所示。

图 1-84

在控制面板中，可先单击左侧的前景色或背景色按钮以确定所调整的是前景色还是背景色，然后拖曳三角滑块或在颜色栏中选择所需的颜色，或直接在颜色的数值框中输入数值调整颜色。

单击控制面板右上方的图标 ，系统将弹出"颜色"控制面板的下拉命令菜单。此菜单用于设定控制面板中显示的颜色模式，可以在不同的颜色模式中调整颜色。

1.8.4　使用"色板"控制面板设置颜色

"色板"控制面板可以用来选取一种颜色以改变前景色或背景色。选择"窗口 > 色板"命令，系统将弹出"色板"控制面板，如图 1-85 所示。

此外，单击控制面板右上方的图标 ，系统将弹出"色板"控制面板的下拉命令菜单，如图 1-86 所示。

"新建色板"命令用于新建一个色板。"小缩览图"命令可使控制面板显示为小图标方式。"小列表"命令可使控制面板显示为小列表方式。"预设管理器"命令用于对色板中的颜色进行管理。"复位色板"命令用于恢复系统的初始设置状态。"载入色板"命令用于向"色板"控制面板中增加色板文件。"存储色板"命令用于保存当前"色板"控制面板中的色板文件。"替换色板"命令用于替换"色板"控制面板中现有的色板文件。"ANPA 颜色"命令以下都是配置的颜色库。

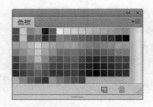

图1-85   图1-86

设置前景色。在"色板"控制面板中，如果将鼠标指针移到空白颜色处，指针会变为油漆桶图标，如图 1-87 所示。此时，单击鼠标，系统将弹出"色板名称"对话框，如图 1-88 所示。单击"确定"按钮，就可将前景色添加到"色板"控制面板中了，如图 1-89 所示。

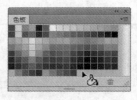

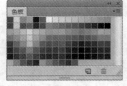

图1-87   图1-88   图1-89

在"色板"控制面板中，如果将鼠标指针移到颜色处，指针会变为吸管图标，如图 1-90 所示。此时，单击鼠标，将设置吸取的颜色为前景色，如图 1-91 所示。

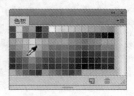

图1-90   图1-91

在"色板"控制面板中，如果按住 Alt 键并将鼠标指针移到颜色处，指针会变为剪刀图标，此时单击鼠标，将删除该颜色。

1.9 了解图层的含义

在 Photoshop CS6 中，图层有着非常重要的作用，要对图像进行编辑就不能离开图层。

选择"文件 > 打开"命令，弹出"打开"对话框，选择需要的文件，如图 1-92 所示。单击"打开"按钮，将图像文件在 Photoshop CS6 中打开，效果如图 1-93 所示。

图 1-92   图 1-93

打开文件后，在"图层"控制面板中已经有了多个图层，在每个图层上都有一个小的缩略图像，如图 1-94 所示。若只想看到背景层上的图像，则可用鼠标左键依次在其他层的眼睛图标👁上单击，其他层即被隐藏，如图 1-95 所示。图像窗口中只显示背景层中的图像效果，如图 1-96 所示。

图 1-94   图 1-95   图 1-96

在"图层"控制面板中，上面图层中的图像会以一定的方式覆盖在下面图层中的图像上，这些图层重叠在一起并显示在图像视窗中，就会形成一幅完整的图像。Photoshop CS6 中的图层最底部是背景层，往上都是透明层，在每一层中可以放置不同的图像，上面的图层将影响下面的图层，修改其中某一图层不会改动其他图层。

1.9.1 认识"图层"控制面板

"图层"控制面板用来编辑图层，制作特殊的效果。打开一幅图像，选择"窗口 > 图层"命令，或按 F7 键，系统将弹出"图层"控制面板，如图 1-97 所示。

在"图层"控制面板上方的两个系统按钮 ◀◀ ✖ 分别是"折叠为图标"按钮和"关闭"按钮。单击"折叠为图标"按钮可以显示和隐藏"图层"控制面板，单击"关闭"按钮可以关闭"图层"控制面板。

在控制面板中，第一个选项 正常 用于设定图层的混合模式，它包含有 20 多种图层混合模式。

"不透明度"选项用于设定图层的不透明度。"填充"选项用于设定图层的填充百分比。眼睛图标 👁 用于打开或关闭图层中的内容。"链接图层"按钮 ∞ 表示图层与图层之间的链接关系。图标 **T** 表示这一层为可编辑的文字层。图标 *fx.* 为图层效果图标。

图 1-97

在"图层"控制面板的上方有 4 个工具图标，从左至右依次是"锁定透明像素"按钮 ⊠、"锁定图像像素"按钮 ✓、"锁定位置"按钮 ✛ 和"锁定全部"按钮 🔒，如图 1-98 所示。

锁定： ⊠ ✓ ✛ 🔒

图 1-98

"锁定透明像素"按钮 ⊠ 用于锁定当前图层的透明区域，使透明区域不能被编辑。"锁定图像像素"按钮 ✓ 可使当前图层和透明区域不能被编辑。"锁定位置"按钮 ✛ 可使当前图层不能被移动。"锁定全部"按钮 🔒 可使当前图层或序列完全被锁定。

∞ *fx.* 🔲 🌑 📁 🗒 🗑

图 1-99

在"图层"控制面板的最下方有 7 个工具按钮图标，从左至右依次是"链接图层"按钮 ∞、"添加图层样式"按钮 *fx.*、"添加图层蒙版"按钮 🔲、"创建新的填充或调整图层"按钮 🌑、"创建新组"按钮 📁、"创建新图层"按钮 🗒 和"删除图层"按钮 🗑，如图 1-99 所示。

"链接图层"按钮 ∞ 能使所选图层和当前图层成为一组，当对一个链接图层进行操作时，将影响一组链接图层。"添加图层样式"按钮 *fx.* 能为当前图层增加图层样式风格效果。"添加图层蒙版"按钮 🔲 可在当前图层上创建一个蒙版。在图层蒙版中，黑色的代表隐藏图像，白色的代表显示图像。可以使用画笔等绘图工具对蒙版进行绘制，而且可以将蒙版转换成选择区域。"创建新的填充或调整图层"按钮 🌑 可对图层进行颜色填充和效果调整。"创建新组"按钮 📁 用于新建一个文件夹，可放入图层。"创建新图层"按钮 🗒 用于在当前图层的上方创建一个新层。单击该按钮时，系统将创建一个新层。"删除图层"按钮 🗑 即垃圾桶，可以将不想要的图层拖曳到此处删除掉。

1.9.2 认识"图层"菜单

图层菜单用于对图层进行不同的操作。选择"图层"命令，系统将弹出"图层"菜单，如图 1-100 所示。可以使用各种命令对图层进行操作，当选择不同的图层时，"图层"菜单的状态也可能不同，对图层不起作用的命令和菜单会显示为灰色。

1.9.3 新建图层

新建图层，有以下几种方法。

● 使用"图层"控制面板弹出式菜单。单击"图层"控制面板右上方的图标 ▾≣，在弹出的菜单中选择"新建图层"命令，系统将弹出"新建图层"对话框，如图 1-101 所示。

图 1-100

● "名称"选项用于设定新图层的名称，可以选择与
前一图层编组。"颜色"选项用于设定新图层的颜色。"模
式"选项用于设定当前图层的合成模式。"不透明度"选
项用于设定当前图层的不透明度值。

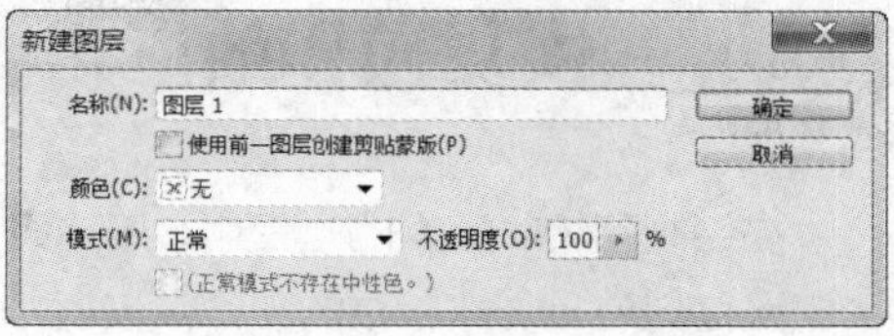

● 使用"图层"控制面板按钮或快捷键。单击"图层"
控制面板中的"创建新图层"按钮 ▢，可以创建一个新
图层。按住 Alt 键，单击"图层"控制面板中的"创建新图层"按钮 ▢，系统将弹出"新建图层"
对话框，如图 1-101 所示。

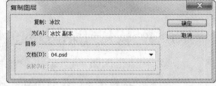

图 1-101

● 使用菜单"图层"命令或快捷键。选择"图层 > 新建 > 图层"命令，或按 Shift+Ctrl+N 组
合键，系统将弹出"新建图层"对话框，如图 1-101 所示。

1.9.4 复制图层

复制图层有以下几种方法。

● 使用"图层"控制面板弹出式菜单。单击"图层"控制面板右上方的图标▼▤，在弹出的菜单
中选择"复制图层"命令，系统将弹出"复制图层"对话框，
如图 1-102 所示。"为"选项用于设定复制图层的名称；"文
档"选项用于设定复制图层的文件来源。

● 使用"图层"控制面板按钮。将"图层"控制面板中
需要复制的图层拖曳到下方的"创建新图层"按钮 ▢ 上，可
以将所选的图层复制为一个新图层。

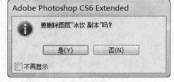

图 1-102

● 使用"图层"菜单命令。选择"图层 > 复制图层"命令，系统将弹出"复制图层"对话框，
如图 1-102 所示。

● 使用鼠标拖曳的方法复制不同图像之间的图层。打开目标图像和需要复制的图像。将需要复制
图像的图层拖曳到目标图像的图层中，图层复制完成。

1.9.5 删除图层

删除图层有以下几种方法。

● 使用"图层"控制面板弹出式菜单。单击"图层"控制面板右上方的图标▼▤，在弹出的菜单
中选择"删除图层"命令，系统将弹出"删除图层"对话框，如图 1-103
所示。

● 使用"图层"控制面板按钮。单击"图层"控制面板中的"删
除图层"按钮 🗑，系统将弹出"删除图层"对话框，如图 1-103 所
示，单击"是"按钮，删除图层。或将需要删除的图层拖曳到"删除
图层"按钮 🗑 上，也可以删除该图层。

图 1-103

● 使用"图层"菜单命令。选择"图层 > 删除 > 图层"命令，系统将弹出"删除图层"对
话框，如图 1-103 所示。选择"图层 > 删除 > 链接图层"或"隐藏图层"菜单命令，系统将
弹出"删除链接图层"或"删除隐藏图层"对话框，单击"是"按钮，可以将链接或隐藏的图层
删除。

1.10 恢复操作的应用

在绘制和编辑图像的过程中，用户经常会错误地执行一个步骤或对制作的一系列效果不满意。当希望恢复到前一步或原来的图像效果时，就要用到恢复操作命令。

1.10.1 恢复到上一步的操作

在编辑图像的过程中可以随时将操作返回到上一步，也可以还原图像到恢复前的效果。

启用"还原"命令，有以下几种方法。

● 选择"编辑 > 还原"命令。

● 按 Ctrl+Z 组合键。

按 Ctrl+Z 组合键，可以恢复到图像的上一步操作。如果想还原图像到恢复前的效果，再次按 Ctrl+Z 组合键即可。

1.10.2 中断操作

当 Photoshop CS6 正在进行图像处理时，按 Esc 键，即可中断正在进行的操作。

1.10.3 恢复到操作过程的任意步骤

在绘制和编辑图像的过程中，有时需要将操作恢复到某一个阶段。

1. 使用"历史记录"控制面板进行恢复

"历史记录"控制面板可以将进行过多次处理操作的图像恢复到任意一步操作前的状态，即所谓的"多次恢复功能"。其系统默认值为恢复 20 次及 20 次以内的所有操作，但如果计算机的内存足够大的话，还可以将此值设置得更大一些。选择"窗口 > 历史记录"命令，系统将弹出"历史记录"控制面板，如图 1-104 所示。

在图 1-104 所示的控制面板中，1 为源图像，2 为设置快照画笔，3 为当前历史记录步骤，4 为操作过程的历史记录。

在控制面板下方的按钮由左至右依次为"从当前状态创建新文档"按钮、"创建新快照"按钮和"删除当前状态"按钮。此外，单击控制面板右上方的图标，系统将弹出"历史记录"控制面板的下拉命令菜单，如图 1-105 所示。

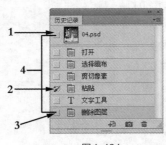

图 1-104

图 1-105

应用快照可以在"历史记录"控制面板中恢复被清除的历史记录。

在"历史记录"控制面板中单击记录过程中的任意一个操作步骤，图像就会恢复到该画面的效果。

选择"历史记录"控制面板下拉菜单中的"前进一步"命令或按 Ctrl+Shift+Z 组合键，可以向下移动一个操作步骤，选择"后退一步"命令或按 Ctrl+Alt+Z 组合键，可以向上移动一个操作步骤。

在"历史记录"控制面板中选择"创建新快照"按钮 ，可以将当前的图像保存为新快照，新快照可以在"历史记录"控制面板中的历史记录被清除后对图像进行恢复。在"历史记录"控制面板中选择"从当前状态创建新文档"按钮 ，可以为当前状态的图像或快照复制一个新的图像文件。在"历史记录"控制面板中选择"删除当前状态"按钮 ，可以对当前状态的图像或快照进行删除。

在"历史记录"控制面板的默认状态下，如果选择从中间的操作步骤后进行图像的新操作，那么中间操作步骤后的所有步骤记录都会被删除。

2. 使用"历史记录画笔"工具进行恢复

选择工具箱中的"历史记录画笔"工具 ，属性栏状态如图 1-106 所示。在"历史记录画笔"工具属性栏中，"画笔"选项用于选择画笔，"模式"选项用于选择混合模式，"不透明度"选项用于设定不透明度，"流量"选项用于设定扩散的速度。

图 1-106

选择滤镜菜单下的晶格化命令，为图片添加滤镜效果，如图 1-107 所示，图像操作的过程中，在"历史记录"控制面板的画面中设置历史记录画笔，如图 1-108 所示。

图 1-107   图 1-108

如果想要恢复到设置历史记录画笔时的图像效果，选择"历史记录画笔"工具 ，在图像中拖曳鼠标，即可擦除图像，如图 1-109 和图 1-110 所示。这样可以恢复图像到设置历史记录画笔时的画面状态，如图 1-111 和图 1-112 所示。

图 1-109   图 1-110   图 1-111   图 1-112

02

第 2 章
图像处理基础知识

本章介绍

本章将详细讲解使用 Photoshop CS6 处理图像时，需要掌握的一些基本知识。读者要重点掌握图像文件的模式、格式等知识。

学习目标

- ✔ 了解像素的概念。
- ✔ 了解位图和矢量图。
- ✔ 了解不同的分辨率。
- ✔ 熟悉图像的不同色彩模式。
- ✔ 了解将 RGB 模式转换成 CMYK 模式的最佳时机。
- ✔ 了解常用的图像文件格式。

技能目标

- ✱ 掌握位图和矢量图的区别。
- ✱ 熟练掌握不同分辨率的使用技巧。
- ✱ 掌握图像的不同色彩模式。
- ✱ 掌握软件常用的图像文件格式。

2.1 像素的概念

在 Photoshop CS6 中，像素是图像的基本单位。图像是由许多个小方块组成的，每一个小方块就是一个像素，每一个像素只显示一种颜色。它们都有自己明确的位置和色彩数值，即这些小方块的颜色和位置就决定该图像所呈现的样子。文件包含的像素数越多，文件的容量就越大，图像品质就越好，效果如图 2-1 和图 2-2 所示。

图 2-1

图 2-2

2.2 位图和矢量图

图像文件可以分为位图图像和矢量图图像两大类。在绘图或处理图像的过程中，这两种类型的图像可以相互交叉使用。

2.2.1 位图

位图是由许多不同颜色的小方块组成的，每一个小方块称为像素，每一个像素有一个明确的颜色。

由于位图采取了点阵的方式，使每个像素都能够记录图像的色彩信息，因而可以精确地表现色彩丰富的图像。但图像的色彩越丰富，图像的像素就越多，文件也就越大，因此，处理位图图像时，对计算机硬盘和内存的要求也比较高。

位图图像与分辨率有关，如果以较大的倍数放大显示图像，或以过低的分辨率打印图像，图像都会出现锯齿状的边缘，并且会丢失细节，效果如图 2-3 和图 2-4 所示。

图 2-3

图 2-4

2.2.2 矢量图

矢量图是以数学的矢量方式来记录图像内容的。矢量图图像中的图形元素称为对象，每个对象都是独立的，具有各自的属性。矢量图由各种线条、曲线或文字组合而成，使用 Illustrator、CorelDRAW 等绘图软件制作的图形都是矢量图。

矢量图图像与分辨率无关，可以将它缩放到任意大小，其清晰度不变，也不会出现锯齿状的边缘。在任何分辨率下显示或打印矢量图，都不会损失图片的细节，效果如图 2-5 和图 2-6 所示。矢量图的文件所占的容量虽较小，但其缺点是不易制作色调丰富的图像，而且绘制出来的图形无法像位图那样精确地描绘各种绚丽的景象。

图 2-5 图 2-6

2.3 分辨率

分辨率是用于描述图像文件信息的术语。在 Photoshop CS6 中，图像上每单位长度所能显示的像素数目，称为图像的分辨率，其单位为像素/英寸（dpi）或像素/厘米。

2.3.1 图像分辨率

图像分辨率是图像中每单位长度所含有的像素数。高分辨率的图像比相同尺寸的低分辨率的图像包含的像素多。图像中的像素点越小、越密，越能表现出图像色调的细节变化，如图 2-7 和图 2-8 所示。

图 2-7

图 2-8

2.3.2　屏幕分辨率

屏幕分辨率是显示器上每单位长度显示的像素或点的数目。屏幕分辨率取决于显示器的大小与其像素的设置。PC 显示器的分辨率一般约为 96 dpi，Mac 显示器的分辨率一般约为 72 dpi。在 Photoshop CS6 中，图像像素被直接转换成显示器像素，当图像分辨率高于显示器分辨率时，屏幕中显示出的图像比实际尺寸大。

2.3.3　输出分辨率

输出分辨率是照排机或激光打印机等输出设备产生的每英寸的油墨点数（dpi）。为获得好的效果，使用的图像分辨率应与打印机分辨率成正比。

2.4　图像的色彩模式

Photoshop CS6 提供了多种色彩模式，这些色彩模式正是作品能够在屏幕和印刷品上成功表现的重要保障。在这些色彩模式中，经常使用到的有 CMYK 模式、RGB 模式、Lab 模式及 HSB 模式；另外，还有索引模式、灰度模式、位图模式、双色调模式、多通道模式等。这些模式都可以在模式菜单下选取。每种色彩模式都有不同的色域，并且各个模式之间可以互相转换。下面，将介绍主要的色彩模式。

2.4.1　CMYK 模式

CMYK 代表了印刷上用的 4 种油墨色：C 代表青色，M 代表洋红色，Y 代表黄色，K 代表黑色。CMYK 颜色控制面板如图 2-9 所示。

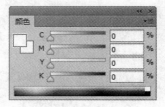

图 2-9

CMYK 模式在印刷时应用了色彩学中的减法混合原理，即减色色彩模式，它是图片、插图和其他 Photoshop CS6 作品中最常用的一种印刷方式。这是因为在印刷中通常都要进行四色分色，出四色胶片后，再进行印刷。

2.4.2　RGB 模式

与 CMYK 模式不同的是，RGB 模式是一种加色模式，它通过红、绿、蓝 3 种色光相叠加而形成更多的颜色。RGB 是色光的彩色模式，一幅 24 bit 的 RGB 模式图像有 3 个色彩信息的通道：红色（R）、绿色（G）和蓝色（B）。RGB 颜色控制面板如图 2-10 所示。

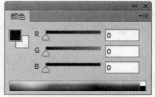

图 2-10

每个通道都有 8 bit 的色彩信息——一个 0～255 的亮度值色域。也就是说，每一种色彩都有 256 个亮度水平级。3 种色彩相叠加，可以有 $256 \times 256 \times 256 \approx 1\,678$ 万种可能的颜色。这 1 678 万种颜色足以表现出绚丽多彩的世界。在 Photoshop CS6 中编辑图像时，RGB 模式应是最佳的选择。

2.4.3　Lab 模式

Lab 模式是 Photoshop CS6 中的一种国际色彩标准模式。它由 3 个通道组成：一个通道是透明度，即 L；其他两个是色彩通道，即色相与饱和度，用 a 和 b 表示。a 通道包括的颜色值从深绿到灰，再到亮粉红色；b 通道是从亮蓝色到灰，再到焦黄色。这些颜色混合后将产生明亮的色彩。

2.4.4　HSB 模式

HSB 模式只有在颜色吸取窗口中才会出现。H 代表色相，S 代表饱和度，B 代表亮度。色相的意思是纯色，即组成可见光谱的单色。红色为 0 度，绿色为 120 度，蓝色为 240 度。饱和度代表色彩的纯度。饱和度为 0 时即为灰色，黑、白、灰 3 种色彩没有饱和度。亮度是色彩的明亮程度。最大亮度是色彩最鲜明的状态。黑色的亮度为 0。

2.4.5　索引颜色模式

在索引颜色模式下，最多只能存储一个 8 位色彩深度的文件，即最多 256 种颜色。这 256 种颜色存储在可以查看的色彩对照表中。当打开图像文件时，色彩对照表也一同被读入 Photoshop CS6 中。Photoshop CS6 能在色彩对照表中找出最终的色彩值。

2.4.6　灰度模式

在灰度模式下，每个像素用 8 个二进制位表示，能产生 2 的 8 次方即 256 级灰色调。当一个彩色文件被转换为灰度模式文件时，所有的颜色信息都将从文件中丢失。尽管 Photoshop CS6 允许将一个灰度文件转换为彩色模式文件，但不可能将原来的颜色完全还原。所以，当要转换为灰度模式时，应先做好图像的备份。

像黑白照片一样，一个灰度模式的图像只有明暗值，没有色相与饱和度这两种颜色信息。0% 代表白，100% 代表黑。其中的 K 值用于衡量黑色油墨用量。将彩色模式转换为双色调模式或位图模式时，必须先转换为灰度模式，再由灰度模式转换为双色调模式或位图模式。

2.4.7　位图模式

位图模式为黑白位图模式。黑白位图模式是由黑白两种像素组成的图像，它通过组合不同大小的点，产生一定的灰度级阴影。使用位图模式可以更好地设定网点的大小、形状和角度，更完善地控制灰度图像的打印效果。

2.4.8　双色调模式

双色调模式是用一种灰色油墨或彩色油墨来渲染一个灰度图像的模式。在这种模式中，最多可以向灰度图像中添加 4 种颜色。这样，就可以打印出比单纯的灰度图像更有趣的图像。

2.4.9　多通道模式

多通道模式是由其他色彩模式转换而来的。不同的色彩模式转换后将产生不同的通道数。例如，将 RGB 模式转换成多通道模式时，会产生红、绿、蓝 3 个通道。

2.5　将 RGB 模式转换成 CMYK 模式的最佳时机

　　如果已经用 Photoshop CS6 完成了作品，并要拿去印刷，则必须将作品模式转换成 CMYK 模式来分色（除非使用少数无法将 CMYK 档案印出的彩色发片机）。

　　在制作过程中，将作品模式转换成 CMYK 模式可以通过以下几个不同的阶段来完成。

　　● 在新建文件时选择 CMYK 四色印刷模式。可以在建立一个新的 Photoshop CS6 图像文件时就选择"CMYK 颜色"四色印刷模式，如图 2-11 所示。

　　● 让发片部门分色。可以在制作过程中一直使用 RGB 三原色模式，并将其置入排版软件中，让发片部门按照版面编排或分色的公用程序来分色。

　　● 在制作过程中选择 CMYK 四色印刷模式。可以在制作过程中，随时从"图像"菜单下的"模式"子菜单中选取"CMYK 颜色"四色印刷模式。但是一定要注意，在作品转换模式后，就无法再从模式菜单中选择 RGB 模式变回原来作品的 RGB 色彩了。因为 RGB 的

图 2-11

色彩模式在转换成 CMYK 色彩模式时，色域外的颜色会变暗，这样才会使整个色彩成为可以印刷的文件。因此，在将 RGB 模式转换成 CMYK 模式之前，可以在"视图"菜单下的"校验设置"子菜单中选择"工作中的 CMYK"命令，预览一下转换成 CMYK 色彩模式后的效果，如果不满意，还可以对图像进行调整。

　　那么，将 RGB 模式文件转换成 CMYK 模式文件的最佳时机是何时呢？下面，将进行具体介绍，供用户参考。

　　（1）在建立新的 Photoshop CS6 文件时，就选择 CMYK 四色印刷模式。这种方式的优点是能防止最后的颜色失真，因为在整个作品的制作过程中，所制作的图像都在可印刷的色域中。

　　（2）在 RGB 模式下制作作品，直到完成。之后再利用其他手段，如在自定色阶、Photoshop CS6 的色相/饱和度或曲线下做调整，使 CMYK 模式的转换与 RGB 模式下的色彩尽可能接近。同时，在制作过程中，还应注意 CMYK 的预览视图和四色异常警告。这种在输出之前再做 CMYK 模式转换的方式，其优点是有很大的自由去选用各种颜色。

　　（3）也可以让输出中心应用分色公用程序，将 RGB 模式的作品较完善地转换成 CMYK 模式。其优点是能省去用户很多时间。但是有时也可能出现问题，如没有看到输出中心的打样，或觉得发片人员不会注意样稿，结果可能造成作品印刷后和样稿相差较多。

2.6　常用的图像文件格式

　　用 Photoshop CS6 制作或处理好一幅图像后，就要对其进行保存。这时，选择一种合适的文件格式就显得十分重要。Photoshop CS6 中有多种文件格式可供选择。在这些文件格式中，既有 Photoshop CS6 的专用格式，也有用于应用程序交换的文件格式，还有一些比较特殊的格式。

2.6.1　PSD 格式和 PDD 格式

PSD 格式和 PDD 格式是 Photoshop CS6 软件自身的专用文件格式，能够支持从线图到 CMYK 的所有图像类型，但由于在一些图形程序中没有得到很好的支持，所以其通用性不强。PSD 格式和 PDD 格式能够保存图像数据的细节部分，如图层、附加的通道等 Photoshop CS6 对图像进行特殊处理的信息。在没有最终决定图像的存储格式前，最好先以这两种格式存储。另外，Photoshop CS6 打开和保存这两种格式的文件较其他格式更快。但是这两种格式也有缺点，就是它们所存储的图像文件特别大，占用磁盘空间较多。

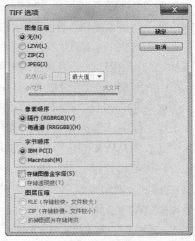

2.6.2　TIF 格式（TIFF）

TIF 是标签图像格式。TIF 格式对于色彩通道图像来说是非常有用的格式，具有很强的可移植性，它可以用于 PC、Macintosh 及 UNIX 工作站 3 大平台，是这 3 大平台上使用非常广泛的绘图格式。保存时可在图 2-12 所示的对话框中进行选择。

用 TIF 格式存储时应考虑文件的大小，因为 TIF 格式的结构要比其他格式更大、更复杂。但 TIF 格式支持 24 个通道，能存储多于 4 个通道的文件格式；还允许使用 Photoshop CS6 中的复杂工具和滤镜特效。TIF 格式非常适合于印刷和输出。

图 2-12

2.6.3　TGA 格式

TGA 格式与 TIF 格式相同，都可用来处理高质量的色彩通道图像。TGA 格式存储选择对话框如图 2-13 所示。TGA 格式支持 32 位图像，它吸收了广播电视标准的优点，包括 8 位 Alpha 通道。另外，这种格式使 Photoshop CS6 软件和 UNIX 工作站相互交换图像文件成为可能。

图 2-13

　TGA、TIF、PSD 和 PDD 格式是存储包含通道信息的 RGB 图像常用的文件格式。

2.6.4　BMP 格式

BMP 是 Windows Bitmap 的缩写，可以用于绝大多数 Windows 下的应用程序。BMP 格式存储选择对话框如图 2-14 所示。

BMP 格式使用索引色彩，它的图像具有极其丰富的色彩，并可以使用 16 MB 色彩渲染图像。BMP 格式能够存储黑白图、灰度图和 16 MB 色彩的 RGB 图像等。此格式一般在多媒体演示、视频输出等情况下使用，但不能在 Macintosh 程序中使用。在存储 BMP 格式的图像文件时，还可以进行无损失压缩，能节省磁盘空间。

图 2-14

2.6.5　GIF 格式

GIF 格式的文件比较小，它是一种压缩的 8 位图像文件。因此，一般用这种格式的文件来缩短图形的加载时间。如果在网络中传送图像文件，GIF 格式的图像文件要比其他格式的图像文件快得多。

2.6.6　JPEG 格式

JPEG 格式既是 Photoshop CS6 支持的一种文件格式，也是一种压缩方案。它是 Macintosh 上常用的一种存储类型。JPEG 格式是压缩格式中的"佼佼者"，与 TIF 格式采用的 LIW 无损失压缩相比，它的压缩比例更大。但它使用的有损失压缩会丢失部分数据。用户可以在存储前选择图像的最后质量，这样就能控制数据的损失程度了。JPEG 格式存储选择对话框如图 2-15 所示。

图 2-15

在图 2-15 所示的对话框中，单击"品质"选项的下拉列表按钮，可以选择低、中、高和最佳 4 种图像压缩品质。以高质量保存图像比其他质量的保存形式占用更大的磁盘空间；而选择低质量保存图像则会损失较多的数据，但占用的磁盘空间较少。

2.6.7　EPS 格式

EPS 格式是 Illustrator 和 Photoshop CS6 之间可交换的文件格式。Illustrator 软件制作出来的流动曲线、简单图形和专业图像一般都存储为 EPS 格式。Photoshop CS6 可以获取这种格式的文件。在 Photoshop CS6 中，也可以将其他图形文件存储为 EPS 格式，供排版类的 PageMaker 和绘图类的 Illustrator 等其他软件使用。EPS 格式存储选择对话框如图 2-16 所示。

图 2-16

2.6.8　选择合适的图像文件存储格式

可以根据工作任务的需要对图像文件进行保存，下面就根据图像的不同用途介绍一下它们应该存储的格式。

（1）用于印刷：TIFF、EPS。

（2）作为出版物：PDF（便携式文档格式）。

（3）作为 Internet 图像：GIF、JPEG、PNG（便携式网络图形）。

（4）用于 Photoshop CS6 工作：PSD、PDD、TIFF。

03

第 3 章
绘制和编辑选区

本章介绍

本章将详细讲解 Photoshop CS6 的绘制和编辑选区功能，对各种选择工具的使用方法和使用技巧进行更细致的说明。读者通过本章的学习要能够熟练应用 Photoshop CS6 的选择工具绘制需要的选区，并能应用选区的操作技巧编辑选区。

学习目标

- 了解选择工具的使用。
- 掌握选区的操作技巧。

技能目标

- ✱ 掌握"圣诞贺卡"的制作方法。
- ✱ 掌握"合成婚纱照"的制作方法。

3.1 选择工具的使用

要想对图像进行编辑，首先要进行选择图像的操作。快捷、精确地选择图像是提高图像处理效率的关键。

3.1.1 选框工具的使用

选框工具可以在图像或图层中绘制规则的选区，选取规则的图像。下面，将具体介绍选框工具的使用方法和操作技巧。

1. "矩形选框"工具

使用"矩形选框"工具可以在图像或图层中绘制矩形选区。启用"矩形选框"工具⬚有以下几种方法。

● 单击工具箱中的"矩形选框"工具⬚。
● 按 M 键或反复按 Shift+M 组合键。

启用"矩形选框"工具⬚，属性栏状态如图 3-1 所示。在"矩形选框"工具属性栏中，⬚⬚⬚⬚为选择选区方式选项。"新选区"选项⬚用于去除旧选区，绘制新选区。"添加到选区"选项⬚用于在原有选区的基础上再增加新的选区。"从选区减去"选项⬚用于在原有选区的基础上减去新选区的部分。"与选区交叉"选项⬚用于选择新旧选区重叠的部分。

图 3-1

"羽化"选项用于设定选区边界的羽化程度。"消除锯齿"选项用于清除选区边缘的锯齿。"样式"选项用于选择类型：①"正常"选项为标准类型；②"固定比例"选项用于设定长宽比例来进行选择；③"固定大小"选项则可以通过固定尺寸来进行选择。"宽度"和"高度"选项用来设定宽度和高度。

"矩形选框"工具的使用方法如下。

（1）绘制矩形选区。启用"矩形选框"工具⬚，在图像中适当的位置单击并按住鼠标左键，拖曳鼠标绘制出需要的选区，松开鼠标左键，矩形选区绘制完成，如图 3-2 所示。

按住 Shift 键的同时，拖曳鼠标在图像中可以绘制出正方形的选区，如图 3-3 所示。

图 3-2

图 3-3

（2）设置矩形选区的羽化值。羽化值为"0"的属性栏如图 3-4 所示，绘制出选区，如图 3-5 所示，按住 Alt + Backspace（或 Delete）组合键，用前景色填充选区，效果如图 3-6 所示。

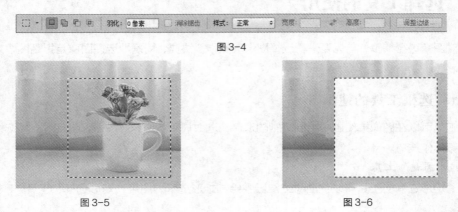

图 3-4

图 3-5   图 3-6

　　设定羽化值为"30"后的属性栏如图 3-7 所示，绘制出选区，如图 3-8 所示，按住 Alt+Backspace（或 Delete）组合键，用前景色填充选区，效果如图 3-9 所示。

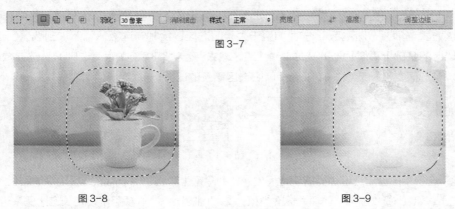

图 3-7

图 3-8   图 3-9

　　（3）设置矩形选区的比例。在"矩形选框"工具属性栏中的"样式"选项的下拉列表中选择"固定比例"，在"宽度"和"高度"中输入数值，如图 3-10 所示。单击"高度和宽度互换"按钮 ⇄，可以快捷地将宽度和高度比例的数值互换。绘制固定比例的选区和互换选区长、宽比例后的选区效果如图 3-11 和图 3-12 所示。

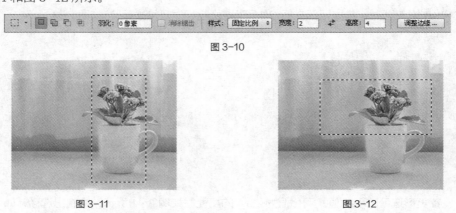

图 3-10

图 3-11   图 3-12

（4）设置固定尺寸的矩形选区。在"矩形选框"工具属性栏中的"样式"选项的下拉列表中选择"固定大小"，在"宽度"和"高度"中输入数值，如图 3-13 所示。单击"高度和宽度互换"按钮 ，可以快捷地将宽度和高度的数值互换。绘制固定大小的选区和互换选区的宽、高后的效果如图 3-14 和图 3-15 所示。

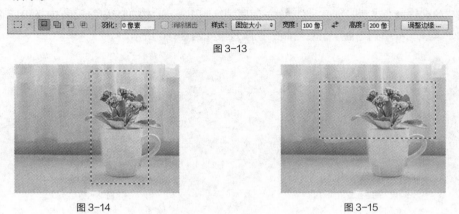

图 3-13

图 3-14

图 3-15

2. "椭圆选框"工具

使用"椭圆选框"工具可以在图像或图层中绘制出圆形或椭圆形选区。启用"椭圆选框"工具 ，有以下几种方法。

● 单击工具箱中的"椭圆选框"工具 。

● 反复按 Shift+M 组合键。

启用"椭圆选框"工具 ，"椭圆选框"工具属性栏状态如图 3-16 所示。

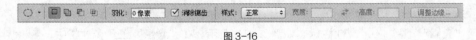

图 3-16

绘制椭圆选区：启用"椭圆选框"工具 ，在图像中适当的位置单击并按住鼠标左键，拖曳鼠标绘制出需要的选区，松开鼠标左键，椭圆选区绘制完成，如图 3-17 所示。

按住 Shift 键的同时，拖曳鼠标在图像中可以绘制出圆形的选区，如图 3-18 所示。

图 3-17

图 3-18

提示

"椭圆选框"工具属性栏的其他选项和"矩形选框"工具属性栏的相同，其设置请参见"矩形选框"工具的相关设置。

3. "单行选框" 工具

使用 "单行选框" 工具 可以在图像或图层中绘制出 1 px 高的横线区域。它主要用于修复图像中丢失的像素线。"单行选框" 工具绘制的选区效果如图 3-19 所示。

4. "单列选框" 工具

使用 "单列选框" 工具 可以在图像或图层中绘制出 1 px 宽的竖线区域。它主要用于修复图像中丢失的像素线。"单列选框" 工具绘制的选区效果如图 3-20 所示。

图 3-19

图 3-20

3.1.2 套索工具的使用

使用套索工具可以在图像或图层中绘制不规则形状的选区，选取不规则形状的图像。下面，将具体介绍套索工具的使用方法和操作技巧。

1. "套索" 工具

"套索" 工具可以用来选取不规则形状的图像。启用 "套索" 工具 ，有以下几种方法。

● 单击工具箱中的 "套索" 工具 。

● 反复按 Shift+L 组合键。

启用 "套索" 工具 ，属性栏状态如图 3-21 所示。在 "套索" 工具属性栏中， 为选择方式选项。"羽化" 选项用于设定选区边缘的羽化程度。"消除锯齿" 选项用于清除选区边缘的锯齿。

| ○ ▾ | □ ⊡ ⊡ ⊡ | 羽化：0 像素 | ☑ 消除锯齿 | 调整边缘 … |

图 3-21

绘制不规则选区：启用 "套索" 工具 ，在图像中适当的位置单击并按住鼠标左键，拖曳鼠标绘制出需要的选区，如图 3-22 所示。松开鼠标左键，选择区域会自动封闭，效果如图 3-23 所示。

图 3-22

图 3-23

2. "多边形套索" 工具

"多边形套索" 工具可以用来选取不规则的多边形图像。启用 "多边形套索" 工具 ，有以下几种方法。

● 单击工具箱中的"多边形套索"工具 。

● 反复按 Shift+L 组合键。

"多边形套索"工具属性栏中的选项内容与"套索"工具属性栏中的选项内容相同。

绘制多边形选区：启用"多边形套索"工具 ，在图像中单击设置所选区域的起点，接着单击设置选择区域的其他点，效果如图 3-24 所示。将鼠标指针移回到起点，指针由"多边形套索"工具图标变为 图标，如图 3-25 所示。单击即可封闭选区，效果如图 3-26 所示。

图 3-24   图 3-25   图 3-26

在图像中使用"套索"工具绘制选区时，按 Enter 键，封闭选区；按 Esc 键，取消选区；按 Delete 键，删除上一个单击建立的选区点。

3. "磁性套索"工具

"磁性套索"工具可以用来选取不规则的并与背景反差大的图像。启用"磁性套索"工具 ，有以下几种方法。

● 单击工具箱中的"磁性套索"工具 。

● 反复按 Shift+L 组合键。

启用"磁性套索"工具 ，属性栏状态如图 3-27 所示。

图 3-27

在"磁性套索"工具属性栏中， 为选择方式选项。"羽化"选项用于设定选区边缘的羽化程度。"消除锯齿"选项用于清除选区边缘的锯齿。"宽度"选项用于设定套索检测范围，"磁性套索"工具将在这个范围内选取反差最大的边缘。"对比度"选项用于设定选取边缘的灵敏度，数值越大，则要求边缘与背景的反差越大。"频率"选项用于设定选区点的速率，数值越大，标记速率越快，标记点越多。"使用绘图板压力以更改钢笔宽度"按钮 用于设定专用绘图板的笔刷压力。

根据图像形状绘制选区：启用"磁性套索"工具 ，在图像中适当的位置单击并按住鼠标左键，根据选取图像的形状拖曳鼠标，选取图像的磁性轨迹会紧贴图像的内容，效果如图 3-28 和图 3-29 所示。将鼠标指针移回到起点，单击即可封闭选区，效果如图 3-30 所示。

图 3-28   图 3-29   图 3-30

3.1.3 "魔棒"工具的使用

"魔棒"工具可以用来选取图像中的某一点，并将与这一点颜色相同或相近的点自动融入选区中。启用"魔棒"工具 ，有以下几种方法。

● 单击工具箱中的"魔棒"工具 。

● 按 W 键。

启用"魔棒"工具 ，属性栏状态如图 3-31 所示。

图 3-31

在"魔棒"工具属性栏中， 为选择方式选项。"取样大小"选项用于设置取样范围的大小。"容差"选项用于控制色彩的范围，数值越大，可容许的色彩范围越大。"消除锯齿"选项用于清除选区边缘的锯齿。"连续"选项用于选择单独的色彩范围。"对所有图层取样"选项用于将所有可见图层中颜色容许范围内的色彩加入选区。

使用"魔棒"工具绘制选区：启用"魔棒"工具 ，在图像中单击需要选择的颜色区域，即可得到需要的选区。调整属性栏中的容差值，再次单击需要选择的颜色区域，不同容差值的选区效果如图 3-32 和图 3-33 所示。

图 3-32   图 3-33

3.1.4 课堂案例——制作圣诞贺卡

案例学习目标

学习使用不同的选择工具选取不同的图像，并应用"移动"工具移动装饰图片。

案例知识要点

　　使用"磁性套索"工具绘制选区，使用"多边形套索"工具和"魔棒"工具选取图像，使用"移动"工具移动选区中的图像，最终效果如图 3-34 所示。

图 3-34

扫码观看
本案例视频

扫码观看
扩展案例

效果所在位置

　　Ch03/效果/制作圣诞贺卡.psd。

　　（1）按 Ctrl+N 组合键，新建一个文件，宽度为 14.4 cm，高度为 9.7 cm，分辨率为 150 dpi，背景内容为白色，新建文档。将前景色设为暗绿色（12、73、43）。按 Alt+Delete 组合键，用前景色填充"背景"图层，如图 3-35 所示。

　　（2）新建图层并将其命名为"矩形"。将前景色设为白色。选择"矩形选框"工具 ⬚，在图像窗口中绘制矩形选区，如图 3-36 所示。按 Alt+Delete 组合键，用前景色填充选区。按 Ctrl+D 组合键，取消选区，效果如图 3-37 所示。

图 3-35　　　　　　　　　　图 3-36　　　　　　　　　　图 3-37

　　（3）按 Ctrl+O 组合键，打开云盘中的"Ch03 > 素材 > 制作圣诞贺卡 > 01"文件。选择"磁性套索"工具 ，在 01 图像窗口中沿着礼盒边缘拖曳鼠标，图像周围生成选区，如图 3-38 所示。

　　（4）选择"移动"工具 ，将选区中的图像拖曳到新建的图像窗口中适当的位置，如图 3-39 所示，在"图层"控制面板中生成新的图层并将其命名为"礼盒"。按 Ctrl+T 组合键，在图像周围出现变换框，按住 Shift 键的同时，向内拖曳左上角的控制手柄，等比例缩小图片，按 Enter 键确认操作，效果如图 3-40 所示。

　　（5）按 Ctrl+O 组合键，打开云盘中的"Ch03 > 素材 > 制作圣诞贺卡 > 02"文件。选择"魔棒"工具 ，在图像窗口中的白色背景区域单击鼠标，图像周围生成选区，如图 3-41 所示。按 Shift+Ctrl+I 组合键，将选区反选，图像效果如图 3-42 所示。

图 3-38

图 3-39

图 3-40

（6）选择"移动"工具 ，将选区中的图像拖曳到新建的图像窗口中适当的位置，在"图层"控制面板中生成新的图层并将其命名为"圣诞树"。按 Ctrl+T 组合键，在图像周围出现变换框，按住 Shift 键的同时，向内拖曳左上角的控制手柄，等比例缩小图片，按 Enter 键确认操作，效果如图 3-43 所示。

图 3-41

图 3-42

图 3-43

（7）按 Ctrl+O 组合键，打开云盘中的"Ch03 ＞ 素材 ＞ 制作圣诞贺卡 ＞ 03"文件。选择"磁性套索"工具 ，在 03 图像窗口中沿着圣诞老人边缘拖曳鼠标，图像周围生成选区，如图 3-44 所示。

（8）选择"移动"工具 ，将选区中的图像拖曳到新建的图像窗口中适当的位置，在"图层"控制面板中生成新的图层并将其命名为"圣诞老人"。按 Ctrl+T 组合键，在图像周围出现变换框，按住 Shift 键的同时，向内拖曳左上角的控制手柄，等比例缩小图片，按 Enter 键确认操作，效果如图 3-45 所示。

（9）新建图层并将其命名为"阴影"。将前景色设为黑色。选择"椭圆选框"工具 ，在属性栏中单击"添加到选区"按钮 ，将"羽化"选项设为 5 px，在图像窗口中绘制两个椭圆选区，如图 3-46 所示。按 Alt+Delete 组合键，用前景色填充选区。按 Ctrl+D 组合键，取消选区，效果如图 3-47 所示。

图 3-44

图 3-45

图 3-46

（10）在"图层"控制面板上方，将"阴影"图层的"不透明度"选项设为 74%，如图 3-48 所示，按 Enter 键确认操作，效果如图 3-49 所示。

图 3-47 　　　　　　　　　 图 3-48 　　　　　　　　　 图 3-49

（11）在"图层"控制面板中，将"阴影"图层拖曳到"圣诞老人"图层的下方，如图 3-50 所示，图像效果如图 3-51 所示。

（12）选择"文件 > 置入"命令，弹出"置入"对话框，选择云盘中的"Ch03 > 素材 > 制作圣诞贺卡 > 04"文件，单击"置入"按钮，将图片置入到图像窗口中，并拖曳到适当的位置，按 Enter 键确认操作，效果如图 3-52 所示，在"图层"控制面板中生成新的图层并将其命名为"文字"。

图 3-50 　　　　　　　　　 图 3-51 　　　　　　　　　 图 3-52

（13）单击"图层"控制面板下方的"添加图层样式"按钮 fx，在弹出的菜单中选择"渐变叠加"命令，弹出对话框，单击"渐变"选项右侧的"点按可编辑渐变"按钮，弹出"渐变编辑器"对话框，在"位置"选项中分别输入 0、25、50、75、100 这 5 个位置点，并分别设置 5 个位置点颜色的 RGB 值为 0（255、204、60）、25（255、246、224）、50（255、203、56）、75（255、247、229）、100（255、203、56），如图 3-53 所示，单击"确定"按钮。返回"渐变叠加"对话框，其他选项的设置如图 3-54 所示，单击"确定"按钮，图像效果如图 3-55 所示。圣诞贺卡制作完成。

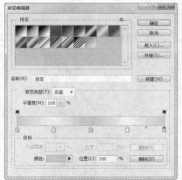  

图 3-53 　　　　　　　　　 图 3-54 　　　　　　　　　 图 3-55

3.2 选区的操作技巧

如果想在 Photoshop CS6 中灵活自如地编辑和处理图像，就必须掌握好选区的操作技巧。

3.2.1 移动选区

使用选区工具选择图像的区域后，在属性栏中选中"新选区"按钮的状态下，将鼠标指针放在选区中，指针就会显示成"移动选区"的图标。

移动选区，有以下几种方法。

● 使用鼠标移动选区。打开一幅图像，选择"矩形选框"工具，绘制出选区，并将光标放置到选区中，鼠标指针变成"移动选区"的图标，如图 3-56 所示。按住鼠标左键拖曳，鼠标指针变为▶图标，效果如图 3-57 所示。将选区拖曳到适当的位置后，松开鼠标左键，即可完成选区的移动，效果如图 3-58 所示。

图 3-56　　　　　　　　　　图 3-57　　　　　　　　　　图 3-58

● 使用键盘移动选区。使用"矩形选框"工具或"椭圆选框"工具绘制出选区后，不要松开鼠标左键，同时按住 Spacebar（空格）键并拖曳鼠标，即可移动选区。

绘制出选区后，使用方向键，可以将选区沿各方向移动 1 px；使用 Shift+方向组合键，可以将选区沿各方向移动 10 px。

3.2.2 调整选区

选择完图像的区域后，还可以进行增加选区、减小选区、相交选区等操作。

1. 使用快捷键调整选区

● 增加选区。打开一幅图像，选择"矩形选框"工具绘制出选区，如图 3-59 所示。按住 Shift 键的同时，绘制出要增加的矩形选区，如图 3-60 所示。增加后的选区效果如图 3-61 所示。

图 3-59　　　　　　　　　　图 3-60　　　　　　　　　　图 3-61

● 减小选区。打开一幅图像，选择"矩形选框"工具 ⬚ 绘制出选区，如图 3-62 所示。按住 Alt 键的同时，绘制出要减去的矩形选区，如图 3-63 所示。减去后的选区效果如图 3-64 所示。

● 相交选区。打开一幅图像，选择"矩形选框"工具 ⬚ 绘制出选区，如图 3-65 所示。按住 Alt+Shift 组合键的同时，绘制出矩形选区，如图 3-66 所示。相交后的选区效果如图 3-67 所示。

图 3-62

图 3-63

图 3-64

图 3-65

● 取消选区。按 Ctrl+D 组合键，可以取消选区。

● 反选选区。按 Shift+Ctrl+I 组合键，可以对当前的选区进行反向选取，原选区和反选后的选区如图 3-68 和图 3-69 所示。

图 3-66

图 3-67

图 3-68

图 3-69

● 全选图像。按 Ctrl+A 组合键，可以选择全部图像。

● 隐藏选区。按 Ctrl+H 组合键，可以隐藏选区的显示。再次按 Ctrl+H 组合键，可以恢复显示选区。

2. 使用工具属性栏调整选区

在选区工具的属性栏中，▣▣▣▣ 为选择选区方式选项。选择"新选区"按钮 ▣ 可以去除旧选区，绘制新选区。选择"添加到选区"按钮 ▣ 可以在原有选区的基础上再增加新的选区。选择"从选区减去"按钮 ▣ 可以在原有选区的基础上减去新选区的部分。选择"与选区交叉"按钮 ▣ 可以选择新旧选区重叠的部分。

3. 使用菜单调整选区

在"选择"菜单下选择"全选""取消选择"和"反选"命令，可以对图像选区进行全部选择、取消选择和反向选择的操作。

选择"选择 > 修改"命令，系统将弹出其下拉菜单，如图 3-70 所示。

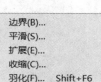

边界(B)...
平滑(S)...
扩展(E)...
收缩(C)...
羽化(F)...　　Shift+F6

图 3-70

● "边界"命令。该命令用于修改选区的边缘。打开一幅图像，绘制好选区，如图 3-71 所示。选择下拉菜单中的"边界"命令，弹出"边界选区"对话框，如图 3-72 所示进行设定，单击"确定"按钮。边界效果如图 3-73 所示。

图 3-71   图 3-72   图 3-73

● "平滑"命令。可以通过增加或减少选区边缘的像素来平滑边缘，选择下拉菜单中的"平滑"命令，弹出"平滑选区"对话框，如图 3-74 所示。

● "扩展"命令。该命令用于扩充选区的像素，其扩充的像素数量通过图 3-75 所示的"扩展选区"对话框来确定。

● "收缩"命令。该命令用于收缩选区的像素，其收缩的像素数量通过图 3-76 所示的"收缩选区"对话框来确定。

图 3-74   图 3-75   图 3-76

在"选择"菜单下选择"扩大选取"和"选取相似"命令，可以将图像中的一些色彩相近的像素扩充到选区内。

● "扩大选取"命令。可以将图像中一些连续的、色彩相近的像素扩充到选区内。扩大选取的数值是根据"魔棒"工具 设置的容差值决定的。

● "选取相似"命令。可以将图像中一些不连续的、色彩相近的像素扩充到选区内。选取相似的数值是根据"魔棒"工具 设置的容差值决定的。

打开一幅图像，将"魔棒"工具 的容差值设定为 32，在属性栏中选择"从选区减去"按钮 ，选择"椭圆选框"工具 绘制出选区，如图 3-77 所示，选择"选择 > 扩大选取"命令后的效果如图 3-78 所示，选择"选择 > 选取相似"命令后的效果如图 3-79 所示。

图 3-77   图 3-78   图 3-79

3.2.3 羽化选区

羽化选区可以使图像产生柔和的效果。通过以下方法可以设置选区的羽化值。

● 选择"选择 > 羽化"命令，或按 Shift+F6 组合键，在"羽化选区"对话框中设置羽化半径的值。

● 使用选择工具前，在该工具的属性栏中设置羽化半径的值。

3.2.4 课堂案例——制作合成婚纱照

案例学习目标

学习使用选框工具绘制选区，并使用"羽化"命令制作出需要的效果。

案例知识要点

使用"椭圆选框"工具和"羽化"命令编辑选区，最终效果如图 3-80 所示。

扫码观看
本案例视频

扫码观看
扩展案例

图 3-80

效果所在位置

Ch03/效果/制作合成婚纱照.psd。

（1）按 Ctrl+O 组合键，打开云盘中的"Ch03 > 素材 > 制作合成婚纱照 > 01、02"文件，如图 3-81 所示。选择"椭圆选框"工具 ，在 02 图像窗口中的适当位置绘制一个椭圆选区，效果如图 3-82 所示。

（2）选择"选择 > 修改 > 羽化"命令，在弹出的"羽化选区"对话框中进行设置，如图 3-83 所示。单击"确定"按钮，羽化选区。选择"移动"工具 ，将选区中的图像拖曳到 01 图像窗口中适当的位置。按 Ctrl+T 组合键，在图像周围出现变换框，按住 Alt+Shift 组合键的同时，向内拖曳右上角的控制手柄等比例缩小图片，按 Enter 键确认操作，效果如图 3-84 所示。合成婚纱照制作完成。

图 3-81   图 3-82   图 3-83   图 3-84

课后习题——制作空中楼阁

习题知识要点

　　使用"磁性套索"工具抠出建筑物和云彩图像，使用"魔棒"工具抠出山脉，使用"矩形选框"工具和"渐变"工具添加山脉图像的颜色，使用"收缩"和"羽化"命令制作云彩图像虚化效果，最终效果如图 3-85 所示。

扫码观看
本案例视频

图 3-85

效果所在位置

Ch03/效果/制作空中楼阁.psd。

04

第 4 章
绘制和修饰图像

本章介绍

本章将详细介绍 Photoshop CS6 绘制、修饰及填充图像的功能。读者通过本章的学习要能够了解和掌握绘制和修饰图像的基本方法和操作技巧，并将绘制和修饰图像的各种功能和效果应用到实际的设计制作任务中，真正做到学有所用。

学习目标

- ✔ 熟练掌握绘图工具的使用方法。
- ✔ 掌握修图工具的使用方法。
- ✔ 熟练掌握填充工具的使用方法。

技能目标

- ✱ 掌握"漂亮的画笔"的绘制方法。
- ✱ 掌握"运动宣传照片"的制作方法。
- ✱ 掌握"美女照片"的修复方法。
- ✱ 掌握"卡片"的制作方法。

<table>
<tr><td>**4.1**</td><td>**绘图工具的使用**</td></tr>
</table>

　　使用绘图工具可以在空白的图像中画出图画，也可以在已有的图像中对图像进行再创作。掌握好绘图工具可以使设计的作品更精彩。

4.1.1 "画笔"工具的使用

　　"画笔"工具可以用来模拟画笔效果在图像或选区中进行绘制。

1. "画笔"工具

　　启用"画笔"工具 ，有以下几种方法。

● 单击工具箱中的"画笔"工具 。

● 反复按 Shift+B 组合键。

　　启用"画笔"工具 ，属性栏状态如图 4-1 所示。

图 4-1

　　在"画笔"工具属性栏中，"画笔预设"选项用于选择预设的画笔。"模式"选项用于选择混合模式。选择不同的模式后用"喷枪"工具操作时，将产生丰富的效果。"不透明度"选项用于设定画笔的不透明度。"流量"选项用于设定喷枪压力，压力越大，喷色越浓。单击"启用喷枪模式"按钮 ，可以选择喷枪效果。

　　启用"画笔"工具 ，在"画笔"工具属性栏中设置画笔，如图 4-2 所示。使用"画笔"工具 在图像中单击并按住鼠标左键，拖曳鼠标可以绘制出书法字的效果，如图 4-3 所示。

图 4-2

图 4-3

2. 选择画笔

● 在"画笔"工具属性栏中选择画笔。单击"画笔"选项右侧的按钮 ，弹出图 4-4 所示的画笔选择面板，在画笔选择面板中可选择画笔形状。

　　按 Shift+[组合键，可以减小画笔硬度；按 Shift+] 组合键，可以增大画笔硬度；按 [键，可以缩小画笔的笔尖；按] 键，可以放大画笔的笔尖。

　　拖曳"大小"选项下的滑块或直接输入数值都可以设置画笔的笔尖大小。如果选择的画笔是基于样本的，将显示"恢复到原始大小"按钮 ，单击此按钮，可以使画笔的笔尖大小恢复到初始状态。

　　单击画笔选择面板右上方的按钮 ，在弹出的下拉命令菜单中选择"描边缩览图"命令，如图4-5 所示，画笔的显示效果如图 4-6 所示。

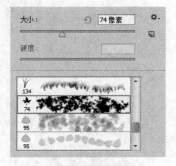

图 4-4　　　　　　　　　　　图 4-5　　　　　　　　　　　图 4-6

弹出式菜单中各个命令及其作用如下。

"新建画笔预设"命令：用于建立新画笔。

"重命名画笔"命令：用于重新命名画笔。

"删除画笔"命令：用于删除当前选中的画笔。

"仅文本"命令：以文字描述方式显示画笔选择窗口。

"小缩览图"命令：以小图标方式显示画笔选择窗口。

"大缩览图"命令：以大图标方式显示画笔选择窗口。

"小列表"命令：以小文字和图标列表方式显示画笔选择窗口。

"大列表"命令：以大文字和图标列表方式显示画笔选择窗口。

"描边缩览图"命令：以笔划的方式显示画笔选择窗口。

"预设管理器"命令：用于在弹出的"预置管理器"对话框中编辑画笔。

"复位画笔"命令：用于恢复默认状态画笔。

"载入画笔"命令：用于将存储的画笔载入面板。

"存储画笔"命令：用于将当前的画笔进行存储。

"替换画笔"命令：用于载入新画笔并替换当前画笔。

下面的选项为各个画笔库。

在画笔选择面板中单击 按钮，弹出图 4-7
所示的"画笔名称"对话框。在"画笔"工具属性
栏中单击 按钮，弹出图 4-8 所示的"画笔"控
制面板。

图 4-7

● 在"画笔"控制面板中选择画笔。选择"窗口 > 画笔"命令，或按 F5 键，弹出"画笔"控
制面板，选中"画笔预设"按钮 画笔预设 ，弹出"画笔预设"控制面板，如图 4-9 所示。在"画笔
预设"控制面板中单击需要的画笔，即可选择该画笔。

3. 设置画笔

● "画笔笔尖形状"选项。在"画笔"控制面板中，单击"画笔笔尖形状"选项，切换到相应的控制面板，如图4-10所示。通过"画笔笔尖形状"选项可以设置画笔的形状。

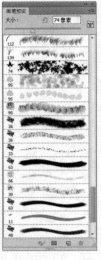

图4-8 　　　　　　　　　　　图4-9 　　　　　　　　　　　图4-10

"大小"选项：用于设置画笔的笔尖大小。

"翻转X""翻转Y"复选框：用于改变画笔笔尖在其X轴或Y轴上的方向。

"角度"选项：用于设置画笔的倾斜角度。

"圆度"选项：用于设置画笔的圆滑度。

"硬度"选项：用于设置画笔所画图像的边缘的柔化程度。

"间距"选项：用于设置画笔画出的标记点之间的间隔距离。

● "形状动态"选项。在"画笔"控制面板中，单击"形状动态"选项，弹出相应的控制面板，如图4-11所示。通过"形状动态"选项可以增加画笔的动态效果。

"大小抖动"选项：用于设置动态元素的自由随机度。数值设置为100%时，画笔绘制的元素会出现最大的自由随机度；数值设置为0%时，画笔绘制的元素没有变化。

在"控制"选项的弹出式菜单中可以选择各个选项，来控制动态元素的变化。这些选项包括关、渐隐、钢笔压力、钢笔斜度、光笔轮和旋转6个。

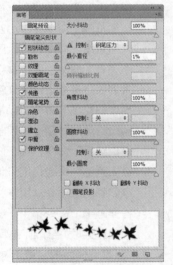

图4-11

"最小直径"选项：用来设置画笔标记点的最小尺寸。

"倾斜缩放比例"选项：选择"控制"选项组中的"钢笔斜度"选项后，可以设置画笔的倾斜比例。在使用数位板时此选项才有效。

"角度抖动"和"控制"选项："角度抖动"选项用于设置画笔在绘制线条的过程中标记点角度的动态变化效果；在"控制"选项的弹出式菜单中，可以选择各个选项来控制角度抖动的变化。

"圆度抖动"和"控制"选项："圆度抖动"选项用于设置画笔在绘制线条的过程中标记点圆度

的动态变化效果；在"控制"选项的弹出式菜单中，可以选择各个选项，来控制圆度抖动的变化。

"最小圆度"选项：用于设置画笔标记点的最小圆度。

● "散布"选项。在"画笔"控制面板中，单击"散布"选项，弹出相应的控制面板，如图 4-12 所示。

"散布"选项：用于设置画笔绘制的线条中标记点的分布效果。不勾选"两轴"复选框，画笔标记点的分布与画笔绘制的线条方向垂直；勾选"两轴"复选框，画笔标记点将以放射状分布。

"数量"选项：用于设置每个空间间隔中画笔标记点的数量。

"数量抖动"选项：用于设置每个空间间隔中画笔标记点的数量变化。在"控制"选项的下拉菜单中可以选择各个选项，来控制数量抖动的变化。

● "纹理"选项。在"画笔"控制面板中，单击"纹理"选项，弹出相应的控制面板，如图 4-13 所示。通过"纹理"选项可以使画笔纹理化。

在控制面板的上面有纹理的预视图，单击右侧的按钮，在弹出的面板中可以选择需要的图案，勾选"反相"复选框，可以设定纹理的反相效果。

"缩放"选项：用于设置图案的缩放比例。

"亮度"选项：用于设置纹理的亮光度。

"对比度"选项：用于设置纹理的对比度。

"为每个笔尖设置纹理"选项：用于设置是否分别对每个标记点进行渲染。选择此项，下面的"最小深度"和"深度抖动"选项变为可用。

"模式"选项：用于设置画笔和图案之间的混合模式。

"深度"选项：用于设置画笔混合图案的深度。

"最小深度"选项：用于设置画笔混合图案的最小深度。

"深度抖动"选项：用于设置画笔混合图案的深度变化。

● "双重画笔"选项。在"画笔"控制面板中，单击"双重画笔"选项，弹出相应的控制面板，如图 4-14 所示。"双重画笔"效果就是两种画笔效果的混合。

图 4-12

图 4-13

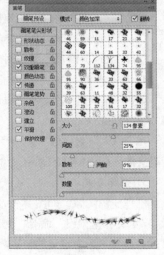

图 4-14

在控制面板中"模式"选项的弹出式菜单中，可以选择两种画笔的混合模式。在画笔预视框中选择一种画笔作为第二个画笔。

"大小"选项：用于设置第二个画笔的大小。

"间距"选项：用于设置第二个画笔在绘制线条中标记点之间的距离。

"散布"选项：用于设置第二个画笔在所绘制线条中标记点的分布效果。不选中"两轴"选项，画笔标记点的分布与画笔绘制的线条方向垂直；选中"两轴"选项，画笔标记点将以放射状分布。

"数量"选项：用于设置每个空间间隔中第二个画笔标记点的数量。

● "颜色动态"选项。在"画笔"控制面板中，单击"颜色动态"选项，会弹出相应的控制面板，如图 4-15 所示。"颜色动态"选项用于设置画笔绘制过程中颜色的动态变化情况。

"前景/背景抖动"选项：用于设置画笔绘制的线条在前景色和背景色之间的动态变化。

"色相抖动"选项：用于设置画笔绘制线条的色相的动态变化范围。

"饱和度抖动"选项：用于设置画笔绘制线条的饱和度的动态变化范围。

"亮度抖动"选项：用于设置画笔绘制线条的亮度的动态变化范围。

"纯度"选项：用于设置颜色的纯度。

● 画笔的其他选项，如图 4-16 所示。

"传递"选项：可以为画笔颜色添加递增或递减效果。

"画笔笔势"选项：可以设置画笔笔尖的角度。

"杂色"选项：可以为画笔增加杂色效果。

图 4-15

图 4-16

"湿边"选项：可以为画笔增加水笔的效果。

"建立"选项：可以使画笔模拟喷枪的效果。

"平滑"选项：可以使画笔绘制的线条产生更平滑顺畅的效果。

"保护纹理"选项：可以对所有的画笔应用相同的纹理图案。

4. 载入画笔

单击"画笔预设"控制面板右上方的图标 ，在其弹出式菜单中选择"载入画笔"命令，弹出"载入"对话框。

在"载入"对话框中，选择"Photoshop CS6 > 预置 > 画笔"文件夹，将显示多种可以载入的画笔文件。选择需要的画笔文件，单击"载入"按钮，将画笔载入。

5. 制作画笔

打开一幅图像，如图 4-17 所示。按 Ctrl+A 组合键，将图像全选，如图 4-18 所示。选择"编辑 > 定义画笔预设"命令，弹出"画笔名称"对话框，如图 4-19 所示进行设定。单击"确定"按钮，将选取的图像定义为画笔。

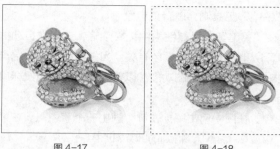

图 4-17　　　　　　图 4-18　　　　　　　　　图 4-19

在画笔选择窗口中可以看到刚制作好的画笔，如图 4-20 所示。选择制作好的画笔，在"画笔"工具属性栏中进行设置，再单击 按钮启用喷枪样式建立效果，选择喷枪效果，如图 4-21 所示。

图 4-20　　　　　　　　　　　　　　　　图 4-21

打开原图像，如图 4-22 所示。将"画笔"工具放在图像中适当的位置，按下鼠标左键喷出新制作的画笔效果，如图 4-23 所示。喷绘时按下鼠标左键时间的长短决定画笔图像颜色的深浅，如图 4-24 所示。

图 4-22　　　　　　　　图 4-23　　　　　　　　图 4-24

6.　"铅笔"工具

使用"铅笔"工具可以模拟铅笔的效果进行绘画。启用"铅笔"工具 ，有以下两种方法。

● 单击工具箱中的"铅笔"工具 。

● 反复按 Shift+B 组合键。

启用"铅笔"工具 ，属性栏状
态如图 4-25 所示。

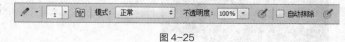

图 4-25

在"铅笔"工具属性栏中，"画笔
预设"选项用于选择画笔；"模式"选项用于选择混合模式；"不透明度"选项用于设定不透明度；"自动抹除"选项用于自动判断绘画时的起始点颜色，如果起始点颜色为背景色，则"铅笔"工具将以前景色绘制，反之如果起始点颜色为前景色，"铅笔"工具则会以背景色绘制。

　　使用"铅笔"工具：启用"铅笔"工具 ✐，在"铅笔"工具属性栏中选择画笔，选择"自动抹除"选项，如图 4-26 所示。此时，绘制效果与鼠标所单击的起始点颜色有关。当鼠标单击的起始点像素与前景色相同时，"铅笔"工具 ✐ 将行使"橡皮擦"工具 ✐ 的功能，以背景色绘图；当鼠标单击的起始点颜色不是前景色时，绘图时仍然会保持以前景色绘制。

　　例如，将前景色和背景色分别设定为紫色和白色。在图中单击鼠标左键，画出一个紫色点。在紫色区域内单击绘制下一个点，颜色就会变成白色。重复以上操作，得到的效果如图 4-27 所示。

图 4-26

图 4-27

7. "颜色替换"工具

"颜色替换"工具可以对图像的颜色进行改变。启用"颜色替换"工具 ✐，有以下两种方法。

- 单击工具箱中的"颜色替换"工具 ✐。
- 反复按 Shift+B 组合键。

启用"颜色替换"工具 ✐，属性栏状态如图 4-28 所示。

图 4-28

　　在"颜色替换"工具的属性栏中，"画笔预设"选项用于设置颜色替换的形状和大小；"模式"选项用于选择绘制的颜色模式；"取样"选项用于设定取样的类型；"限制"选项用于选择擦除界限；"容差"选项用于设置颜色替换的绘制范围。

　　"颜色替换"工具可以在图像中非常容易地改变任何区域的颜色。

　　使用"颜色替换"工具：打开一幅图像，效果如图 4-29 所示。设置前景色为蓝色，并在"颜色替换"工具属性栏中设置画笔的属性，如图 4-30 所示。在图像上绘制时，"颜色替换"工具可以根据绘制区域的图像颜色，自动生成绘制区域，效果如图 4-31 所示。使用"颜色替换"工具可以将碟子由红色变成蓝绿色，效果如图 4-32 所示。

图 4-29

图 4-30

图 4-31

图 4-32

4.1.2 课堂案例——漂亮的画笔

案例学习目标

学习使用"定义画笔预设"命令定义出画笔效果，并应用"移动"工具及"画笔"工具将其合成为一幅装饰图像。

案例知识要点

使用"定义画笔预设"命令和"画笔"工具制作漂亮的画笔效果，最终效果如图 4-33 所示。

扫码观看
本案例视频

扫码观看
扩展案例

图 4-33

效果所在位置

Ch04/效果/漂亮的画笔.psd。

（1）按 Ctrl+O 组合键，打开云盘中的"Ch04 > 素材 > 漂亮的画笔 > 01、02"文件，如图 4-34 和图 4-35 所示。选择 02 文件。选择"编辑 > 定义画笔预设"命令，弹出"画笔名称"对话框，在"名称"选项的文本框中输入"热气球"，如图 4-36 所示，单击"确定"按钮，将热气球图像定义为画笔。

（2）选择"移动"工具 ，将 02 图片

图 4-34

图 4-35

拖曳到 01 图像窗口中适当的位置，效果如图 4-37 所示，在"图层"控制面板中生成新的图层并将其命名为"热气球"，如图 4-38 所示。

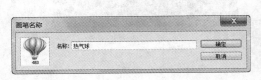

图 4-36　　　　　　　　　　　图 4-37　　　　　　　　　　图 4-38

（3）单击"图层"控制面板下方的"创建新图层"按钮 ，生成新的图层并将其命名为"热气球 02"。将前景色设为紫色（185、143、255）。选择"画笔"工具 ，在属性栏中单击"画笔"选项右侧的按钮 ，弹出画笔选择面板，选择刚才定义好的热气球形状的画笔，如图 4-39 所示。将"主直径"选项设为 150 px，选中"启用喷枪模式"按钮 ，如图 4-40 所示。

图 4-39　　　　　　　　　　　　　　　图 4-40

（4）在图像窗口中单击鼠标绘制一个热气球图形，按 [键或] 键调整画笔大小。单击鼠标并停留较长时间，绘制一个颜色较深的图形（绘制时按下鼠标左键时间长短的不同会使画笔图像产生深浅不同的效果），如图 4-41 所示。使用相同的方法制作其他热气球，效果如图 4-42 所示。

图 4-41　　　　　　　　　　　图 4-42

（5）在"图层"控制面板上方，将"热气球 02"图层的混合模式选项设为"正片叠底"，如图 4-43 所示，图像效果如图 4-44 所示。漂亮的画笔制作完成。

图 4-43

图 4-44

4.1.3 "橡皮擦"工具的使用

"橡皮擦"工具用于擦除图像中的颜色。下面，将具体介绍如何使用"橡皮擦"工具 ✐ 。

1. "橡皮擦"工具

使用"橡皮擦"工具可以用背景色擦除背景图像，也可以用透明色擦除图层中的图像。启用"橡皮擦"工具 ✐ ，有以下两种方法。

● 单击工具箱中的"橡皮擦"工具 ✐ 。

● 反复按 Shift+E 组合键。

启用"橡皮擦"工具 ✐ ，属性栏状态如图 4-45 所示。

在"橡皮擦"工具属性栏中，"画笔预设"选项用于选择橡皮擦的形状和大小；"模式"选项用于选择擦除的笔触方式；"不透明度"选项用于设定不透明度；"流量"选项用于设定扩散的速度；"抹到历史记录"选项用于确定以"历史"控制面板中确定的图像状态来擦除图像。

使用"橡皮擦"工具：选择"橡皮擦"工具 ✐ ，在图像中单击并按住鼠标左键拖曳鼠标，可以擦除图像。用背景色擦除图像效果如图 4-46 所示。

图 4-45

图 4-46

2. "背景橡皮擦"工具

"背景橡皮擦"工具可以用来擦除指定的颜色，指定的颜色显示为背景色。启用"背景橡皮擦"工具 ✐ ，有以下两种方法。

● 单击工具箱中的"背景橡皮擦"工具 ✐ 。

● 反复按 Shift+E 组合键。

启用"背景橡皮擦"工具 ✐ ，属性栏状态如图 4-47 所示。

图 4-47

在"背景橡皮擦"工具属性栏中，"画笔预设"选项用于选择橡皮擦的形状和大小；"取样"选项用于设定取样的类型；"限制"选项用于选择擦除界限；"容差"选项用于设定容差值；"保护前景色"选项用于保护前景色不被擦除。

使用"背景橡皮擦"工具：选择"背景橡皮擦"工具 ，在"背景橡皮擦"工具属性栏中，如图 4-48 所示进行设定，在图像中使用"背景橡皮擦"工具擦除图像，效果如图 4-49 所示。

图 4-48

图 4-49

3. "魔术橡皮擦"工具

使用"魔术橡皮擦"工具可以自动擦除颜色相近的区域。启用"魔术橡皮擦"工具，有以下两种方法。

● 单击工具箱中的"魔术橡皮擦"工具。

● 反复按 Shift+E 组合键。

启用"魔术橡皮擦"工具，属性栏状态如图 4-50 所示。

在"魔术橡皮擦"工具属性栏中，"容差"选项用于设定容差值，容差值的大小决定"魔术橡皮擦"工具擦除图像的面积；"消除锯齿"选项用于消除锯齿；"连续"选项作用于当前层；"对所有图层取样"选项作用于所有层；"不透明度"选项用于设定不透明度。

使用"魔术橡皮擦"工具：启用"魔术橡皮擦"工具，设置"魔术橡皮擦"工具属性栏为默认值，用"魔术橡皮擦"工具擦除图像，图像的效果如图 4-51 所示。

图 4-50

图 4-51

4.2 修图工具的使用

修图工具用于对图像的细微部分进行修整，是在处理图像时不可缺少的工具。

4.2.1 图章工具的使用

图章工具可以以预先指定的像素点或定义的图案为复制对象进行复制。

1. "仿制图章"工具

使用"仿制图章"工具可以以指定的像素点为复制基准点,将其周围的图像复制到其他地方。启用"仿制图章"工具![图标],有以下两种方法。

● 单击工具箱中的"仿制图章"工具![图标]。

● 反复按 Shift+S 组合键。

启用"仿制图章"工具![图标],属性栏状态如图 4-52 所示。

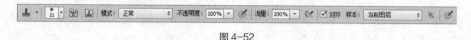

图 4-52

在"仿制图章"工具属性栏中,"画笔"选项用于选择画笔;"模式"选项用于选择混合模式;"不透明度"选项用于设定不透明度;"流量"选项用于设定扩散的速度;"对齐"选项用于控制是否在复制时使用对齐功能;"样本"选项用于指定图层进行数据取样。

使用"仿制图章"工具:启用"仿制图章"工具![图标],将"仿制图章"工具![图标]放在图像中需要复制的位置,如图 4-53 所示。按住 Alt 键的同时,鼠标指针由仿制图章图标变为圆形十字图标⊕,单击定下取样点,松开鼠标左键,在合适的位置单击并按住鼠标左键,拖曳鼠标复制出取样点及其周围的图像,效果如图 4-54 所示。

图 4-53   图 4-54

2. "图案图章"工具

使用"图案图章"工具![图标]可以以预先定义的图案为复制对象进行复制。启用"图案图章"工具![图标],有以下两种方法。

● 单击工具箱中的"图案图章"工具![图标]。

● 反复按 Shift+S 组合键。

启用"图案图章"工具![图标],其属性栏中的选项内容基本与"仿制图章"工具属性栏中的选项内容相同,但多了一个用于选择复制图案的图案选项,如图 4-55 所示。

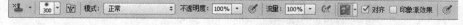

图 4-55

使用"图案图章"工具:启用"图案图章"工具![图标],用"矩形选框"工具绘制出要定义为图案的选区，如图 4-56 所示。选择"编辑 > 定义图案"命令，弹出"图案名称"对话框，如图 4-57 所示，单击"确定"按钮，定义选区中的图像为图案。

图 4-56

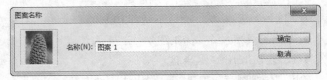

图 4-57

在"图案图章"工具的属性栏中选择定义的图案，如图 4-58 所示。按 Ctrl+D 组合键，取消图像中的选区。选择"图案图章"工具  ，在合适的位置单击并按住鼠标左键，拖曳鼠标复制出定义的图案，效果如图 4-59 所示。

图 4-58

图 4-59

4.2.2　课堂案例——制作运动宣传照片

案例学习目标

学习使用"仿制图章"工具擦除图像中的杂物及不需要的图像。

案例知识要点

使用"仿制图章"工具清除照片中的杂物，最终效果如图 4-60 所示。

图 4-60

◎ **效果所在位置**

Ch04/效果/制作运动宣传照片.psd。

（1）按 Ctrl+O 组合键，打开云盘中的"Ch04 > 素材 > 制作运动宣传照片 > 01"文件，如图 4-61 所示。按 Ctrl+J 组合键，复制"背景"图层。选择"缩放"工具 🔍，将图像的局部放大。选择"仿制图章"工具 🖈，在属性栏中单击"画笔"选项右侧的按钮 ，弹出画笔选择面板，选择需要的画笔形状，如图 4-62 所示。

（2）将光标放置到图像需要复制的位置，按住 Alt 键的同时，光标由仿制图章图标变为圆形十字图标 ⊕，如图 4-63 所示。单击定下

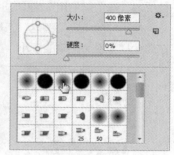

图 4-61　　　　　　　　　　　图 4-62

取样点，松开鼠标左键，在图像窗口中需要清除的位置多次单击，清除图像中的杂物，效果如图 4-64 所示。使用相同的方法继续清除图像中的杂物，效果如图 4-65 所示。

（3）将前景色设为白色。选择"横排文字"工具 T，在适当的位置输入需要的文字并选取文字，在属性栏中选择合适的字体并设置大小，效果如图 4-66 所示，在"图层"控制面板中生成新的文字图层。运动宣传照片制作完成。

图 4-63　　　　　　　　图 4-64　　　　　　　　图 4-65　　　　　　　　图 4-66

4.2.3　"污点修复画笔"工具与"修复画笔"工具

使用"污点修复画笔"工具可以快速地清除照片中的污点。使用"修复画笔"工具可以修复旧照片或有破损的图像。

1. "污点修复画笔"工具

启用"污点修复画笔"工具 🖊，有以下两种方法。

● 单击工具箱中的"污点修复画笔"工具 🖊。

● 反复按 Shift+J 组合键。

启用"污点修复画笔"工具 🖊，属性栏状态如图 4-67 所示。

图 4-67

　　在"污点修复画笔"工具属性栏中，"画笔"选项用于选择修复画笔的大小。单击"画笔"选项右侧的按钮，在弹出的"画笔"对话框中，可以设置画笔的大小、硬度、间距、角度、圆度和压力大小，如图4-68所示。在"模式"选项的弹出式菜单中可以选择复制像素或填充图案与底图的混合模式。选择"近似匹配"选项能使用选区边缘的像素来查找用作选定区域修补的图像区域。选择"创建纹理"选项能使用选区中的所有像素创建一个用于修复该区域的纹理。

　　使用"污点修复画笔"工具：打开一幅图像，如图4-69所示。选择"污点修复画笔"工具，在属性栏中设置画笔的大小，在图像中需要修复的位置单击，修复效果如图4-70所示。

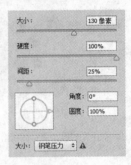

图4-68

图4-69

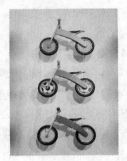

图4-70

2. "修复画笔"工具

启用"修复画笔"工具，有以下两种方法。

● 单击工具箱中的"修复画笔"工具。

● 反复按Shift+J组合键。

启用"修复画笔"工具，属性栏状态如图4-71所示。

　　在"修复画笔"工具属性栏中，"画笔"选项用于选择修复画笔的大小。单击"画笔"选项右侧的按钮，在弹出的"画笔"对话框中，可以设置画笔的大小、硬度、间距、角度、圆度和压力大小，如图4-72所示；在"模式"选项的弹出菜单中可以选择复制像素或填充图案与底图的混合模式；在选择"源"选项组后的"取样"选项后，按住Alt键，此时鼠标指针由修复画笔工具图标变为圆形十字图标，单击定下样本的取样点，松开鼠标左键，在图像中要修复的位置单击并按住鼠标左键，拖曳鼠标复制出取样点的图像；在选择"图案"选项后，可以在"图案"对话框中选择图案或自定义图案来填充图像；选择"对齐"选项，下一次的复制位置会和上次的完全重合。图像的复制不会因为重新复制而出现错位。

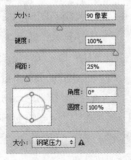

图4-71

图4-72

使用"修复画笔"工具:"修复画笔"工具可以将取样点的像素信息非常自然地复制到图像的破损位置,并保持图像的亮度、饱和度、纹理等属性。使用"修复画笔"工具修复图像的过程如图 4-73 和图 4-74 所示。

在"修复画笔"工具的属性栏中选择需要的图案,如图 4-75 所示。使用"修复画笔"工具填充图案的效果如图 4-76 和图 4-77 所示。

图 4-73

图 4-74

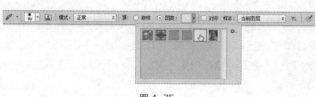

图 4-75

图 4-76

图 4-77

4.2.4 课堂案例——修复美女照片

案例学习目标

学习使用多种修图工具修复人物照片。

案例知识要点

使用"缩放"命令调整图像大小,使用"仿制图章"工具修复人物图像上的污点,使用"模糊"工具模糊图像,使用"污点修复画笔"工具修复人物眼角的斑纹,最终效果如图 4-78 所示。

图 4-78

扫码观看
本案例视频

扫码观看
扩展案例

效果所在位置

Ch04/效果/修复美女照片.psd。

（1）按 Ctrl＋O 组合键，打开云盘中的"Ch04 ＞ 素材 ＞ 修复美女照片 ＞ 01"文件，如图 4-79 所示。按 Ctrl+J 组合键，复制图层。选择"缩放"工具，在图像窗口中的鼠标指针变为"放大"工具图标，单击鼠标左键将图像放大，如图 4-80 所示。

图 4-79

图 4-80

（2）选择"仿制图章"工具，在属性栏中单击"画笔"选项右侧的按钮，弹出画笔选择面板，选择需要的画笔形状，设置如图 4-81 所示。将"仿制图章"工具放在脸部需要取样的位置，按住 Alt 键的同时，鼠标指针变为圆形十字图标，单击确定取样点，如图 4-82 所示。将鼠标指针放置在需要修复的位置，如图 4-83 所示，单击鼠标左键去掉褶皱，效果如图 4-84 所示。用相同的方法去除人物脸部的所有褶皱，效果如图 4-85 所示。

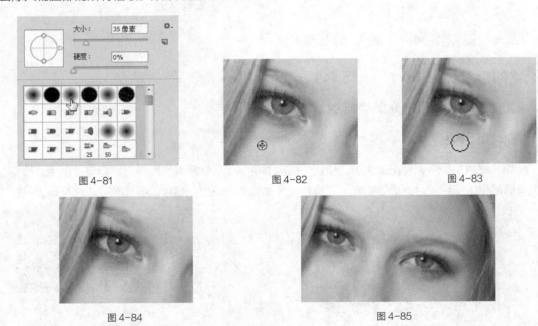

图 4-81

图 4-82

图 4-83

图 4-84

图 4-85

（3）选择"模糊"工具，在属性栏中将"强度"选项设为 100%，如图 4-86 所示。单击"画笔"选项右侧的按钮，弹出画笔选择面板，选择需要的画笔形状，设置如图 4-87 所示。在人物脸部涂抹，让脸部图像变得自然、柔和，效果如图 4-88 所示。

图 4-86

图 4-87   图 4-88

（4）选择"横排文字"工具 T.，在适当的位置输入需要的文字，在属性栏中选择适当的字体和文字大小，在"图层"控制面板中分别生成新的文字图层。选取文字"woman"，填充文字为红色（249、17、40），并设置适当的文字大小，效果如图 4-89 所示。

（5）选择"直线"工具 /，在属性栏中的"选择工具模式"选项中选择"形状"，将"粗细"选项设为 5 px，单击 —— 按钮，在弹出的面板中选择需要的描边选项，如图 4-90 所示。按住 Shift 键的同时，在图像窗口中拖曳鼠标绘制直线，效果如图 4-91 所示。美女照片修复完成。

图 4-89   图 4-90   图 4-91

4.2.5 "修补"工具与"红眼"工具的使用

使用"修补"工具可以对图像进行修补。使用"红眼"工具可以对图像的颜色进行改变。

1."修补"工具

使用"修补"工具可以用图像中的其他区域来修补当前选中的需要修补的区域，也可以使用图案来修补需要修补的区域。

启用"修补"工具 ⬚，有以下两种方法。

● 单击工具箱中的"修补"工具 ⬚。

● 反复按 Shift+J 组合键。

启用"修补"工具 ⬚，属性栏状态如图 4-92 所示。

在"修补"工具属性栏中，⬚⬚⬚⬚ 为选择修补选区方式的选项。"新选区"按钮 ⬚ 用于去除旧选

图 4-92

区，绘制新选区；"添加到选区"按钮 ⬚ 用于在原有选区的基础上再增加新的选区；"从选区减去"按钮 ⬚ 用于在原有选区的基础上减去新选区的部分；"与选区交叉"按钮 ⬚ 用于选择新旧选区重叠的部分。

　　使用"修补"工具：打开一幅图像，用"修补"工具 ![]，圈选图像中的茶杯，如图 4-93 所示。选择"修补"工具属性栏中的"源"选项，在圈选的茶杯中单击并按住鼠标左键，拖曳鼠标将选区放置到需要的位置，效果如图 4-94 所示。松开鼠标左键，选中的茶杯被新放置的选取位置的图像所修补，效果如图 4-95 所示。按 Ctrl+D 组合键，取消选区，修补的效果如图 4-96 所示。

图 4-93　　　　　　　　　　图 4-94　　　　　　　　　　图 4-95

　　选择"修补"工具属性栏中的"目标"选项，用"修补"工具 ![]，圈选图像中的区域，如图 4-97 所示。再将选区拖曳到要修补的图像区域，效果如图 4-98 所示。圈选图像中的区域修补了图像中的底图，如图 4-99 所示。按 Ctrl+D 组合键，取消选区，修补效果如图 4-100 所示。

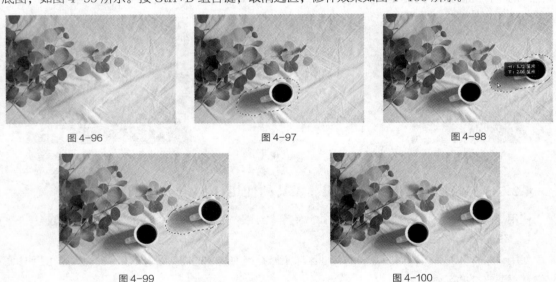

图 4-96　　　　　　　　　　图 4-97　　　　　　　　　　图 4-98

图 4-99　　　　　　　　　　　　　　　　图 4-100

　　用"修补"工具 ![]，在图像中圈选出需要使用图案的选区，如图 4-101 所示。"修补"工具属性栏中的"使用图案"选项变为可用，选择需要的图案，如图 4-102 所示。单击"使用图案"按钮，在选区中填充了所选的图案，按 Ctrl+D 组合键，取消选区，填充效果如图 4-103 所示。

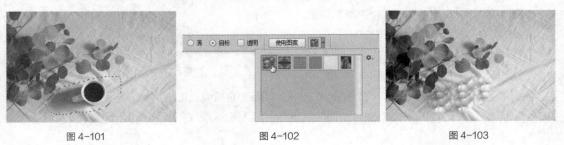

图 4-101　　　　　　　　　　图 4-102　　　　　　　　　　图 4-103

使用图案进行修补时，可以选择"修补"工具属性栏中的"透明"选项，将用来修补的图案变为透明。用"修补"工具 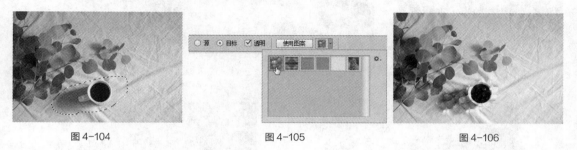 在图像中圈选出需要使用图案的选区，如图 4-104 所示。选择需要的图案，再选择"透明"选项，如图 4-105 所示。单击"使用图案"按钮，在选区中填充了透明的图案，按 Ctrl+D 组合键，取消选区，填充图案的效果如图 4-106 所示。

图 4-104   图 4-105   图 4-106

2."内容感知移动"工具

"内容感知移动"工具是 Photoshop CS6 新增的工具，使用它可将选中的对象移动或扩展到图像的其他区域后进行重组和混合，产生出色的视觉效果。启用"内容感知移动"工具 ✖️，有以下两种方法。

● 单击工具箱中的"内容感知移动"工具 ✖️。
● 反复按 Shift+J 组合键。

启用"内容感知移动"工具 ✖️，属性栏状态如图 4-107 所示。

图 4-107

在"内容感知移动"工具的属性栏中，"模式"选项可用于选择重新混合的模式；"适应"选项可用于选择区域保留的严格程度。

使用"内容感知移动"工具：打开一幅照片，如图 4-108 所示。启用"内容感知移动"工具 ✖️，在"内容感知移动"工具属性栏中将"模式"设置为"移动"，在窗口中单击并拖曳鼠标绘制选区，将茶杯选中，如图 4-109 所示。将光标放置在选区中，单击并向右侧拖曳鼠标，如图 4-110 所示。松开鼠标后，软件自动将茶杯移动到新位置，如图 4-111 所示。

图 4-108

图 4-109

图 4-110

打开一幅照片，如图 4-112 所示。启用"内容感知移动"工具 ✖️，在"内容感知移动"工具属性栏中将"模式"设置为"扩展"，在窗口中单击并拖曳鼠标绘制选区，将茶杯选中，如图 4-113 所示。将光标放置在选区中，单击并向右侧拖曳鼠标，如图 4-114 所示。松开鼠标后，软件自动将茶杯移动到新位置，如图 4-115 所示。

图 4-111

图 4-112

图 4-113

图 4-114

图 4-115

3. "红眼"工具

使用"红眼"工具可移去用闪光灯拍摄的人物照片中的红眼。启用"红眼"工具，有以下两种方法。

● 单击工具箱中的"红眼"工具。

● 反复按 Shift+J 组合键。

启用"红眼"工具，属性栏状态如图 4-116 所示。

在"红眼"工具的属性栏中，"瞳孔大小"选项用于设置瞳孔的大小；"变暗量"选项用于设置瞳孔的暗度。

使用"红眼"工具：打开一幅人物照片，效果如图 4-117 所示。启用"红眼"工具，并按需要在"红眼"工具的属性栏中进行设置，如图 4-118 所示。在照片中瞳孔的位置单击，如图 4-119 所示。去除照片中的红眼，效果如图 4-120 所示。

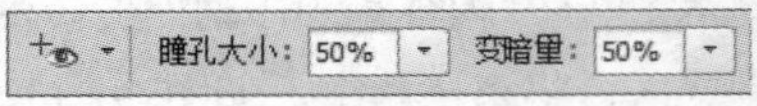

瞳孔大小: 50% 变暗量: 50%

图 4-116

图 4-117

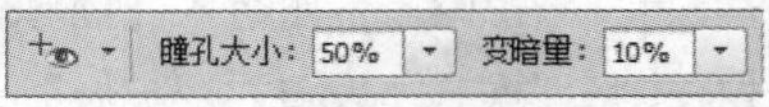

瞳孔大小: 50% 变暗量: 10%

图 4-118

图 4-119

图 4-120

4.2.6 "模糊"工具、"锐化"工具和"涂抹"工具的使用

"模糊"工具用于使图像的色彩变模糊。"锐化"工具用于使图像的色彩变强烈。"涂抹"工具用于制作出一种类似于水彩画的效果。

1. "模糊"工具

单击工具箱中的"模糊"工具 △。启用"模糊"工具 △，属性栏状态如图 4-121 所示。

图 4-121

在"模糊"工具属性栏中，"画笔预设"选项用于选择画笔的形状；"模式"选项用于设定模式；"强度"选项用于设定压力的大小；"对所有图层取样"选项用于确定模糊工具是否对所有可见层起作用。

使用"模糊"工具：启用"模糊"工具 △，在"模糊"工具属性栏中，如图 4-122 所示进行设定。在图像中单击并按住鼠标左键，拖曳鼠标可使图像产生模糊的效果。原图像和模糊后的图像效果如图 4-123 和图 4-124 所示。

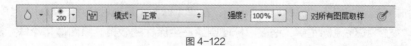
图 4-122

图 4-123

图 4-124

2. "锐化"工具

单击工具箱中的"锐化"工具 △。启用"锐化"工具 △，属性栏状态如图 4-125 所示。其属性栏中的选项内容与"模糊"工具属性栏中的选项内容类似。

图 4-125

使用"锐化"工具：启用"锐化"工具，在"锐化"工具属性栏中，如图 4-126 所示进行设定。在图像中单击并按住鼠标左键，拖曳鼠标可使图像产生锐化的效果。原图像和锐化后的图像效果如图 4-127 和图 4-128 所示。

图 4-126

图 4-127　　　　　　　　　　　　　图 4-128

3."涂抹"工具

单击工具箱中的"涂抹"工具。启用"涂抹"工具，属性栏状态如图 4-129 所示。其属性栏中的选项内容与"模糊"工具属性栏中的选项内容类似，只是多了一个"手指绘画"选项，用于设定是否按前景色进行涂抹。

图 4-129

使用"涂抹"工具：启用"涂抹"工具，在"涂抹"工具属性栏中，如图 4-130 所示进行设定。在图像中单击并按住鼠标左键，拖曳鼠标使图像产生涂抹的效果。原图像和涂抹后的图像效果如图 4-131 和图 4-132 所示。

图 4-130

图 4-131　　　　　　　　　　　　　图 4-132

4.2.7 "减淡"工具、"加深"工具和"海绵"工具的使用

"减淡"工具用于使图像的亮度提高。"加深"工具用于使图像的亮度降低。"海绵"工具用于增加或减少图像的色彩饱和度。

1. "减淡"工具

启用"减淡"工具 🔍,有以下两种方法。

● 单击工具箱中的"减淡"工具 🔍。

● 反复按 Shift+O 组合键。

启用"减淡"工具 🔍,属性栏状态如图 4-133 所示。"画笔"选项用于选择画笔的形状;"范围"选项用于设定图像中所要提高亮度的区域;"曝光度"选项用于设定曝光的强度。

图 4-133

使用"减淡"工具:启用"减淡"工具 🔍,在"减淡"工具属性栏中,如图 4-134 所示进行设定。在图像中单击并按住鼠标左键,拖曳鼠标使图像产生减淡的效果。原图像和减淡后的图像效果如图 4-135 和图 4-136 所示。

图 4-134

图 4-135

图 4-136

2. "加深"工具

启用"加深"工具 ✋,有以下两种方法。

● 单击工具箱中的"加深"工具 ✋。

● 反复按 Shift+O 组合键。

启用"加深"工具 ✋,属性栏状态如图 4-137 所示。其属性栏中的选项内容与"减淡"工具属性栏中选项内容的作用正好相反。

图 4-137

使用"加深"工具:启用"加深"工具 ✋,在"加深"工具属性栏中,如图 4-138 所示进行设定。在图像中单击并按住鼠标左键,拖曳鼠标使图像产生加深的效果。原图像和加深后的图像效果如图 4-139 和图 4-140 所示。

图 4-138

图 4-139

图 4-140

3. "海绵"工具

启用"海绵"工具 ，有以下两种方法。

● 单击工具箱中的"海绵"工具 。

● 反复按 Shift+O 组合键。

启用"海绵"工具 ，属性栏状态如图 4-141 所示。"画笔"选项用于选择画笔的形状；"模式"选项用于设定饱和度的处理方式；"流量"选项用于设定扩散的速度。

图 4-141

使用"海绵"工具：启用"海绵"工具 ，在"海绵"工具属性栏中，如图 4-142 所示进行设定。在图像中单击并按住鼠标左键，拖曳鼠标使图像产生增加色彩饱和度的效果。原图像和使用"海绵"工具后的图像效果如图 4-143 和图 4-144 所示。

图 4-142

图 4-143

图 4-144

4.3 填充工具的使用

使用填充工具可以对选定的区域进行色彩或图案的填充。下面，将具体介绍填充工具的使用方法和操作技巧。

4.3.1 "渐变"工具和"油漆桶"工具的使用

使用"渐变"工具可以在图像或图层中形成一种色彩渐变的图像效果。使用"油漆桶"工具可以在图像或选区中对指定色差范围内的色彩区域进行色彩或图案的填充。

1. "渐变"工具

启用"渐变"工具 ，有以下两种方法。

● 单击工具箱中的"渐变"工具 。

● 反复按 Shift+G 组合键。

"渐变"工具属性栏中有"线性渐变"按钮 、"径向渐变"按钮 、"角度渐变"按钮 、"对称渐变"按钮 和"菱形渐变"按钮 。启用"渐变"工具 ，属性栏状态如图 4-145 所示。

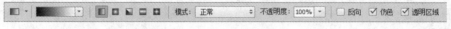

图 4-145

在"渐变"工具属性栏中，"点按可编辑渐变"按钮
用于选择和编辑渐变的色彩； 选项
用于选择各类型的渐变工具；"模式"选项用于选择着色的
模式；"不透明度"选项用于设定不透明度；"反向"选项
用于产生反向色彩渐变的效果；"仿色"选项用于使渐变更
平滑；"透明区域"选项用于产生不透明度。

如果要自行编辑渐变形式和色彩，可单击"点按可编辑
渐变"按钮 ，在弹出的图 4-146 所示的"渐变
编辑器"对话框中进行操作即可。

（1）设置渐变颜色。在"渐变编辑器"对话框中，单击
颜色编辑框下边的适当位置，可以增加颜色，如图 4-147
所示。颜色可以进行调整，在下面的"颜色"选项中选择颜

图 4-146

色，或双击刚建立的颜色按钮，弹出颜色"拾色器"对话框，如图 4-148 所示，在其中选择合适的颜色，单击"确定"按钮，颜色就改变了。颜色的位置也可以进行调整，在"位置"选项中输入数值或用鼠标直接拖曳颜色滑块，都可以调整颜色的位置。

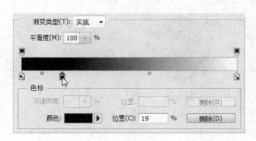

图 4-147

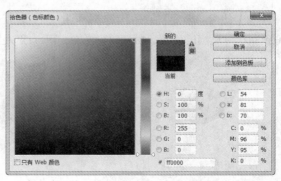

图 4-148

任意选择一个颜色滑块，如图 4-149 所示，单击下面的"删除"按钮，或按 Delete 键，可以将颜色删除，如图 4-150 所示。

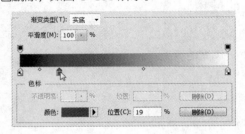
图 4-149

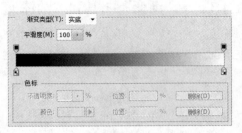
图 4-150

在"渐变编辑器"对话框中，单击颜色编辑框左上方的黑色按钮，如图 4-151 所示。再调整"不透明度"选项，可以使开始的颜色到结束的颜色显示透明的效果，如图 4-152 所示。

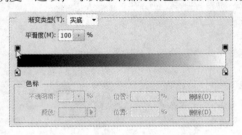
图 4-151

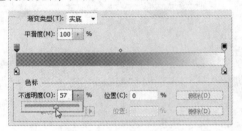
图 4-152

在"渐变编辑器"对话框中，单击颜色编辑框的上方，会出现新的色标，如图 4-153 所示。调整"不透明度"选项，可以使新色标的颜色向两边的颜色出现过渡式的透明效果，如图 4-154 所示。如果想删除该色标，单击下面的"删除"按钮或按 Delete 键即可。

图 4-153

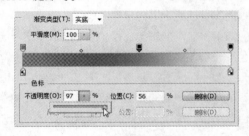
图 4-154

（2）使用"渐变"工具。选择不同的"渐变"工具 ，在图像中单击并按住鼠标左键，拖曳鼠标到适当的位置，松开鼠标左键，可以绘制出不同的渐变效果，如图 4-155 所示。

图 4-155

2."油漆桶"工具

启用"油漆桶"工具 ，有以下两种方法。

- 单击工具箱中的"油漆桶"工具 ⬛。
- 反复按 Shift+G 组合键。

启用"油漆桶"工具 ⬛，属性栏状态如图 4-156 所示。

图 4-156

在"油漆桶"工具属性栏中，"填充"选项用于选择填充的是前景色还是图案；"图案"选项用于选择定义好的图案；"模式"选项用于选择着色的模式；"不透明度"选项用于设定不透明度；"容差"选项用于设定色差的范围，数值越小，容差越小，填充的区域也越小；"消除锯齿"选项用于消除边缘锯齿；"连续的"选项用于设定填充方式；"所有图层"选项用于选择是否对所有可见层进行填充。

使用"油漆桶"工具：启用"油漆桶"工具 ⬛，在"油漆桶"工具属性栏中对"容差"选项进行不同的设定，如图 4-157 和图 4-158 所示。原图像效果如图 4-159 所示。用"油漆桶"工具在图像中填充，不同的填充效果如图 4-160 和图 4-161 所示。

图 4-157

图 4-158

图 4-159   图 4-160   图 4-161

在"油漆桶"工具属性栏中对"填充"和"图案"选项进行设定，如图 4-162 所示。用"油漆桶"工具在图像中填充，效果如图 4-163 所示。

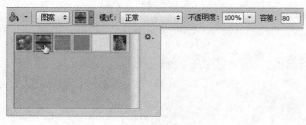

图 4-162

图 4-163

4.3.2 "填充"命令的使用

选择"填充"命令可以对选定的区域进行填色。

1."填充"对话框

选择"编辑 > 填充"命令，系统将弹出"填充"对话框，如图 4-164 所示。

在"填充"对话框中，"使用"选项用于选择填充方式，包括使用前景色、背景色、颜色、内容识别、图案、历史记录、黑色、50%灰色、白色进行填充；"模式"选项用于设置填充模式；"不透明度"选项用于调整不透明度。

图 4-164

2. 填充颜色

打开一幅图像，在图像中绘制出选区，如图 4-165 所示。选择"编辑 > 填充"命令，弹出"填充"对话框，如图 4-166 所示进行设定，单击"确定"按钮，填充的效果如图 4-167 所示。

图 4-165

图 4-166

图 4-167

> 按 Alt+Backspace 组合键，可使用前景色填充选区或图层。按 Ctrl+Backspace 组合键，可使用背景色填充选区或图层。按 Delete 键，将删除选区内的图像，露出背景色或下面的图像。

打开一幅图像并绘制出要定义为图案的选区，如图 4-168 所示。选择"编辑 > 定义图案"命令，弹出"图案名称"对话框，如图 4-169 所示，单击"确定"按钮，图案定义完成。按 Ctrl+D 组合键，取消图像选区。

图 4-168

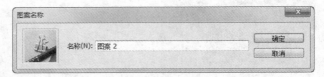

图 4-169

选择"编辑 > 填充"命令，弹出"填充"对话框。在"自定图案"选项中选择新定义的图案，如图 4-170 所示进行设定，单击"确定"按钮，填充的效果如图 4-171 所示。

图 4-170

图 4-171

在"填充"对话框的"模式"选项中选择不同的填充模式，如图 4-172 所示进行设定，单击"确定"按钮，填充的效果如图 4-173 所示。

图 4-172

图 4-173

4.3.3　课堂案例——制作卡片

案例学习目标

应用"自定形状"工具和"定义图案"命令制作卡片。

案例知识要点

使用"自定形状"工具和"填充"命令绘制图形，使用"定义图案"命令定义图案，使用"填充"命令为选区填充颜色，使用"填充"和"描边"命令制作图形，使用"横排文字"工具添加文字，使用"直线"工具绘制直线，最终效果如图 4-174 所示。

图 4-174

◉ 效果所在位置

Ch04/效果/制作卡片.psd。

（1）按 Ctrl＋N 组合键，新建一个文件，宽度为 29.7 cm，高度为 21 cm，分辨率为 300 dpi，颜色模式为 RGB，背景内容为白色，单击"确定"按钮。将前景色设置为蓝色（101、219、227），按 Alt+Delete 组合键，用前景色填充"背景"图层，效果如图 4-175 所示。

（2）新建图层生成"图层 1"。将前景色设为黄色（232、214、11）。选择"自定形状"工具 🖎，在属性栏中单击"形状"选项右侧的按钮 ⫶，弹出"形状"面板，在面板中选中需要的图形，如图 4-176 所示。在属性栏中的"选择工具模式"选项中选择"像素"，按住 Shift 键的同时，在图像窗口中拖曳鼠标绘制图形，效果如图 4-177 所示。

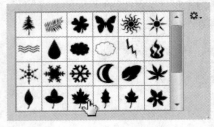

　　　　图 4-175　　　　　　　　　　　　图 4-176　　　　　　　　　　　　图 4-177

（3）选择"移动"工具 ⊕，按住 Alt 键的同时，拖曳图像到适当的位置，复制图像。按 Ctrl+T 组合键，在图形周围出现变换框，将鼠标光标放在变换框的控制手柄外边，光标变为旋转图标 ↻，拖曳鼠标将图形旋转到适当的角度，并调整其大小及位置，按 Enter 键确认操作，效果如图 4-178 所示。用相同的方法绘制另一个图形，效果如图 4-179 所示。

（4）在"图层"控制面板中，选择"图层 1"图层，按住 Shift 键的同时，单击"图层 1 拷贝 2"图层，将 3 个图层之间的图层同时选取。按 Ctrl+E 组合键，合并图层并将其命名为"图案"，如图 4-180 所示。单击"背景"图层左侧的眼睛图标 👁，将"背景"图层隐藏。

　　　　图 4-178　　　　　　　　　　　图 4-179　　　　　　　　　　　图 4-180

（5）选择"矩形选框"工具 ▢，在图像窗口中绘制矩形选区，如图 4-181 所示。选择"编辑 >定义图案"命令，弹出"图案名称"对话框，设置如图 4-182 所示，单击"确定"按钮。按 Delete键，删除选区中的图像。按 Ctrl+D 组合键，取消选区。单击"背景"图层左侧的眼睛图标 👁，显示出隐藏的图层。

图 4-181

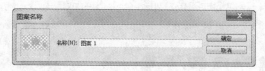

图 4-182

（6）单击"图层"控制面板下方的"创建新的填充或调整图层"按钮 ，在弹出的菜单中选择"图案"命令，弹出"图案填充"对话框，设置如图 4-183 所示，单击"确定"按钮，图像效果如图 4-184 所示。

（7）在"图层"控制面板上方，将"图案填充 1"图层的"不透明度"选项设为 67%，如图 4-185 所示，图像效果如图 4-186 所示。选择"移动"工具 ，按住 Alt 键的同时，拖曳图形到适当的位置，复制图像，效果 4-187 所示。

（8）按 Ctrl+O 组合键，打开云盘中的"Ch04 > 素材 > 制作卡片 > 01"文件，选择"移动"工具 ，将 01 图片拖曳到图像窗口中适当的位置，效果如图 4-188 所示，在"图层"控制面板中生成新图层并将其命名为"女孩"。

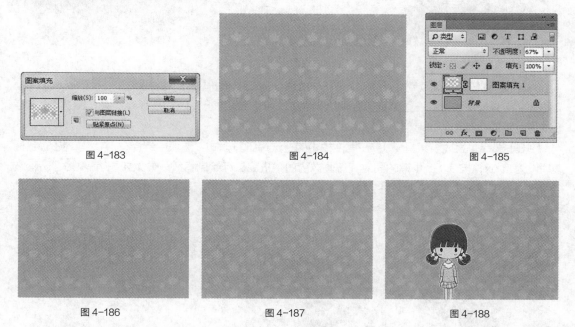

图 4-183   图 4-184   图 4-185

图 4-186   图 4-187   图 4-188

（9）新建图层生成"形状"。将前景色设为褐色（102、28、34）。选择"自定形状"工具 ，在属性栏中单击"形状"选项右侧的按钮 ，弹出"形状"面板，单击右上方的按钮 ，在弹出的菜单中选择"台词框"选项，弹出提示对话框，单击"确定"按钮。在"台词框"面板中选中需要的图形，如图 4-189 所示。在属性栏中的"选择工具模式"选项中选择"像素"，按住 Shift 键的同时，在图像窗口中拖曳鼠标绘制图形，效果如图 4-190 所示。

（10）在"图层"控制面板中，按住 Ctrl 键的同时，单击"形状"图层的缩览图，如图 4-191 所示，在图形周围生成选区，效果如图 4-192 所示。

（11）选择"编辑 > 描边"命令，在弹出的对话框中进行设置，将颜色设为黄色（247、228、13），其他选项的设置如图 4-193 所示，单击"确定"按钮，效果如图 4-194 所示。

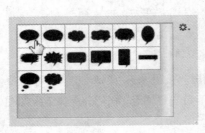

图 4-189

图 4-190

图 4-191

图 4-192

图 4-193

图 4-194

（12）将前景色设为浅粉色（247、228、13）。选择"横排文字"工具 T，在适当的位置输入需要的文字并设置大小，在图像窗口中输入需要的文字，效果如图 4-195 所示，在"图层"控制面板中生成新的文字图层。

（13）选择"直线"工具 ∕，在属性栏中的"选择工具模式"选项中选择"形状"，将"粗细"选项设为 5 px，按住 Shift 键的同时，在图像窗口中拖曳鼠标绘制直线，效果如图 4-196 所示。选择"移动"工具 ，按住 Alt 键的同时，拖曳直线到适当的位置，复制图像，效果 4-197 所示。卡片制作完成。

图 4-195

图 4-196

图 4-197

4.3.4 "描边"命令的使用

使用"描边"命令可以将选定区域的边缘用前景色描绘出来。

1. "描边"对话框

选择"编辑 > 描边"命令，弹出"描边"对话框，如图 4-198 所示。

在"描边"对话框中,"描边"选项组用于设定边线的宽度和边线的颜色;"位置"选项组用于设定所描边线相对于区域边缘的位置,包括内部、居中和居外 3 个选项;"混合"选项组用于设置描边模式和不透明度。

图 4-198

2. 制作描边效果

打开一幅图像,如图 4-199 所示。在图像中绘制出需要的选区,如图 4-200 所示。

选择"编辑 > 描边"命令,弹出"描边"对话框,如图 4-201 所示进行设定。单击"确定"按钮,按 Ctrl+D 组合键,取消选区,描边的效果如图 4-202 所示。

在"描边"对话框中将"模式"选项设定为"差值",如图 4-203 所示。单击"确定"按钮,按 Ctrl+D 组合键,取消选区,描边的效果如图 4-204 所示。

图 4-199

图 4-200

图 4-201

图 4-202

图 4-203

图 4-204

课后习题——绘制时尚装饰画

习题知识要点

使用"画笔"工具绘制小草图形。使用"横排文字"工具添加文字,最终效果如图 4-205 所示。

图 4-205

扫码观看
本案例视频

效果所在位置

Ch04/效果/绘制时尚装饰画.psd。

05

第 5 章
编辑图像

本章介绍

本章将详细介绍 Photoshop CS6 的图像编辑功能，对编辑图像的方法和技巧进行更系统的讲解。读者通过学习本章需要了解并掌握图像的编辑方法和应用技巧，为进一步编辑和处理图像打下坚实的基础。

学习目标

- ✔ 了解图像编辑工具的使用。
- ✔ 掌握图像的移动、复制和删除方法。
- ✔ 掌握图像的裁剪和变换方法。

技能目标

- ✳ 掌握"展示油画"的制作方法。
- ✳ 掌握"校正倾斜的照片"的方法。
- ✳ 掌握"产品手提袋"的制作方法。

5.1　图像编辑工具的使用

使用图像编辑工具对图像进行编辑和整理，可以提高用户编辑和处理图像的效率。

5.1.1　注释类工具

使用注释类工具可以为图像增加注释，其中包括文字附注和数字计数。

1.“注释”工具

使用“注释”工具可以为图像增加文字附注，从而起到提示作用。启用“注释”工具，有以下两种方法。

- 单击工具箱中的“注释”工具。
- 反复按 Shift+I 组合键。

启用“注释”工具，属性栏状态如图 5-1 所示。

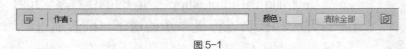

图 5-1

在“注释”工具属性栏中，“作者”选项用于输入作者姓名；“颜色”选项用于设置注释窗口的颜色；“清除全部”按钮用于清除所有注释；“显示或隐藏注释面板”按钮用于隐藏或打开注释面板，编辑注释文字。

2.“123 计数”工具

当图像中有很多物体时，用计数工具计数可以方便统计。启用“123 计数”工具，有以下几种方法。

- 单击工具箱中的“123 计数”工具。
- 反复按 Shift+I 组合键。

启用“123 计数”工具，属性栏状态如图 5-2 所示。

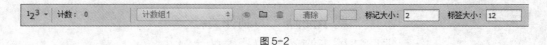

图 5-2

在“123 计数”工具属性栏中，“计数”选项用于显示当前所统计到的数字；　计数组 1　　选项用于显示当前为第几计数组和修改当前计数组的名称；“切换计数组的可见性”按钮用于显示或隐藏数字；“创建新的计数组”按钮用于创建一个新的计数组；“删除当前所选计数组”按钮用于删除当前所选中的计数组；“清除”按钮　清除　用于清除当前所选计数组的所有数字；“颜色”选项用于设置计数工具数字的颜色；“标记大小”选项用于设置标记的大小；“标签大小”选项用于设置数字的大小。

打开一幅图像，如图 5-3 所示。为图像添加计数组，效果如图 5-4 所示，在属性栏中的设置如图 5-5 所示。

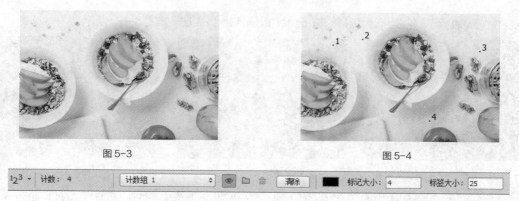

图 5-3   图 5-4

图 5-5

5.1.2　课堂案例——制作展示油画

案例学习目标

学习使用图像编辑工具对图像进行裁剪和注释。

案例知识要点

使用"标尺"工具和"裁剪"工具制作风景照片，使用"注释"工具为图像添加注释，最终效果如图 5-6 所示。

扫码观看
本案例视频

扫码观看
扩展案例

图 5-6

效果所在位置

Ch05/效果/制作展示油画.psd。

（1）按 Ctrl+O 组合键，打开云盘中的"Ch05 > 素材 > 制作展示油画 > 02"文件，如图 5-7 所示。选择"标尺"工具 ，在图像窗口的左侧单击确定测量的起点，向右拖曳鼠标出现测量的线段，再次单击，确定测量的终点，如图 5-8 所示。

（2）单击属性栏中的 拉直图层 按钮，拉直图像，如图 5-9 所示。选择"裁剪"工具 ，在图像窗口中拖曳鼠标，绘制矩形裁切框，按 Enter 键确认操作，效果如图 5-10 所示。

图 5-7

图 5-8

图 5-9

（3）按 Ctrl+O 组合键，打开云盘中的"Ch05 > 素材 > 制作展示油画 > 01"文件，如图 5-11
所示。选择"矩形"工具，在属性栏中的"选择工具模式"选项中选择"形状"，在图像窗口中
绘制矩形，如图 5-12 所示。

图 5-10

图 5-11

图 5-12

（4）选择"移动"工具，将 02 图像拖曳到 01 图像窗口中，并调整其大小和位置，效果如图
5-13 所示，在"图层"控制面板中生成新的图层并将其命名为"画"。按 Alt+Ctrl+G 组合键，创建
剪贴蒙版，效果如图 5-14 所示。

（5）选择"横排文字"工具，在属性栏中选择合适的字体并设置大小，输入需要的文字，效
果如图 5-15 所示，在"图层"控制面板中生成新的文字图层。

图 5-13

图 5-14

图 5-15

（6）按 Ctrl+T 组合键，文字周围出现变换框，将鼠标光标放在变换框控制手柄的附近，光标变
为旋转图标，拖曳鼠标将文字旋转到适当的角度，按 Enter 键确认操作，效果如图 5-16 所示。
（7）选择"注释"工具，在图像窗口中单击，弹出"注释"控制面板，在面板中输入文字，如图 5-17 所示。展示油画制作完成，效果如图 5-18 所示。

图 5-16

图 5-17

图 5-18

5.1.3 "标尺"工具

使用"标尺"工具可以在图像中测量任意两点之间的距离，并可以测量角度。启用"标尺"工具，有以下几种方法。

● 单击工具箱中的"标尺"工具。
● 反复按 Shift+I 组合键。

启用"标尺"工具，其具体数值显示在图 5-19 所示的"标尺"工具属性栏和"信息"控制面板中。利用"标尺"工具可以进行精确的图形图像绘制。

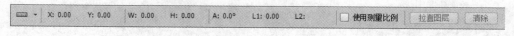
图 5-19

1. 使用"标尺"工具

打开一幅图像，选择"标尺"工具，将光标放到图像中，显示标尺图标，如图 5-20 所示。在图像中单击确定测量的起点，拖曳鼠标出现测量的线段，再次单击，在适当的位置确定测量的终点，效果如图 5-21 所示，测量的结果就会显示出来。"标尺"工具属性栏中的内容如图 5-22 所示。

图 5-20

图 5-21

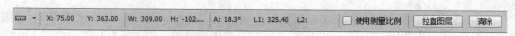
图 5-22

2. "信息"控制面板

"信息"控制面板可以显示图像中鼠标指针所在位置的信息和图像中选区的大小。选择"窗口 > 信息"命令，弹出"信息"控制面板，如图 5-23 所示。

在"信息"控制面板中，"R、G、B"数值表示光标在图像中所在色彩区域的相应 RGB 色彩值；"A、L"数值表示光标在当前图像中所处的角度；"X、Y"数值表示光标在当前图像中所处的坐标值；"W、H"数值表示图像选区的宽度和高度。

图 5-23

5.1.4　"抓手"工具

"抓手"工具可以用来移动图像，以改变图像在窗口中的显示位置。
启用"抓手"工具，有以下几种方法。

- 单击工具箱中的"抓手"工具。
- 按 H 键。
- 按住 Spacebar（空格）键。

启用"抓手"工具，属性栏的显示状态如图 5-24 所示。通过单击属性栏中的 4 个按钮，即可调整图像的显示效果，如图 5-25 所示。双击"抓手"工具，将自动调整图像大小以适合屏幕的显示范围。

图 5-24

实际像素

适合屏幕

填充屏幕

打印尺寸

图 5-25

5.2 图像的移动、复制和删除

在 Photoshop CS6 中，可以非常便捷地移动、复制和删除图像。下面，将具体讲解图像的移动、复制和删除方法。

5.2.1 图像的移动

要想在操作过程中随时按需要移动图像，就必须掌握移动图像的方法。

1."移动"工具

使用"移动"工具可以将图层中的整幅图像或选定区域中的图像移动到指定位置。启用"移动"工具，有以下几种方法。

- 单击工具箱中的"移动"工具。
- 按 V 键。

启用"移动"工具，属性栏的显示状态如图 5-26 所示。

图 5-26

在"移动"工具属性栏中，"自动选择"选项用于自动选择光标所在的图像层；"显示变换控件"选项用于对选取的图层进行各种变换。属性栏中还提供了几种图层排列和分布方式的按钮。

2. 移动图像

在移动图像前，要选择移动的图像区域，如果不选择图像区域，将移动整个图像。移动图像，有以下几种方法。

- 使用"移动"工具移动图像。

打开一幅图像，使用"矩形选框"工具绘制出要移动的图像区域，效果如图 5-27 所示。

启用"移动"工具，将光标放在选区中，光标变为 图标，效果如图 5-28 所示。单击并按住鼠标左键，拖曳鼠标到适当的位置，选区内的图像被移动，原来的选区位置被背景色填充，效果如图 5-29 所示。按 Ctrl+D 组合键，取消选区，移动完成。

图 5-27　　　　　　　　　　　图 5-28　　　　　　　　　　　图 5-29

- 使用菜单命令移动图像。

打开一幅图像，使用"矩形选框"工具绘制出要移动的图像区域，效果如图 5-30 所示。选择"编辑 > 剪切"命令或按 Ctrl+X 组合键，选区被背景色填充，效果如图 5-31 所示。

选择"编辑 > 粘贴"命令或按 Ctrl+V 组合键，将选区内的图像粘贴在图像的新图层中，使用
"移动"工具 ▸+ 可以移动新图层中的图像，效果如图 5-32 所示。

图 5-30   图 5-31   图 5-32

● 使用快捷键移动图像。

打开一幅图像，使用"矩形选框"工具 ▦ 绘制出要移动的图像区域，效果如图 5-33 所示。

启用"移动"工具 ▸+，按 Ctrl+方向组合键，可以将选区内的图像沿移动方向移动 1 px，效果如
图 5-34 所示；按 Shift+方向组合键，可以将选区内的图像沿移动方向移动 10 px，效果如图 5-35 所示。

图 5-33   图 5-34   图 5-35

    如果想将当前图像中选区内的图像移动到另一幅图像中，只要使用"移动"工具 ▸+ 将
选区内的图像拖曳到另一幅图像中即可。使用相同的方法也可以将当前图像拖曳到另一幅
图像中。

5.2.2 图像的复制

要想在操作过程中随时按需要复制图像，就必须掌握复制图像的方法。在复制图像前，要选择需
要复制的图像区域，如果不选择图像区域，将不能复制图像。复制图像，有以下几种方法。

● 使用"移动"工具复制图像。

打开一幅图像，使用"矩形选框"工具 ▦ 绘制出要复制的图像区域，效果如图 5-36 所示。

启用"移动"工具 ▸+，将光标放在选区中，光标变为 ▸▹ 图标，效果如图 5-37 所示。按住 Alt 键，
光标变为 ▸▹ 图标，效果如图 5-38 所示，同时，单击并按住鼠标左键，拖曳选区内的图像到适当的位置，
松开鼠标左键和 Alt 键，图像复制完成。按 Ctrl+D 组合键，取消选区，效果如图 5-39 所示。

● 使用菜单命令复制图像。

打开一幅图像，使用"矩形选框"工具 ▦ 绘制出要复制的图像区域，如图 5-40 所示。选择"编
辑 > 拷贝"命令或按 Ctrl+C 组合键，将选区内的图像复制。这时，屏幕上的图像并没有变化，但系

统已将复制的图像粘贴到剪贴板中了。

选择"编辑 > 粘贴"命令或按 Ctrl+V 组合键,将选区内的图像粘贴在生成的新图层中,这样复制的图像就在原图的上面一层了,使用"移动"工具 ⊹ 移动复制的图像,如图 5-41 所示。

图 5-36

图 5-37

图 5-38

图 5-39

图 5-40

图 5-41

● 使用快捷键复制图像。

打开一幅图像,使用"矩形选框"工具 ⊡ 绘制出要复制的图像区域,效果如图 5-42 所示。

按住 Ctrl+Alt 组合键,光标变为 ▶ 图标,效果如图 5-43 所示。同时,单击并按住鼠标左键,拖曳选区内的图像到适当的位置,松开鼠标左键、Ctrl 键和 Alt 键,图像复制完成。按 Ctrl+D 组合键,取消选区,效果如图 5-44 所示。

图 5-42

图 5-43

图 5-44

5.2.3 图像的删除

要想在操作过程中随时按需要删除图像,就必须掌握删除图像的方法。在删除图像前,要选择需要删除的图像区域,如果不选择图像区域,将不能删除图像。删除图像,有以下几种方法。

● 使用菜单命令删除图像。

打开一幅图像,使用"矩形选框"工具 ⊡ 绘制出要删除的图像区域,如图 5-45 所示,选择"编

辑 > 清除"命令，将选区内的图像删除。按 Ctrl+D 组合键，取消选区，效果如图 5-46 所示。

图 5-45

图 5-46

 提示

　　删除后的图像区域由背景色填充。如果是在图层中，删除后的图像区域将显示下面一层的图像。

● 使用快捷键删除图像。

打开一幅图像，使用"矩形选框"工具 ⊞ 绘制出要删除的图像区域，如图 5-45 所示。按 Delete 键或 Backspace 键，将选区内的图像删除。按 Ctrl+D 组合键，取消选区，效果如图 5-46 所示。

5.3 **图像的裁剪和变换**

通过图像的裁剪和变换，可以设计制作出丰富多变的图像效果。下面，将具体讲解图像裁剪和变换的方法。

5.3.1 课堂案例——校正倾斜的照片

案例学习目标

学习使用裁切类工具校正倾斜的照片。

案例知识要点

使用"裁剪"工具校正倾斜的照片，效果如图 5-47 所示。

扫码观看
本案例视频

扫码观看
扩展案例

图 5-47

效果所在位置

Ch05/效果/校正倾斜的照片.psd。

（1）按 Ctrl + O 组合键，打开云盘中的"Ch05 > 素材 > 校正倾斜的照片 > 01"文件，如图 5-48 所示。选择"裁剪"工具 🄴，或按 C 键，在图像中单击并按住鼠标左键，拖曳一个裁切区域，松开鼠标，绘制出矩形裁剪框，如图 5-49 所示。

（2）将鼠标指针放在裁剪框的右上角，指针会变为双向箭头图标 ⤢，单击并按住鼠标左键拖曳控制手柄，可以调整裁剪框的大小，如图 5-50 所示。

图 5-48   图 5-49

（3）将鼠标指针放在裁剪框的控制手柄外边，指针会变为旋转图标 ↰，单击并按住鼠标左键旋转裁剪框，效果如图 5-51 所示。

（4）在矩形裁剪框内双击或按 Enter 键，即可完成图像的裁剪，效果如图 5-52 所示。倾斜的照片校正完成。

图 5-50   图 5-51   图 5-52

5.3.2 图像的裁剪

在实际的设计制作工作中，经常有一些图片的构图和比例不符合设计要求，这就需要对这些图片进行裁剪。下面，就对其进行具体介绍。

1. "裁剪"工具

使用"裁剪"工具可以在图像或图层中剪裁所选定的区域。图像区域选定后，在选区边缘将出现8 个控制手柄，用于改变选区的大小，还可以用鼠标旋转选区。

启用"裁剪"工具 🄴，有以下几种方法。

● 单击工具箱中的"裁剪"工具 🄴。

● 按 C 键。

启用"裁剪"工具 🄴，属性栏的显示状态如图 5-53 所示。

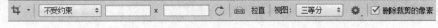

图 5-53

在"裁剪"工具属性栏中，单击 ✦ 按钮，弹出其下拉菜单，如图 5-54 所示。

"不受约束"选项用于自由调整裁剪框的大小；"原始比例"选项用于保持图像原始的长宽比例以调整裁剪框；"预设长宽比"选项是 Photoshop 提供的预设长宽比，如果要自定长宽比则可在选项右侧的文本框中定义长度和宽度；"大小和分辨率"选项用于设置图像的宽度、高度和分辨率，这样可按照设置的尺寸裁剪图像；"存储/删除预设"选项用于将当前创建的长宽比保存或删除。

单击"裁剪"工具属性栏中的"设置其他裁剪选项"按钮 ⚙，弹出其下拉菜单，如图 5-55 所示。启用"使用经典模式"选项可以使用 Photoshop CS6 以前版本的"裁剪"工具模式来编辑。"启用裁剪屏蔽"选项用于设置裁剪框外的区域颜色和不透明度。

"删除裁剪像素"选项用于删除被裁剪的图像。

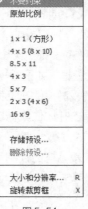
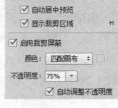

图 5-54　　　　　　　　　图 5-55

2. 裁剪图像

● 使用"裁剪"工具裁剪图像。

打开一幅图像，启用"裁剪"工具 🔲，在图像中单击并按住鼠标左键，拖曳鼠标到适当的位置，松开鼠标，绘制出矩形裁剪框，如图 5-56 所示。在矩形裁剪框内双击或按 Enter 键，都可以完成图像的裁剪，效果如图 5-57 所示。

将光标放在裁剪框的边界上，单击并拖曳鼠标可以调整裁剪框的大小，如图 5-58 所示。拖曳裁剪框上的控制点也可以缩放裁剪框。按住 Shift 键拖曳，可以等比例缩放，如图 5-59 所示。将光标放在裁剪框外，单击并拖曳鼠标，可旋转裁剪框，如图 5-60 所示。

图 5-56　　　　　　　　　图 5-57　　　　　　　　　图 5-58

将光标放在裁剪框内，单击并拖动鼠标可以移动裁剪框，如图 5-61 所示。单击"裁剪"工具属性栏中的 ✔ 按钮或按 Enter 键，即可裁剪图像，如图 5-62 所示。

图 5-59　　　　　　　　　图 5-60　　　　　　　　　图 5-61

● 使用菜单命令裁剪图像。

使用"矩形选框"工具 ⬚，在图像中绘制出要裁剪的图像区域，如图 5-63 所示。选择"图像 > 裁剪"命令，可按选区进行图像的裁剪，按 Ctrl+D 组合键，取消选区，效果如图 5-64 所示。

图 5-62

图 5-63

图 5-64

3."透视裁剪"工具

在拍摄高大的建筑时，由于视角较低，竖直的线条会向消失点集中，从而产生透视畸变。Photoshop CS6 新增的"透视裁剪"工具能够较好地解决这个问题。

启用"裁剪"工具 ⬚，有以下几种方法。

● 单击工具箱中的"透视裁剪"工具 ⬚。

● 按 Shift+C 组合键。

启用"透视裁剪"工具 ⬚，属性栏的显示状态如图 5-65 所示。

图 5-65

"W/H"选项用于设置图像的宽度和高度，单击"高度和宽度互换"按钮 ⇄ 可以互换高度和宽度数值。"分辨率"选项用于设置图像的分辨率。"前面的图像"按钮用于在宽度、高度和分辨率文本框中显示当前文档的尺寸和分辨率。如果同时打开两个文档，则会显示另外一个文档的尺寸和分辨率。"清除"按钮用于清除宽度、高度和分辨率文本框中的数值。勾选"显示网格"选项可以显示网格线，取消勾选则隐藏网格线。

4.透视裁剪图像

打开一幅图片，如图 5-66 所示。选择"透视裁剪"工具 ⬚，在图像窗口中单击并拖曳鼠标，绘制矩形裁剪框，如图 5-67 所示。

图 5-66

图 5-67

将光标放置在裁剪框左上角的控制点上，向右侧拖曳控制点，将右上角的控制点向左拖曳，这样使顶部的两个边角和图像的边缘保持平行，用相同的方法调整其他控制点，如图 5-68 所示。单击"透视裁剪"工具属性栏中的 ✓ 按钮或按 Enter 键，即可裁剪图像，效果如图 5-69 所示。

图 5-68   图 5-69

5.3.3   图像画布的变换

要想根据设计制作的需要改变画布的大小，就必须掌握图像画布的变换方法。

选择"图像 > 图像旋转"命令，弹出其下拉菜单，如图 5-70 所示，可以对整个图像进行编辑。画布旋转固定角度后的效果如图 5-71 所示。

选择"任意角度"命令，弹出"旋转画布"对话框，如图 5-72 所示。设定任意角度后的画布效果如图 5-73 所示。

```
180 度(1)
90 度(顺时针)(9)
90 度(逆时针)(0)
任意角度(A)...

水平翻转画布(H)
垂直翻转画布(V)
```

图 5-70

原图像   180 度效果   90 度（顺时针）   90 度（逆时针）

图 5-71

画布水平翻转、垂直翻转后的效果如图 5-74 和图 5-75 所示。

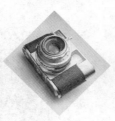

图 5-72   图 5-73   图 5-74   图 5-75

5.3.4   图像选区的变换

在操作过程中，可以根据设计和制作的需要变换已经绘制好的选区。下面，就对其进行具体介绍。

在图像中绘制好选区，选择"编辑 > 自由变换"或"变换"命令，可以对图像的选区进行各种变换。"变换"命令的下拉菜单如图 5-76 所示。

图像选区的变换，有以下几种方法。

● 使用菜单命令变换图像的选区。

打开一幅图像，使用"矩形选框"工具 绘制出选区，如图 5-77 所示。选择"编辑 > 变换 > 缩放"命令，拖曳变换框的控制手柄，可以对图像选区进行自由的缩放，如图 5-78 所示。

选择"编辑 > 变换 > 旋转"命令，拖曳变换框，可以对图像选区进行自由的旋转，如图 5-79 所示。

图 5-76　　　　　　　图 5-77　　　　　　　图 5-78　　　　　　　图 5-79

选择"编辑 > 变换 > 斜切"命令，拖曳变换框的控制手柄，可以对图像选区进行斜切调整，如图 5-80 所示。

选择"编辑 > 变换 > 扭曲"命令，拖曳变换框的控制手柄，可以对图像选区进行扭曲调整，如图 5-81 所示。

选择"编辑 > 变换 > 透视"命令，拖曳变换框的控制手柄，可以对图像选区进行透视调整，如图 5-82 所示。

选择"编辑 > 变换 > 变形"命令，拖曳变换框的控制手柄，可以对图像选区进行变形调整，如图 5-83 所示。

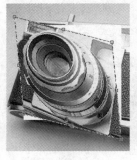

图 5-80　　　　　　　图 5-81　　　　　　　图 5-82　　　　　　　图 5-83

选择"编辑 > 变换 > 缩放"命令，再选择旋转 180 度、旋转 90 度（顺时针）、旋转 90 度（逆时针）菜单命令，可以直接对图像选区进行角度的调整，如图 5-84 所示。

旋转 180 度　　　　　　　旋转 90 度（顺时针）　　　　　旋转 90 度（逆时针）

图 5-84

　　选择"编辑 > 变换 > 缩放"命令，再选择"水平翻转"和"垂直翻转"命令，可以直接对图像选区进行翻转的调整，如图 5-85 和图 5-86 所示。

● 使用快捷键变换图像的选区。

　　打开一幅图像，使用"矩形选框"工具 绘制出选区。按 Ctrl+T 组合键，出现变换框，拖曳变换框的控制手柄，可以对图像选区进行自由的缩放。按住 Shift 键，拖曳变换框的控制手柄，可以等比例缩放图像。

　　打开一幅图像，使用"矩形选框"工具 绘制出选区。按 Ctrl+T 组合键，将光标放在变换框的控制手柄外边，光标变为旋转图标 ↰，拖曳鼠标可以旋转图像，效果如图 5-87 所示。

　　用鼠标拖曳旋转中心可以将其放到其他位置。旋转中心的调整会改变旋转图像的效果，如图 5-88 所示。

　　　图 5-85　　　　　　　　图 5-86　　　　　　　　图 5-87　　　　　　　　图 5-88

　　按住 Ctrl 键的同时，分别拖曳变换框的 4 个控制手柄，可以使图像任意变形，效果如图 5-89 所示。

　　按住 Alt 键的同时，分别拖曳变换框的 4 个控制手柄，可以使图像对称变形，效果如图 5-90 所示。

　　按住 Shift+Ctrl 组合键的同时，拖曳变换框的中间控制手柄，可以使图像斜切变形，效果如图 5-91 所示。

　　按住 Alt+Shift+Ctrl 组合键的同时，拖曳变换框的 4 个控制手柄，可以使图像透视变形，效果如图 5-92 所示。

图 5-89

图 5-90

图 5-91

图 5-92

5.3.5 课堂案例——制作产品手提袋

案例学习目标

学习使用变换命令、绘图工具、填充工具和"图层"控制面板制作出产品手提袋。

案例知识要点

使用变换命令制作图片和图形的变形效果，使用"钢笔"工具、"渐变"工具、图层蒙版和"高斯模糊"命令制作倒影和桌面阴影，最终效果如图 5-93 所示。

扫码观看
本案例视频

扫码观看
扩展案例

图 5-93

效果所在位置

Ch05/效果/制作产品手提袋.psd。

（1）按 Ctrl + N 组合键，新建一个文件，宽度为 27.7 cm，高度为 24.8 cm，分辨率为 300 dpi，颜色模式为 RGB，背景内容为白色，单击"确定"按钮。

（2）选择"渐变"工具 ，单击属性栏中的"点按可编辑渐变"按钮 ，弹出"渐变编辑器"对话框，将渐变色设为从灰色（174、175、177）到浅灰色（212、216、217），如图 5-94 所示，单击"确定"按钮。在图像窗口中由上向下拖曳渐变色，效果如图 5-95 所示。

（3）按 Ctrl + O 组合键，打开云盘中的"Ch05 > 素材 > 制作产品手提袋 > 01"文件。选择"移动"工具 ，将 01 图片拖曳到图像窗口中适当的位置，并调整其大小，效果如图 5-96 所示，在"图层"控制面板中生成新的图层并将其命名为"正面"。

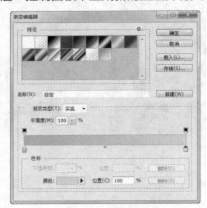

图 5-94 　　　　　　　　　　　　　　　　　　　图 5-95

（4）按 Ctrl+T 组合键，在图像周围出现变换框，按住 Ctrl 键的同时，拖曳变换框的控制手柄到适当的位置，变换图像，按 Enter 键确认操作，效果如图 5-97 所示。

（5）单击"图层"控制面板下方的"创建新图层"按钮，生成新的图层并将其命名为"侧面"。将前景色设为浅灰色（226、226、226）。选择"矩形选框"工具，在图像窗口中适当的位置绘制一个矩形选区。按 Alt+Delete 组合键，用前景色填充选区。按 Ctrl+D 组合键，取消选区，效果如图 5-98 所示

图 5-96 　　　　　　　　　　图 5-97 　　　　　　　　　　图 5-98

（6）按 Ctrl+T 组合键，图形周围出现变换框，在变换框中单击鼠标右键，在弹出的菜单中选择"扭曲"命令，拖曳控制手柄到适当的位置，按 Enter 键确认操作，效果如图 5-99 所示。

（7）新建图层并将其命名为"暗部"。将前景色设为黑色。选择"钢笔"工具，在属性栏中的"选择工具模式"选项中选择"路径"，在图像窗口中绘制路径。按 Ctrl+Enter 组合键，将路径转换为选区，如图 5-100 所示。按 Alt+Delete 组合键，用前景色填充选区。取消选区后，效果如图 5-101 所示。

图 5-99 　　　　　　　　　　图 5-100 　　　　　　　　　　图 5-101

（8）在"图层"控制面板上方，将"暗部"图层的"不透明度"选项设为 15%，如图 5-102 所示，按 Enter 键确认操作，图像效果如图 5-103 所示。选中"正面"图层，按 Ctrl+J 组合键，复制图层，并将其拖曳到"正面"图层的下方，如图 5-104 所示。

图 5-102   图 5-103   图 5-104

（9）按 Ctrl+T 组合键，图像周围出现变换框，在变换框中单击鼠标右键，在弹出的菜单中选择"垂直翻转"命令，垂直翻转图像，并将其拖曳到适当的位置，按住 Ctrl 键的同时，调整左上角的控制手柄到适当的位置，按 Enter 键确认操作，效果如图 5-105 所示。单击"图层"控制面板下方的"添加图层蒙版"按钮，为图层添加蒙版，如图 5-106 所示。

（10）选择"渐变"工具，单击属性栏中的"点按可编辑渐变"按钮，弹出"渐变编辑器"对话框，将渐变色设为从白色到黑色，单击"确定"按钮。在图像上由上至下拖曳渐变色，效果如图 5-107 所示。用相同的方法制作侧面投影，效果如图 5-108 所示。

图 5-105   图 5-106   图 5-107

（11）新建图层并将其命名为"桌面阴影左"。选择"钢笔"工具，在图像窗口中适当的位置绘制一个路径，如图 5-109 所示。按 Ctrl+Enter 组合键，将路径转换为选区。按 Alt+Delete 组合键，用前景色填充选区。取消选区后，效果如图 5-110 所示。

图 5-108   图 5-109   图 5-110

（12）单击"图层"控制面板下方的"添加图层蒙版"按钮 ▣ ，为图层添加蒙版，如图 5-111 所示。选择"渐变"工具 ▣ ，在图形上由右上至左下拖曳渐变色，效果如图 5-112 所示。

（13）在"图层"控制面板上方，将该图层的"不透明度"选项设为 30%，如图 5-113 所示，按 Enter 键确认操作，图像效果如图 5-114 所示。用相同的方法制作桌面右侧的阴影，效果如图 5-115 所示。

图 5-111

图 5-112

图 5-113

（14）新建图层并将其命名为"带子"。将前景色设为浅灰色（239、225、223）。选择"钢笔"工具 ✐ ，在图像窗口中适当的位置绘制路径，如图 5-116 所示。按 Ctrl+Enter 组合键，将路径转换为选区。按 Alt+Delete 组合键，用前景色填充选区。取消选区后，效果如图 5-117 所示。

图 5-114

图 5-115

图 5-116

（15）单击"图层"控制面板下方的"添加图层样式"按钮 ƒx. ，在弹出的菜单中选择"内阴影"命令，在弹出的对话框中进行设置，如图 5-118 所示，单击"确定"按钮，效果如图 5-119 所示。

图 5-117

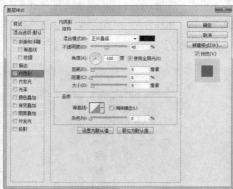

图 5-118

图 5-119

（16）按 Ctrl+J 组合键，复制图层，将其命名为"带子阴影"。按 Ctrl+T 组合键，图形周围出现变换框，调整下方的控制手柄到适当的位置，按 Enter 键确认操作，效果如图 5-120 所示。

（17）将"带子阴影"图层拖曳到"带子"图层的下方。将前景色设为黑色。按住 Ctrl 键的同时，单击该图层的缩览图，载入选区，如图 5-121 所示。按 Alt+Delete 组合键，用前景色填充选区。取消选区后，效果如图 5-122 所示。

图 5-120

图 5-121

图 5-122

（18）选择"滤镜 > 模糊 > 高斯模糊"命令，在弹出的对话框中进行设置，如图 5-123 所示，单击"确定"按钮，效果如图 5-124 所示。

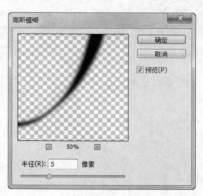

图 5-123

图 5-124

（19）选择"橡皮擦"工具 ，在属性栏中单击"画笔"选项右侧的按钮 ，弹出画笔选择面板，设置如图 5-125 所示。在属性栏中将"不透明度"选项设为 50%，在图像窗口中擦除不需要的部分，效果如图 5-126 所示。产品手提袋制作完成，效果如图 5-127 所示。

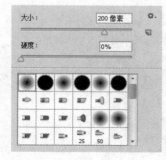

图 5-125

图 5-126

图 5-127

课后习题——制作科技宣传卡

习题知识要点

使用"移动"工具和"复制"命令制作装饰图形，使用"橡皮擦"工具擦除不需要的图像，最终效果如图 5-128 所示。

图 5-128

扫码观看
本案例视频

效果所在位置

Ch05/效果/制作科技宣传卡.psd。

06

第6章
调整图像的色彩和色调

本章介绍

调整图像的色彩是 Photoshop CS6 的强项。本章将全面、系统地讲解调整图像色彩的知识。读者通过学习本章要了解并掌握调整图像色彩的方法和技巧，并能将所学功能灵活应用到实际的设计制作任务中去。

学习目标

✔ 掌握色阶、自动色阶、自动对比度和自动颜色的使用方法。
✔ 掌握曲线、色彩平衡、亮度/对比度和色相/饱和度的处理技巧。
✔ 掌握去色、匹配颜色、替换颜色和可选颜色的处理技巧。
✔ 掌握通道混合器、渐变映射、照片滤镜和阴影/高光的使用方法。
✔ 掌握反相、色调均化、阈值、色调分离和变化的处理技巧。

技能目标

✳ 掌握"摄影作品展示"的方法。
✳ 掌握"更换衣服颜色"的方法。
✳ 掌握"艺术化照片"的制作方法。
✳ 掌握"调整曝光不足的照片"的方法。
✳ 掌握"个性人物轮廓照片"的制作方法。

6.1　调整

选择"图像 > 调整"命令，弹出"调整"命令的下拉菜单，如图 6-1 所示。"调整"命令可以用来调整图像的层次、对比度及色彩变化。

图 6-1

6.2　色阶和自动色调

"色阶"和"自动色调"命令可以用来调节图像的对比度、饱和度和灰度。

6.2.1　色阶

"色阶"命令用于调整图像的对比度、饱和度及灰度。打开一幅图像，如图 6-2 所示，选择"色阶"命令，或按 Ctrl+L 组合键，弹出"色阶"对话框，如图 6-3 所示。

图 6-2

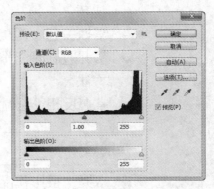

图 6-3

在对话框的中央是一个直方图，其横坐标为 0 ~ 255，表示亮度值，纵坐标为图像像素数。

"通道"选项：可以从其下拉菜单中选择不同的通道来调整图像，如果想选择两个以上的色彩通道，要先在"通道"控制面板中选择所需要的通道，再打开"色阶"对话框。

"输入色阶"选项：控制图像选定区域的最暗和最亮色彩，通过输入数值或拖曳三角滑块来调整图像。左侧的数值框和左侧的黑色三角滑块用于调整黑色，图像中低于该亮度值的所有像素将变为黑色；中间的数值框和中间的灰色滑块用于调整灰度，其数值范围为 0.1 ~ 9.99，1.00 为中性灰度，数值大于 1.00 时，将降低图像中间灰度，小于 1.00 时，将提高图像中间灰度；右侧的数值框和右侧的白色三角滑块用于调整白色，图像中高于该亮度值的所有像素将变为白色。

　　调整输入色阶的 3 个滑块后，图像产生的不同色彩效果如图 6-4～图 6-6 所示。

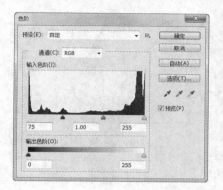

图 6-4

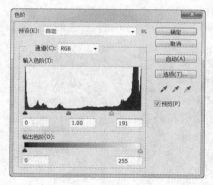

图 6-5

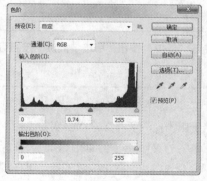

图 6-6

　　"输出色阶"选项：可以通过输入数值或拖曳三角滑块来控制图像的亮度范围（左侧数值框和左侧黑色三角滑块用于调整图像最暗像素的亮度，右侧数值框和右侧白色三角滑块用于调整图像最亮像素的亮度），输出色阶的调整将增加图像的灰度，降低图像的对比度。

　　"预览"选项：选中该复选框，可以即时显示图像的调整结果。

调整输出色阶的两个滑块后，图像产生的不同色彩效果如图 6-7 和图 6-8 所示。

"自动"按钮：可自动调整图像并设置层次。单击"选项"按钮，弹出"自动颜色校正选项"对话框，可以看到系统将以 0.10% 的幅度来对图像进行加亮和变暗，如图 6-9 所示。

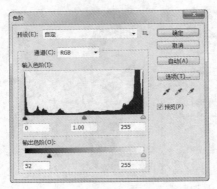 

图 6-7

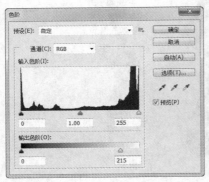  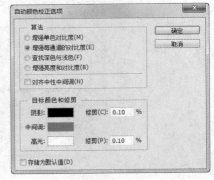

图 6-8　　　　　　　　　　　　　　　图 6-9

提示　按住 Alt 键，"取消"按钮变成"复位"按钮。单击"复位"按钮可以将刚调整过的色阶复位还原，重新进行设置。

3 个吸管工具 分别是黑色吸管工具、灰色吸管工具和白色吸管工具。选中黑色吸管工具，用黑色吸管工具在图像中单击，图像中暗于单击点的所有像素都会变为黑色。用灰色吸管工具在图像中单击，单击点的像素会变为灰色，图像中的其他颜色也会随之相应调整。用白色吸管工具在图像中单击，图像中亮于单击点的所有像素都会变为白色。双击吸管工具，可在颜色"拾色器"对话框中设置吸管颜色。

6.2.2　自动色调

选择"自动色调"命令，可以对图像的色阶进行自动调整。系统将以 0.10% 的幅度来对图像进行加亮和变暗。按住 Shift+Ctrl+L 组合键，可以对图像的色调进行自动调整。

6.3 自动对比度和自动颜色

Photoshop CS6 可以对图像的对比度和颜色进行自动调整。

6.3.1 自动对比度

选择"自动对比度"命令，可以对图像的对比度进行自动调整。按 Alt+Shift+Ctrl+L 组合键，可以启动"自动对比度"命令。

6.3.2 自动颜色

选择"自动颜色"命令，可以对图像的色彩进行自动调整。按 Shift+Ctrl+B 组合键，可以启动"自动颜色"命令。

6.4 曲线

选择"曲线"命令，可以通过调整图像色彩曲线上的任意一个像素点来改变图像的色彩范围。下面，将对其进行具体的讲解。

打开一幅图像，选择"曲线"命令，或按 Ctrl+M 组合键，弹出"曲线"对话框，如图 6-10 所示。将鼠标指针移到图像中，单击鼠标左键，如图 6-11 所示，"曲线"对话框的图表中会出现一个小圆圈，它表示刚才在图像中单击处的像素数值，效果如图 6-12 所示。

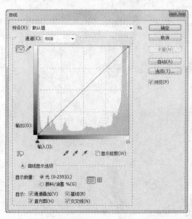
图 6-10

图 6-11

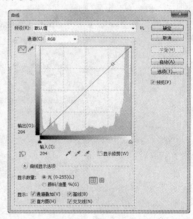
图 6-12

在对话框中，"通道"选项可以用来选择调整图像的颜色通道。

图表中的 X 轴为色彩的输入值，Y 轴为色彩的输出值。曲线代表输入和输出色阶的关系。

绘制曲线工具 ⟋ ✐ ，在默认状态下使用的是 ⟋ 工具，使用它在图表曲线上单击，可以增加控制点，按住鼠标左键拖曳控制点可以改变曲线的形状，拖曳控制点到图表外将删除控制点。使用 ✐ 工具可以在图表中绘制出任意曲线，单击右侧的"平滑"按钮可使曲线变得平滑。按住 Shift 键，使用 ✐ 工具可以绘制出直线。

输入和输出数值显示的是图表中光标所在位置的亮度值。

单击"自动"按钮可自动调整图像的亮度。

调整曲线后的图像效果如图 6-13 ~ 图 6-16 所示。

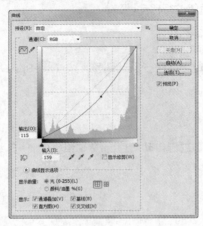

图 6-13

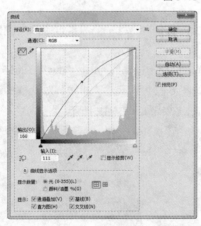

图 6-14

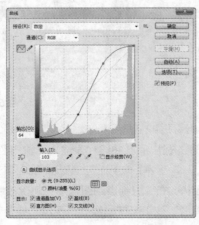

图 6-15

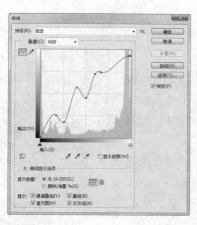

图 6-16

6.5 色彩平衡

"色彩平衡"命令用于调节图像的色彩平衡度。

选择"色彩平衡"命令，或按 Ctrl+B 组合键，弹出"色彩平衡"对话框，如图 6-17 所示。

在对话框中，"色彩平衡"选项组用于在上述选区中添加过渡色来平衡色彩效果，拖曳三角滑块可以调整整个图像的色彩，也可以在"色阶"选项的数值框中输入数值来调整整个图像的色彩。"色调平衡"选项组用于选取图像的"阴影""中间调""高光"选项。"保持明度"选项用于保持原图像的亮度。

调整色彩平衡后的图像效果如图 6-18 和图 6-19 所示。

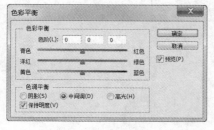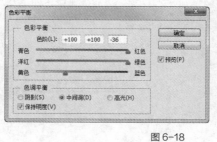

图 6-17

图 6-18

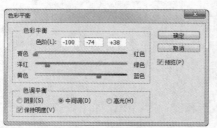

图 6-19

6.6 亮度/对比度

"亮度/对比度"命令可以用来调节图像的亮度和对比度。

选择"亮度/对比度"命令，弹出"亮度/对比度"对话框，如图 6-20 所示。在对话框中，可以通过拖曳亮度和对比度滑块来调整图像的亮度和对比度。

打开一幅图像，如图 6-21 所示。如图 6-22 所示设置图像的亮度/对比度，单击"确定"按钮，效果如图 6-23 所示。

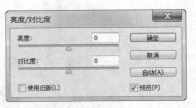

图 6-20

图 6-21

图 6-22

图 6-23

6.7 色相/饱和度

"色相/饱和度"命令可以用来调节图像的色相和饱和度。选择"色相/饱和度"命令，或按 Ctrl+U 组合键，弹出"色相/饱和度"对话框，如图 6-24 所示。

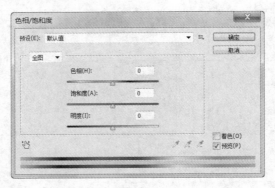

图 6-24

在"色相/饱和度"对话框中，"预设"选项用于选择要调整的色彩范围，可以通过拖曳各项中的滑块来调整图像的色彩、饱和度和明度；"着色"选项用于在由灰度模式转化而来的色彩模式图像中添加需要的颜色。

勾选"着色"复选框，调整"色相/饱和度"对话框，如图 6-25 所示进行设定，图像效果如图 6-26 所示。

在"色相/饱和度"对话框中的"全图"选项中选择"黄色",拖曳两条色带间的滑块,使图像的色彩更符合要求,如图 6-27 所示进行设置,图像效果如图 6-28 所示。

图 6-25

图 6-26

图 6-27

图 6-28

按住 Alt 键,"色相/饱和度"对话框中的"取消"按钮变为"复位"按钮,单击"复位"按钮,可以对"色相/饱和度"对话框重新设置。此方法也适用于下面要讲解的调色命令。

课堂案例——制作摄影作品展示

案例学习目标

学习使用"调整"命令菜单下的"色彩平衡"命令制作出需要的效果。

案例知识要点

使用"色彩平衡""色相/饱和度""亮度/对比度"命令修正偏色的照片,最终效果如图 6-29 所示。

图 6-29

效果所在位置

Ch06/效果/制作摄影作品展示.psd。

（1）按 Ctrl＋O 组合键，打开云盘中的"Ch06 ＞ 素材 ＞ 制作摄影作品展示 ＞ 01"文件，如图 6-30 所示。

（2）单击"图层"控制面板下方的"创建新的填充或调整图层"按钮 ◎. ，在弹出的菜单中选择"色彩平衡"命令，在"图层"控制面板中生成"色彩平衡 1"图层，同时弹出"色彩平衡"面板，选项的设置如图 6-31 所示，按 Enter 键确认操作，效果如图 6-32 所示。

（3）按 Ctrl＋O 组合键，打开云盘中的"Ch06 ＞ 素材 ＞ 制作摄影作品展示 ＞ 02"文件，选择"移动"工具 ▶✛ ，将 02 图片拖曳到图像窗口中适当的位置，效果如图 6-33 所示，在"图层"控制面板中生成新图层并将其命名为"画"。

图 6-30

图 6-31

图 6-32

图 6-33

（4）单击"图层"控制面板下方的"创建新的填充或调整图层"按钮 ◎. ，在弹出的菜单中选择"色彩平衡"命令，在"图层"控制面板中生成"色彩平衡 2"图层，同时弹出"色彩平衡"面板，选项的设置如图 6-34 所示，按 Enter 键确认操作，效果如图 6-35 所示。

（5）单击"图层"控制面板下方的"创建新的填充或调整图层"按钮 ◎. ，在弹出的菜单中选择"色相/饱和度"命令，在"图层"控制面板中生成"色相/饱和度 1"图层，同时弹出"色相/饱和度"面板，选项的设置如图 6-36 所示，按 Enter 键确认操作，效果如图 6-37 所示。

图 6-34　　　　　　　　　　图 6-35　　　　　　　　　　图 6-36

（6）单击"图层"控制面板下方的"创建新的填充或调整图层"按钮 ，在弹出的菜单中选择"亮度/对比度"命令，在"图层"控制面板中生成"亮度/对比度 2"图层，同时弹出"亮度/对比度"面板，选项的设置如图 6-38 所示，按 Enter 键确认操作，效果如图 6-39 所示。摄影作品展示制作完成。

图 6-37　　　　　　　　　　图 6-38　　　　　　　　　　图 6-39

6.8　颜色

使用"去色""匹配颜色""替换颜色"和"可选颜色"命令可以便捷地改变图像的颜色。

6.8.1　去色

"去色"命令能够用于去除图像中的颜色。

选择"去色"命令，或按 Shift+Ctrl+U 组合键，可以去掉图像的色彩，使图像变为灰度图，但图像的色彩模式并不改变。"去色"命令可以使用于图像的选区，将选区中的图像进行去掉图像色彩的处理。

6.8.2　匹配颜色

"匹配颜色"命令用于对色调不同的图片进行调整，将其统一成一个协调的色调，在做图像合成的时候非常方便、实用。

打开两幅不同色调的图片，如图 6-40 和图 6-41 所示。选择需要调整的图片，选择"匹配颜色"命令，弹出"匹配颜色"对话框，如图 6-42 所示。在"匹配颜色"对话框中，需要先在"源"选项中选择匹配文件的名称，再设置其他各选项，对图片进行调整。

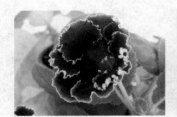

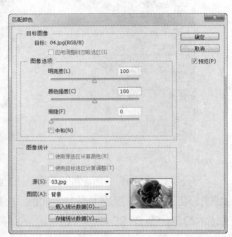

图 6-40 图 6-41 图 6-42

在"目标"选项中显示了所选择匹配文件的名称。如果当前调整的图中有选区，选中"应用调整
时忽略选区"选项，可以忽略图中的选区调整整张图像的颜色；不选中"应用调整时忽略选区"选项，
可以调整图中选区内的颜色。在"图像选项"选项组中，可以通过拖动滑块来调整图像的"明亮度"
"颜色强度""渐隐"的数值，并可以设置"中和"选项，以确定调整的方式。在"图像统计"选项
组中可以设置图像的颜色来源。

调整匹配颜色后的图像效果如图 6-43 和图 6-44 所示。

图 6-43 图 6-44

6.8.3 替换颜色

使用"替换颜色"命令能够将图像中的颜色进行替换。

选择"替换颜色"命令，弹出"替换颜色"对话框，如图 6-45 所示。可以在"选区"选项组下
设置"颜色容差"数值，数值越大，吸管工具取样的颜色范围越大，在"替换"选项组下调整图像颜
色的效果越明显。选中"选区"单选按钮，可以创建蒙版并通过拖曳滑块来调整蒙版内图像的色相、
饱和度和明度。

用"吸管"工具在图像中取样颜色，调整图像的色相、饱和度和明度，"替换颜色"对话框如
图 6-46 所示，取样的颜色被替换成新的颜色，如图 6-47 所示。单击"颜色"选项和"结果"选项
的色块，都会弹出"拾色器"对话框，可以在对话框中输入数值设置精确的颜色。

图 6-45   图 6-46   图 6-47

6.8.4   课堂案例——更换衣服颜色

案例学习目标

学习使用"调整"命令下的"替换颜色"命令制作出需要的效果。

案例知识要点

使用"替换颜色"命令更换人物衣服的颜色,最终效果如图 6-48 所示。

扫码观看   扫码观看
本案例视频   扩展案例

图 6-48

效果所在位置

Ch06/效果/更换衣服颜色.psd。

（1）按 Ctrl+O 组合键,打开云盘中的"Ch06 > 素材 > 更换衣服颜色 > 01"文件,如图 6-49 所示。

（2）选择"图像 > 调整 > 替换颜色"命令,弹出"替换颜色"对话框,在图像窗口中适当的位置单击,如图 6-50 所示。选中"添加到取样"按钮 ,再次在图像窗口中不同深浅程度的绿色区域单击，与单击处颜色相同或相近的区域在"替换颜色"对话框中显示为白色，其他选项的设置如图 6-51 所示，单击"确定"按钮，图像效果如图 6-52 所示。衣服颜色更换完成。

图 6-49

图 6-50

图 6-51

图 6-52

6.8.5 可选颜色

使用"可选颜色"命令能够将图像中的颜色替换成选择后的颜色。

选择"可选颜色"命令，弹出"可选颜色"对话框，如图 6-53 所示。在"可选颜色"对话框中的"颜色"选项的下拉列表中可以选择图像中含有的不同色彩，如图 6-54 所示。可以通过拖曳滑块来调整青色、洋红、黄色、黑色的百分比，并确定调整方法是"相对"或"绝对"方式。

图 6-53

图 6-54

调整"可选颜色"对话框中的各选项，如图 6-55 所示，调整后图像的效果如图 6-56 所示。

图 6-55

图 6-56

6.9 通道混合器和渐变映射

"通道混合器"和"渐变映射"命令用于调整图像的通道颜色和图像的明暗色调。下面，将对其进行具体的讲解。

6.9.1 通道混合器

"通道混合器"命令用于调整图像通道中的颜色。

选择"通道混合器"命令，弹出"通道混合器"对话框，如图 6-57 所示。在"通道混合器"对话框中，"输出通道"选项用于选取要修改的通道；"源通道"选项组用于通过拖曳滑块来调整图像；"常数"选项也用于通过拖曳滑块来调整图像；"单色"选项用于创建灰度模式的图像。

在"通道混合器"对话框中进行设置，如图 6-58 所示，图像效果如图 6-59 所示。所选图像的色彩模式不同，则"通道混合器"对话框中的内容也不同。

图 6-57

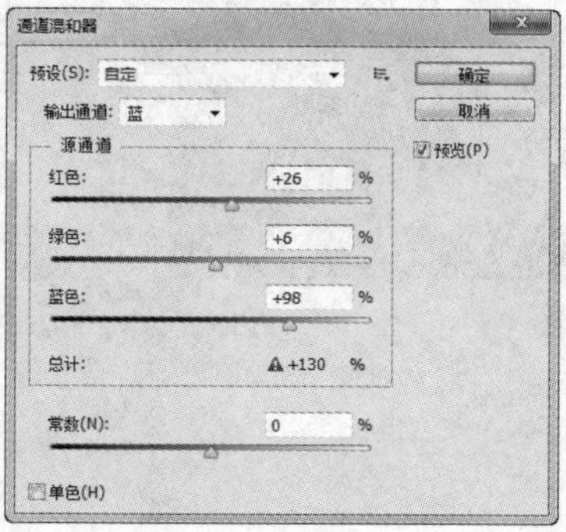

图 6-58

图 6-59

6.9.2 渐变映射

"渐变映射"命令用于将图像的最暗和最亮色调映射为一组渐变色中的最暗和最亮色调。下面，将对其进行具体的讲解。

打开一幅图像，选择"渐变映射"命令，弹出"渐变映射"对话框，如图 6-60 所示。在"渐变映射"对话框中，"灰度映射所用的渐变"选项用于选择不同的渐变形式；"仿色"选项用于为转变色阶后的图像增加仿色；"反向"选项用于将转变色阶后的图像颜色反转。

在"渐变映射"对话框中进行设置，如图 6-61 所示，图像效果如图 6-62 所示。

图 6-60

图 6-61

图 6-62

6.9.3 课堂案例——制作艺术化照片

✍ 案例学习目标

学习使用选取工具、"渐变填充"命令和"通道混合器"命令制作出需要的效果。

🔒 案例知识要点

使用"矩形选框"工具、"渐变填充"命令和"通道混合器"命令制作艺术化照片，最终效果如图 6-63 所示。

图 6-63

扫码观看
本案例视频

扫码观看
扩展案例

◎ 效果所在位置

Ch06/效果/制作艺术化照片.psd。

（1）按 Ctrl+O 组合键，打开云盘中的"Ch06 > 素材 > 制作艺术化照片 > 01"文件，如图 6-64 所示。选择"矩形选框"工具，在图像窗口中适当的位置绘制一个矩形选区，效果如图 6-65 所示。

图 6-64

图 6-65

（2）单击"图层"控制面板下方的"创建新的填充或调整图层"按钮 ⬤，在弹出的菜单中选择"渐变填充"命令，在"图层"控制面板中生成"渐变填充 1"图层，同时弹出"渐变填充"对话框，单击"渐变"选项右侧的"点按可编辑渐变"按钮，选择需要的渐变，如图 6-66所示，其他选项的设置如图 6-67 所示，单击"确定"按钮，效果如图 6-68 所示。

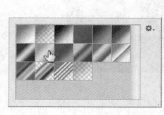

图 6-66

图 6-67

图 6-68

（3）在"图层"控制面板上方，将图层的混合模式选项设为"柔光"，如图 6-69 所示，图像效果如图 6-70 所示。选择"矩形选框"工具 ⬚，在图像窗口中适当的位置绘制一个矩形选区，效果如图 6-71 所示。

图 6-69

图 6-70

图 6-71

（4）单击"图层"控制面板下方的"创建新的填充或调整图层"按钮 ⬤，在弹出的菜单中选择"通道混合器"命令，在"图层"控制面板中生成"通道混合器 1"图层，同时在弹出的"通道混合器"面板中进行设置，如图 6-72 所示，按 Enter 键确认操作，效果如图 6-73 所示。

（5）选择"横排文本"工具 T，在图像窗口中适当的位置输入需要的文字，并设置文本的颜色和大小，效果如图 6-74 所示。艺术化照片制作完成，效果如图 6-75 所示。

图 6-72

图 6-73

图 6-74

图 6-75

6.10 照片滤镜

　　"照片滤镜"命令用于模仿传统相机的滤镜效果处理图像，通过调整图片颜色可以获得各种效果。

　　打开一张图片，选择"照片滤镜"命令，弹出"照片滤镜"对话框，如图 6-76 所示。在对话框的"滤镜"选项中选择颜色调整的过滤模式。单击"颜色"选项的色块，在弹出的"拾色器"对话框中设置精确的颜色对图像进行过滤。拖动"浓度"选项的滑块，设置过滤颜色的百分比，效果如图 6-77所示。

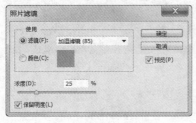

图 6-76

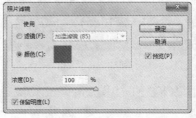

图 6-77

　　勾选"保留明度"选项进行调整时，图片的明亮度保持不变；取消勾选时，图片的全部颜色都随之改变，效果如图 6-78 所示。

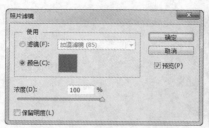

图 6-78

6.11　阴影/高光

"阴影/高光"命令用于快速改善图像中曝光过度或曝光不足区域的对比度，同时保持照片的整体平衡。

打开一幅图像，如图 6-79 所示，选择"阴影/高光"命令，弹出"阴影/高光"对话框，如图 6-80 所示，可以预览到图像的暗部变化，效果如图 6-81 所示。

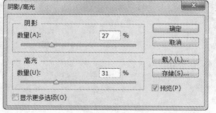

图 6-79　　　　　　　　　　　　　　图 6-80　　　　　　　　　　　　　图 6-81

在"阴影/高光"对话框中，拖动"阴影"选项组"数量"选项中的滑块可设置暗部数量的百分比，数值越大，图像越亮；拖动"高光"选项组"数量"选项中的滑块可设置高光数量的百分比，数值越大，图像越暗。"显示更多选项"选项用于显示或者隐藏其他选项，进一步对各选项组进行精确设置。

课堂案例——调整曝光不足的照片

 案例学习目标

学习使用图像调整命令下的"阴影/高光"命令制作出需要的效果。

 案例知识要点

使用"阴影/高光"命令调整曝光不足的照片，效果如图 6-82 所示。

图 6-82

扫码观看
本案例视频

扫码观看
扩展案例

◉ 效果所在位置

Ch06/效果/调整曝光不足的照片.psd。

（1）按 Ctrl+O 组合键，打开云盘中的"Ch06 > 素材 > 调整曝光不足的照片 > 01"文件，如图 6-83 所示。

（2）选择"图像 > 调整 > 阴影/高光"命令，在弹出的对话框中进行设置，如图 6-84 所示，单击"确定"按钮，效果如图 6-85 所示。曝光不足的照片调整完成。

图 6-83

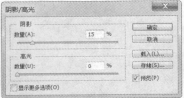

图 6-84

图 6-85

6.12 反相和色调均化

"反相"和"色调均化"命令用于调整图像的色相和色调。下面，将对其进行具体的讲解。

6.12.1 反相

选择"反相"命令，或按 Ctrl+I 组合键，可以将图像或选区的像素反转为其补色，使其出现底片效果。原图及不同色彩模式的图像反相后的效果，如图 6-86 所示。

原图

RGB 色彩模式反相后的效果

CMYK 色彩模式反相后的效果

图 6-86

反相效果是对图像的每一个色彩通道进行反相后的合成效果，不同色彩模式的图像反相后的效果是不同的。

6.12.2 色调均化

"色调均化"命令用于调整图像或选区像素的过黑部分，使图像变得明亮，并将图像中其他的像素平均分配到亮度色谱中。

选择"色调均化"命令，不同的色彩模式图像将产生不同的图像效果，如图 6-87 所示。

原图　　　　　　　　　　　　　RGB 色调均化的效果

CMYK 色调均化的效果　　　　　　Lab 色调均化的效果

图 6-87

6.13　阈值和色调分离

"阈值"和"色调分离"命令用于调整图像的色调和将图像中的色调进行分离。下面，将对其进行具体的讲解。

6.13.1 阈值

"阈值"命令用于提高图像色调的反差度。

选择"阈值"命令，弹出"阈值"对话框，如图 6-88 所示。在"阈值"对话框中拖曳滑块或在"阈值色阶"选项的数值框中输入数值，可以改变图像的阈值，系统会使大于阈值的像素变为白色，小于阈值的像素变为黑色，使图像具有高度反差，图像效果如图 6-89 所示。

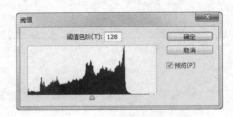

图 6-88

图 6-89

6.13.2　课堂案例——制作个性人物轮廓照片

案例学习目标

学习使用图像调整命令下的"阈值"命令制作出需要的效果。

案例知识要点

使用"阈值"命令制作个性人物轮廓照片，使用"钢笔"工具勾选保留部位，最终效果如图 6-90 所示。

扫码观看
本案例视频

扫码观看
扩展案例

图 6-90

效果所在位置

Ch06/效果/制作个性人物轮廓照片.psd

（1）按 Ctrl+O 组合键，打开云盘中的"Ch06 > 素材 > 制作个性人物轮廓照片 > 01、02"文件，如图 6-91 所示。

（2）选择"移动"工具 ，将 02 图片拖曳到 01 图像窗口中，如图 6-92 所示，在"图层"控制面板中生成新的图层并将其命名为"人物"。按 Ctrl+T 组合键，在图像周围出现变换框，按住 Shift 键的同时，向内拖曳右上角的控制手柄等比例缩小图片，按 Enter 键确认操作，效果如图 6-93 所示。

图 6-91

图 6-92

（3）选择"图像 > 调整 > 阈值"命令，在弹出的"阈值"对话框中进行设置，如图 6-94 所示，单击"确定"按钮，效果如图 6-95 所示。

图 6-93

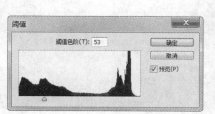

图 6-94

图 6-95

（4）选择"钢笔"工具 ，在属性栏的"选择工具模式"选项中选择"路径"，在图像窗口中适当的位置绘制一个路径，如图 6-96 所示。按 Ctrl+Enter 组合键，将路径转换为选区，如图 6-97所示。按 Shift+Ctrl+I 组合键，将选区反选，效果如图 6-98 所示。

图 6-96

图 6-97

图 6-98

（5）按 Delete 键，将选区内部的图像删除，效果如图 6-99 所示。在"图层"控制面板中将"人物"图层拖曳到"MUSIC"图层的下方，如图 6-100 所示，效果如图 6-101 所示。个性人物轮廓照片制作完成。

图 6-99

图 6-100

图 6-101

6.13.3　色调分离

"色调分离"命令用于将图像中的色调进行分离。选择"色调分离"命令，弹出"色调分离"对话框，如图 6-102 所示。

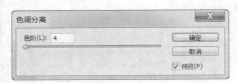

图 6-102

在"色调分离"对话框中，"色阶"选项用于指定色阶数，系统将以 256 阶的亮度对图像中的像素亮度进行分配。色阶数值越高，图像产生的变化越小。"色调分离"命令主要用于减少图像中的灰度。

不同的色阶数值会产生不同效果的图像，如图 6-103 和图 6-104 所示。

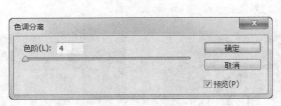

图 6-103

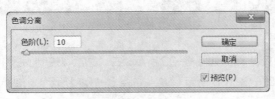

图 6-104

6.14　变化

"变化"命令用于调整图像的色彩。选择"变化"命令，弹出"变化"对话框，如图 6-105 所示。

图 6-105

在"变化"对话框中，上面中间的 4 个选项用于控制图像色彩的改变范围，下面的滑块用于设定调整的等级；左上方的两个图像是图像的原稿和调整前挑选的图像稿；左下方区域的 7 个小图像用于选择增加不同的颜色效果，调整图像的亮度、饱和度等色彩值；右下方区域的 3 个小图像为调整图像亮度的效果；选择"显示修剪"复选框，可以在图像色彩调整超出色彩空间时显示超色域。

课后习题——制作城市风光

习题知识要点

使用"色彩平衡"命令和"选取颜色"命令调整图片颜色，使用"横排文字"工具添加标题文字，效果如图 6-106 所示。

图 6-106

扫码观看
本案例视频

 效果所在位置

Ch06/效果/制作城市风光.psd。

07

第 7 章
图层的应用

本章介绍

图层在 Photoshop CS6 中有着举足轻重的作用。只有熟练掌握了图层的概念和操作，才有可能成为真正的 Photoshop CS6 高手。本章将详细讲解图层的应用方法和操作技巧。读者通过学习本章要了解并掌握图层的强大功能，并能充分利用好图层来为自己的设计作品增光添彩。

学习目标

- 掌握图层混合模式的应用技巧。
- 掌握图层样式的添加技巧。
- 掌握图层的编辑方法和技巧。
- 掌握图层蒙版的建立和使用方法。
- 掌握应用填充和调整图层的方法。
- 了解"图层样式"面板的使用方法。

技能目标

- 掌握"卡通图标"的制作方法。
- 掌握"趣味文字"的制作方法。
- 掌握"美妆宣传单"的制作方法。
- 掌握"合成风景照片"的制作方法。
- 掌握"艺术照片"的制作方法。

7.1 图层的混合模式

"图层的混合模式"命令用于为图层添加不同的模式，使图层产生不同的效果。在"图层"控制面板中，第一个选项 正常 用于设定图层的混合模式，它包含 27 种模式，如图 7-1 所示。

下面，打开两幅图像，如图 7-2 和图 7-3 所示，以实例来对各模式进行讲解。用"移动"工具 将人物图像拖曳到背景图像上，"图层"控制面板中的效果如图 7-4 所示。

图 7-1

图 7-2

图 7-3

图 7-4

应用不同的混合模式，图像的混合效果如图 7-5 所示。

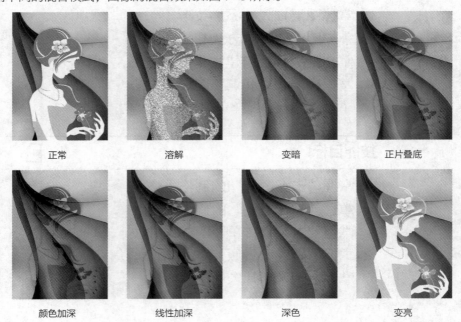

正常　　　溶解　　　变暗　　　正片叠底

颜色加深　　　线性加深　　　深色　　　变亮

图 7-5

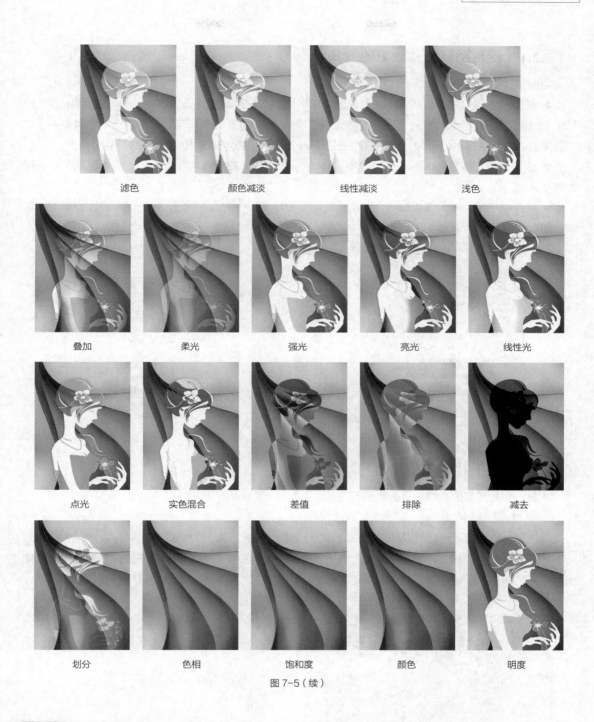

图 7-5（续）

7.2 图层特殊效果

"图层特殊效果"命令用于为图层添加不同的效果，使图层中的图像产生丰富的变化。下面，将对其进行具体介绍。

7.2.1 使用图层特殊效果的方法

使用图层特殊效果，有以下几种方法。

● 使用"图层"控制面板弹出式菜单。单击"图层"控制面板右上方的图标 ▼≡ ，在弹出的下拉菜单中选择"混合选项"命令，弹出"混合选项"对话框，如图 7-6 所示。"混合选项"命令用于对当前图层进行特殊效果的处理。单击其中的任何一个图标，都会弹出相应的效果对话框。

● 使用菜单"图层"命令。选择"图层 > 图层样式 > 混合选项"命令，"混合选项"对话框如图 7-6 所示。

● 使用"图层"控制面板按钮。单击"图层"控制面板中的按钮 *fx.* ，弹出图层特殊效果下拉菜单，如图 7-7 所示。

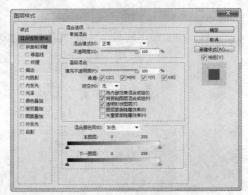

图 7-6

图 7-7

7.2.2 图层特殊效果介绍

下面，将对图层的特殊效果分别进行介绍。

1. "样式"命令

"样式"命令用于使当前图层产生样式效果。选择此命令会弹出"样式"对话框，如图 7-8 所示。

选择好要应用的样式，单击"确定"按钮，效果将出现在图层中。如果用户制作了新的样式效果也可以将其保存，单击"新建样式"按钮，弹出"新建样式"对话框，如图 7-9 所示，输入名称后，单击"确定"按钮即可。

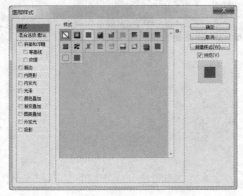

图 7-8

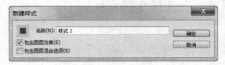

图 7-9

2. "混合选项"命令

"混合选项"命令用于使当前图层产生其默认效果。选择此命令将弹出"混合选项"对话框,如图 7-10 所示。

在"混合选项"对话框中,"混合模式"选项用于选择混合模式;"不透明度"选项用于设定不透明度;"填充不透明度"选项用于设定填充图层的不透明度;"通道"选项用于选择要混合的通道;"挖空"选项用于设定图层颜色的深浅;"将内部效果混合成组"选项用于将本次的图层效果组成一组;"将剪贴图层混合成组"选项用于将剪贴的图层组成一组;"透明形状图层"选项用于使用图层的透明度来确定内部的形状和效果;"图层蒙版隐藏效果"选项用于使用图层蒙版来隐藏图层和效果;"矢量蒙版隐藏效果"选项用于使用矢量蒙版来隐藏图层和效果;"混合颜色带"选项用于将图层的设定色彩混合;"本图层"和"下一图层"选项用于设定当前图层和下一图层颜色的深浅。

3. "斜面和浮雕"命令

"斜面和浮雕"命令用于使当前图层产生一种倾斜与浮雕的效果。现有一幅图像,如图 7-11 所示。"图层"控制面板如图 7-12 所示。选择"斜面和浮雕"命令会弹出"斜面和浮雕"对话框,如图 7-13 所示。应用"斜面和浮雕"命令后的图像效果如图 7-14 所示。

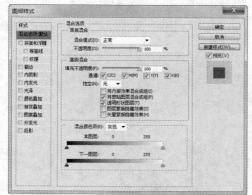

图 7-10

图 7-11

图 7-12

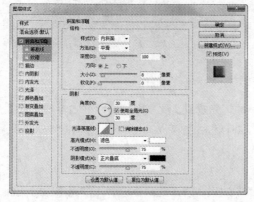

图 7-13

图 7-14

4. "描边"命令

"描边"命令用于当前图层的图案描边。选择此命令会弹出"描边"对话框,如图 7-15 所示。应用"描边"命令后的图像效果如图 7-16 所示。

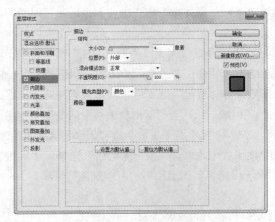

图 7-15

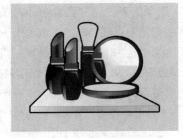

图 7-16

5. "内阴影"命令

"内阴影"命令用于在当前图层内部产生阴影效果。此命令的对话框内容与"投影"对话框内容基本相同。选择此命令会弹出"内阴影"对话框，如图 7-17 所示。应用"内阴影"命令后的图像效果如图 7-18 所示。

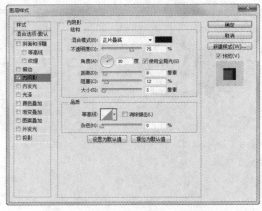

图 7-17

图 7-18

6. "内发光"命令

"内发光"命令用于在图像的边缘内部产生一种辉光效果。此命令的对话框内容与"外发光"对话框内容基本相同。选择此命令会弹出"内发光"对话框，如图 7-19 所示。应用"内发光"命令后的图像效果如图 7-20 所示。

7. "光泽"命令

"光泽"命令用于使当前图层产生一种有光泽的效果。选择此命令会弹出"光泽"对话框，如图 7-21 所示。应用"光泽"命令后的图像效果如图 7-22 所示。

8. "颜色叠加"命令

"颜色叠加"命令用于使当前图层产生一种颜色叠加的效果。选择此命令会弹出"颜色叠加"对话框，如图 7-23 所示。应用"颜色叠加"命令后的图像效果如图 7-24 所示。

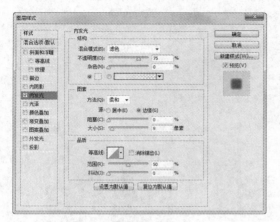

图 7-19

图 7-20

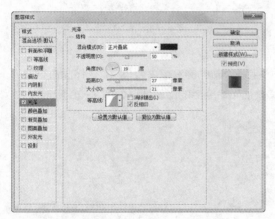

图 7-21

图 7-22

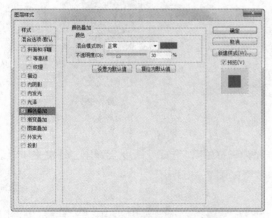

图 7-23

图 7-24

9. "渐变叠加" 命令

"渐变叠加" 命令用于使当前图层产生一种渐变叠加的效果。选择此命令会弹出"渐变叠加"对话框，如图 7-25 所示。应用"渐变叠加"命令后的图像效果如图 7-26 所示。

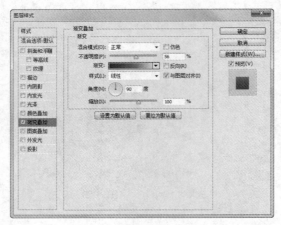

图 7-25	图 7-26

10. "图案叠加" 命令

"图案叠加" 命令用于在当前图层的基础上产生一个新的图案覆盖效果层。选择此命令会弹出"图案叠加"对话框，如图 7-27 所示。应用"图案叠加"命令后的图像效果如图 7-28 所示。

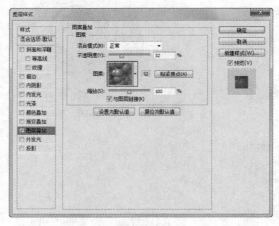

图 7-27	图 7-28

11. "外发光" 命令

"外发光" 命令用于在图像的边缘外部产生一种辉光效果。选择此命令会弹出"外发光"对话框，如图 7-29 所示。应用"外发光"命令后的图像效果如图 7-30 所示。

12. "投影" 命令

"投影" 命令用于使当前图层产生阴影效果。选择"投影"命令会弹出"投影"对话框，如图 7-31 所示。应用"投影"命令后的图像效果如图 7-32 所示。

364

2338

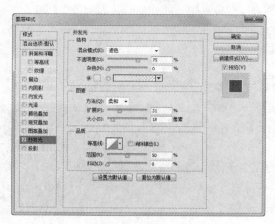

图 7-29

图 7-30

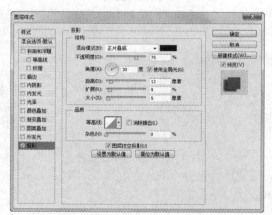

图 7-31

图 7-32

7.2.3　课堂案例——制作卡通图标

案例学习目标

学习使用多种图层样式制作出需要的效果。

案例知识要点

使用图层样式制作卡通图标效果，最终效果如图 7-33 所示。

图 7-33

扫码观看
本案例视频

扫码观看
扩展案例

◉ 效果所在位置

Ch07/效果/制作卡通图标.psd。

（1）按 Ctrl+N 组合键，新建一个文件，宽度为 10 cm，高度为 6 cm，分辨率为 300 dpi，颜色模式为 RGB，背景内容为白色，单击"确定"按钮。将前景色设为紫色（157、0、222），按 Alt+Delete 组合键，用前景色填充"背景"图层，效果如图 7-34 所示。

（2）按 Ctrl+O 组合键，打开云盘中的"Ch07 > 素材 > 制作卡通图标 > 01"文件，选择"移动"工具 ▶+，将 01 图片拖曳到图像窗口中适当的位置，效果如图 7-35 所示，在"图层"控制面板中生成新的图层并将其命名为"底图"。

图 7-34

（3）在"图层"控制面板上方，将"底图"图层的"混合模式"选项设为"变亮"，如图 7-36 所示，图像效果如图 7-37 所示。

图 7-35　　　　　　　　图 7-36　　　　　　　　图 7-37

（4）按 Ctrl+O 组合键，打开云盘中的"Ch07 > 素材 > 制作卡通图标 > 02"文件，选择"移动"工具 ▶+，将 02 图片拖曳到图像窗口中适当的位置并调整其大小，效果如图 7-38 所示，在"图层"控制面板中生成新的图层并将其命名为"小狗"。

（5）单击"图层"控制面板下方的"添加图层样式"按钮 fx.，在弹出的菜单中选择"斜面和浮雕"命令，弹出其对话框，选项的设置如图 7-39 所示，单击"确定"按钮，图像效果如图 7-40 所示。

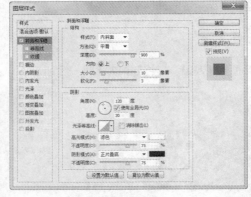

图 7-38　　　　　　　　图 7-39　　　　　　　　图 7-40

（6）单击"图层"控制面板下方的"添加图层样式"按钮 fx.，在弹出的菜单中选择"渐变叠加"

命令，弹出其对话框，选项的设置如图 7-41 所示，单击"确定"按钮，效果如图 7-42 所示。

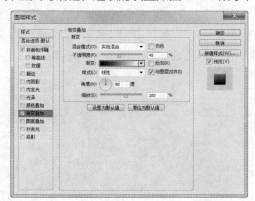

图 7-41   图 7-42

（7）单击"图层"控制面板下方的"添加图层样式"按钮 **fx.**，在弹出的菜单中选择"外发光"命令，弹出其对话框，将发光颜色设为橘黄色（255、150、0），其他选项的设置如图 7-43 所示，单击"确定"按钮，效果如图 7-44 所示。

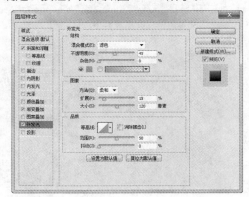

图 7-43   图 7-44

（8）将前景色设为黑色。选择"横排文字"工具 **T**，在适当的位置输入需要的文字并选取文字，在属性栏中选择合适的字体并设置大小，效果如图 7-45 所示，在"图层"控制面板中生成新的文字图层。

（9）选取需要的文字。按 Ctrl+T 组合键，弹出"字符"面板，将"水平缩放"选项 **T 100%** 设置为 90%，其他选项的设置如图 7-46 所示，按 Enter 键确认操作，效果如图 7-47 所示。

图 7-45   图 7-46   图 7-47

（10）单击"图层"控制面板下方的"添加图层样式"按钮 **fx.**，在弹出的菜单中选择"描边"命令，弹出"图层样式"对话框，将描边颜色设为淡紫色（229、200、222），其他选项的设置如图 7-48 所示；选择"内发光"选项，切换到相应的对话框，将发光颜色设为淡紫色（229、200、222），其他选项的设置如图 7-49 所示，单击"确定"按钮，效果如图 7-50 所示。卡通图标制作完成，效果如图 7-51 所示。

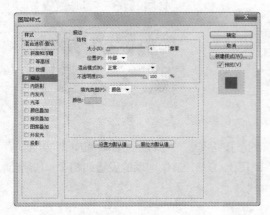

图 7-48

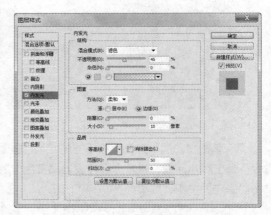

图 7-49

图 7-50

图 7-51

7.2.4　课堂案例——制作趣味文字

案例学习目标

学习使用图层样式制作趣味文字。

案例知识要点

使用"横排文字"工具和"变换"命令制作文字，使用"矩形"工具、"椭圆"工具、"矩形选框"工具和"定义图案"命令绘制和定义图案，使用图层样式制作趣味文字，最终效果如图 7-52 所示。

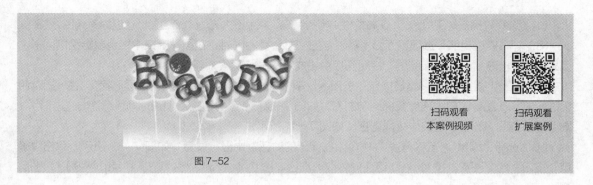

扫码观看
本案例视频

扫码观看
扩展案例

图 7-52

效果所在位置

Ch07/效果/制作趣味文字.psd。

（1）按 Ctrl+O 组合键，打开云盘中的"Ch07 > 素材 > 制作趣味文字 > 01"文件，如图 7-53
所示。将前景色设为红色（255、0、0）。选择"横排文字"工具 T，在适当的位置分别输入需要
的文字并选取文字，在属性栏中选择合适的字体并设置大小，效果如图 7-54 所示，在"图层"控制
面板中分别生成新的文字图层。

（2）选择"H"文字图层。按 Ctrl+T 组合键，在图像周围出现变换框，将鼠标光标放在变换框
的控制手柄外边，光标将变为旋转图标 ↰，拖曳鼠标将图像旋转到适当的角度，按 Enter 键确认操作，
效果如图 7-55 所示。用相同的方法旋转其他文字，效果如图 7-56 所示。按住 Shift 键的同时，将
文字图层同时选取。按 Ctrl+E 组合键，合并图层并将其命名为"文字"，如图 7-57 所示。

（3）选择"矩形"工具 ▭，在属性栏的"选择工具模式"选项中选择"形状"，将"填充"颜
色设为白色，在图像窗口中拖曳鼠标绘制矩形，效果如图 7-58 所示，在"图层"控制面板中生成新
的形状图层"矩形 1"。

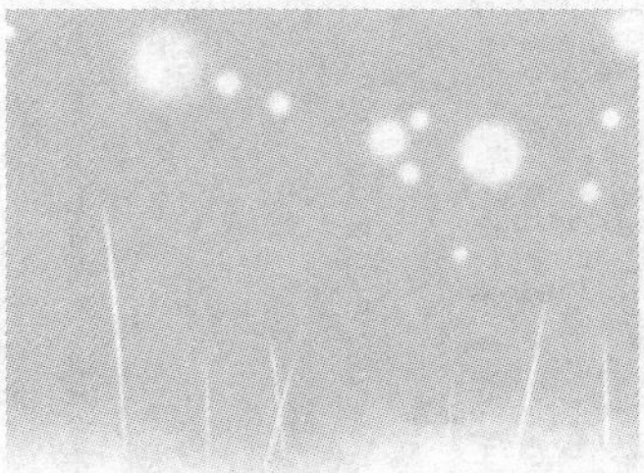

图 7-53

图 7-54

图 7-55

图 7-56

图 7-57

图 7-58

（4）选择"椭圆"工具 ，在属性栏中将"填充"颜色设为无，"描边"颜色设为深红色（230、0、18），"描边粗细"选项设为 5.7 点。按住 Shift 键的同时，在图像窗口中拖曳鼠标绘制圆形，效果如图 7-59 所示，在"图层"控制面板中生成新的形状图层"椭圆 1"。

（5）在属性栏中单击"路径操作"按钮 ，在弹出的面板中选择"减去顶层形状"。按住 Shift 键的同时，在图像窗口中拖曳鼠标绘制圆形，如图 7-60 所示。按住 Ctrl 键的同时，单击"矩形 1"图层的缩览图，在图像窗口中生成选区，如图 7-61 所示。

（6）选择"编辑 > 定义图案"命令，在弹出的对话框中进行设置，如图 7-62 所示，单击"确定"按钮，定义图案。按 Ctrl+D 组合键，取消选区。按 Delete 键，将"矩形 1"和"椭圆 1"图层删除。

图 7-59

图 7-60

图 7-61

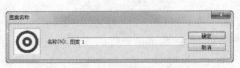
图 7-62

（7）单击"图层"控制面板下方的"添加图层样式"按钮 ，在弹出的菜单中选择"斜面和浮雕"命令，弹出其对话框，单击"光泽等高线"右侧的图标 ，在弹出的"等高线编辑器"对话框中进行设置，如图 7-63 所示，单击"确定"按钮。返回"斜面和浮雕"对话框，将"高光模式"选项右侧的颜色块设为浅蓝色（203、226、255），其他选项的设置如图 7-64 所示。

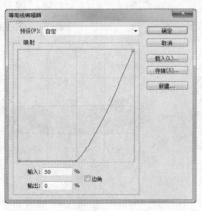
图 7-63

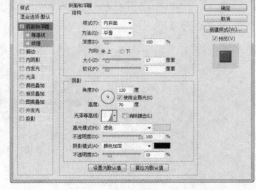
图 7-64

（8）选择"等高线"选项，切换到相应的对话框，单击"等高线"选项右侧的按钮 ，在弹出的面板中选择需要的等高线，如图 7-65 所示，其他选项的设置如图 7-66 所示。选择"描边"选项，切换到相应的对话框，将"填充类型"选项设为渐变，单击"渐变"选项右侧的"点按可编辑渐变"按钮 ，弹出"渐变编辑器"对话框，将渐变色设为从暗红色（82、4、4）到红色（249、133、133），如图 7-67 所示，单击"确定"按钮。返回"描边"对话框，其他选项的设置如图 7-68 所示。

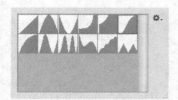

图 7-65

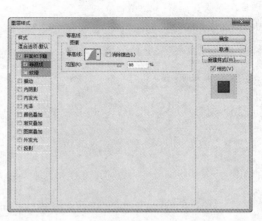

图 7-66

图 7-67

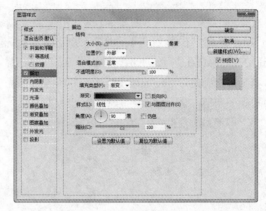

图 7-68

（9）选择"内阴影"选项，切换到相应的对话框，将"混合模式"选项右侧的颜色块设为深红色（121、4、29），其他选项的设置如图 7-69 所示。选择"内发光"选项，切换到相应的对话框，将发光颜色设为红色（255、78、0），其他选项的设置如图 7-70 所示。

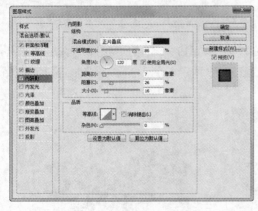

图 7-69

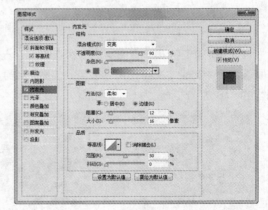

图 7-70

（10）选择"图案叠加"选项，切换到相应的对话框，单击"图案"选项右侧的图标，在弹出的对话框中选择定义的图案，其他选项的设置如图 7-71 所示。选择"外发光"选项，切换到相应的对话框，将发光颜色设为棕色（188、118、61），其他选项的设置如图 7-72 所示。

 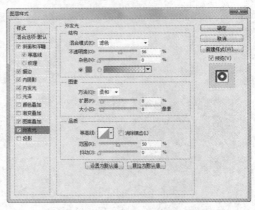

　　　　　　图 7-71　　　　　　　　　　　　　　　　　　图 7-72

（11）选择"投影"选项，切换到相应的对话框，将投影颜色设为深红色（128、44、3），其他选项的设置如图 7-73 所示，单击"确定"按钮，效果如图 7-74 所示。

（12）按两次 Ctrl+J 组合键，复制两个副本图层，如图 7-75 所示。将副本图层的图层样式拖曳到控制面板下方的"删除图层"按钮 🗑 上，删除图层样式，如图 7-76 所示。

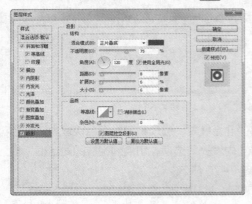  

　　　　图 7-73　　　　　　　　　　　图 7-74　　　　　　　　　图 7-75

（13）将"文字 副本"图层拖曳到"文字"图层的下方，如图 7-77 所示。选择"移动"工具，在图像窗口中将副本文字拖曳到适当的位置，效果如图 7-78 所示。在"图层"控制面板上方，将该图层的"填充"选项设为 0%，如图 7-79 所示。

　　　　图 7-76　　　　　　　　　图 7-77　　　　　　　　　图 7-78

（14）单击"图层"控制面板下方的"添加图层样式"按钮 fx，在弹出的菜单中选择"外发光"命令，弹出其对话框，将发光颜色设为白色，其他选项的设置如图 7-80 所示，单击"确定"按钮，效果如图 7-81 所示。

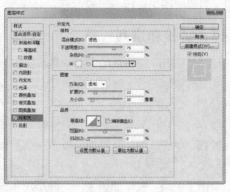

图 7-79　　　　　　　　　　　　　图 7-80　　　　　　　　　　　　　图 7-81

（15）将"文字 副本 2"图层拖曳到"背景"图层的上方。选择"移动"工具 ，在图像窗口中将副本文字拖曳到适当的位置，效果如图 7-82 所示。单击"图层"控制面板下方的"添加图层样式"按钮 fx，在弹出的菜单中选择"颜色叠加"命令，弹出其对话框，将叠加颜色设为白色，其他选项的设置如图 7-83 所示，单击"确定"按钮，效果如图 7-84 所示。

图 7-82　　　　　　　　　　　　　　　　　图 7-83

（16）按 Ctrl+O 组合键，打开云盘中的"Ch07 > 素材 > 制作趣味文字 > 02"文件。选择"移动"工具 ，将 02 图片拖曳到 01 图像窗口中的适当位置，并调整其大小，如图 7-85 所示，在"图层"控制面板中生成新的图层并将其命名为"笑脸"。趣味文字制作完成。

图 7-84　　　　　　　　　　　　　　　　　图 7-85

7.3 图层的编辑

在制作多层图像效果的过程中，需要对图层进行编辑和管理。

7.3.1 图层的显示、选择、链接和排列

图层的显示、选择、链接和排列等都是用户应该快速掌握的基本操作。下面将讲解其具体的操作方法。

1. 图层的显示

显示图层有以下几种方法。

● 使用"图层"控制面板中的图标。单击"图层"控制面板中一个图层左侧的眼睛图标◉，可以显示或隐藏这个图层。

● 使用快捷键。按住 Alt 键，单击"图层"控制面板中一个图层左侧的眼睛图标◉，这时，"图层"控制面板中只显示这个图层，其他图层将不显示。再次单击"图层"控制面板中的这个图层左侧的眼睛图标◉，将显示全部图层。

2. 图层的选择

选择图层有以下几种方法。

● 使用鼠标。单击"图层"控制面板中的一个图层，可以选择这个图层。

● 使用鼠标右键。按 V 键，选择"移动"工具▶╋，用鼠标右键单击窗口中的图像，弹出一组供选择的图层选项菜单，选择所需要的图层即可。将光标靠近需要的图像进行以上操作，可以选择这个图像所在的图层。

3. 图层的链接

按住 Ctrl 键，连续单击选择多个要链接的图层，单击"图层"控制面板下方的"链接图层"按钮co。若图层中显示出链接图标co，则表示已将所选图层链接。图层链接后，将成为一组，当对一个链接图层进行操作时，将会影响一组链接图层。再次单击"图层"控制面板中的"链接图层"按钮co，可以取消图层的链接。

> 选择链接图层，再选择"图层 > 对齐"命令，弹出"对齐"命令的子菜单，选择需要的对齐方式对齐链接图层中的图像。

4. 图层的排列

排列图层有以下几种方法。

● 使用鼠标拖放。单击"图层"控制面板中的一个图层并按住鼠标左键，拖曳鼠标可将其放到其他图层的上方或下方。注意背景层不能移动拖放，应先将其转换为普通层再进行移动拖放。

● 使用"图层"命令。选择"图层 > 排列"命令，弹出"排列"命令的子菜单，选择其中的排列方式即可。

● 使用快捷键。按 Ctrl+[组合键，可以将当前图层向下移动一层。按 Ctrl+]组合键，可以将当前图层向上移动一层。按 Shift+Ctrl+[组合键，可以将当前图层移动到全部图层的底层。按 Shift+

Ctrl+] 组合键，可以将当前图层移动到全部图层的顶层。

7.3.2 新建图层组

当编辑多层图像时，为了方便操作，可以将多个图层建立在一个图层组中。

新建图层组有以下几种方法。

● 使用"图层"控制面板弹出式菜单。单击"图层"控制面板右上方的图标 ，弹出其下拉菜单。在弹出式菜单中选择"新建组"命令，弹出"新建组"对话框，如图 7-86 所示。在该对话框中，"名称"选项用于设定新图层组的名称；"颜色"选项用于选择新图层组在控制面板上的显示颜色；"模式"选项用于设定当前图层的合成模式；"不透明度"选项用于设定当前图层的不透明度值。单击"确定"按钮，建立图 7-87 所示的图层组，也就是"组 1"。

● 使用"图层"控制面板中的按钮。单击"图层"控制面板中的"创建新组"按钮 ▢，将新建一个图层组。

● 使用"图层"命令。选择"图层 > 新建 > 组"命令，弹出"新建组"对话框，如图 7-86 所示。单击"确定"按钮，建立图 7-87 所示的图层组。

> **提示**
> Photoshop CS6 在支持图层组的基础上增加了多级图层组的嵌套，以便于用户在进行复杂设计的时候能够更好地管理图层。

在"图层"控制面板中，可以按照需要的级次关系新建图层组和图层，如图 7-88 所示。

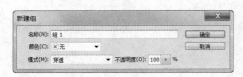

图 7-86

图 7-87

图 7-88

> **提示**
> 可以将多个已建立的图层放入一个新的图层组中，操作方法很简单，将"图层"控制面板中的已建立图层图标拖曳到新的图层组图标上即可，也可以将图层组中的图层拖曳到图层组外。

7.3.3 从图层新建组、锁定组内的所有图层

在编辑图像的过程中，可以将图层组中的图层进行链接和锁定。

"从图层新建组"命令用于将当前选择的图层构成一个图层组。

"锁定组内的所有图层"命令用于将图层组中的全部图层锁定。锁定后，图层将不能被编辑。

7.3.4 合并图层

在编辑图像的过程中，可以将图层进行合并。

"向下合并"命令用于向下合并一个图层。单击"图层"控制面板右上方的图标▼≡，在弹出的下拉菜单中选择"向下合并"命令，或按 Ctrl+E 组合键即可。

"合并可见图层"命令用于合并所有可见图层。单击"图层"控制面板右上方的图标▼≡，在弹出的下拉菜单中选择"合并可见图层"命令，或按 Shift+Ctrl+E 组合键即可。

"拼合图像"命令用于合并所有图层。单击"图层"控制面板右上方的图标▼≡，在弹出的下拉菜单中选择"拼合图像"命令，也可选择"图层 > 拼合图像"命令。

7.3.5 图层面板选项

"面板选项"命令用于设定"图层"控制面板中缩览图的大小。

"图层"控制面板中的原始效果如图 7-89 所示。单击右上方的图标▼≡，在弹出的下拉菜单中选择"面板选项"命令，弹出图 7-90 所示的"图层面板选项"对话框。在该对话框中单击需要的缩览图单选框，可以选择缩览图的大小。调整后的效果如图 7-91 所示。

图 7-89　　　　　　　　　　图 7-90　　　　　　　　　　图 7-91

7.3.6 图层复合

使用"图层复合"控制面板可将同一文件内的不同图层效果组合另存为多个"图层效果组合"，可以更加方便、快捷地展示和比较不同图层组合设计的视觉效果。

设计好一幅图像的效果，如图 7-92 所示，"图层"控制面板如图 7-93 所示。选择"窗口 > 图层复合"命令，弹出"图层复合"控制面板，如图 7-94 所示。

图 7-92　　　　　　　　　　图 7-93　　　　　　　　　　图 7-94

单击"图层复合"控制面板右上方的图标，在弹出式菜单中选择"新建图层复合"命令，弹出"新建图层复合"对话框，如图 7-95 所示。在该对话框中，"名称"选项用于设定新图层复合的名称，单击"确定"按钮，建立"图层复合 1"，如图 7-96 所示。所建立的"图层复合 1"中存储的就是当前的制作效果。

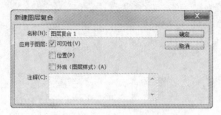

图 7-95

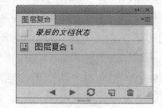

图 7-96

对图像进行修饰和编辑，图像效果如图 7-97 所示，"图层"控制面板如图 7-98 所示。再选择"新建图层复合"命令，建立"图层复合 2"，如图 7-99 所示。所建立的"图层复合 2"中存储的就是修饰编辑后的制作效果。

图 7-97

图 7-98

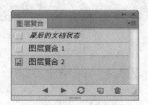

图 7-99

在"图层复合"控制面板中，分别单击"图层复合 1"和"图层复合 2"左侧的状态框，显示出作用按钮，可以将两次的图像编辑效果进行比较，如图 7-100 所示。

图 7-100

7.3.7　图层剪贴蒙版

　　图层剪贴蒙版用于将相邻的图层编辑成剪贴蒙版。在图层剪贴蒙版中，最底下的图层是基层，基层图像的透明区域将遮住上方各层的该区域。制作剪贴蒙版，图层之间的实线变为虚线，基层图层名称下有一条下划线。

　　打开一幅图像，选择"自定义形状"工具 ，在"形状"选项中选择需要的形状，在图像窗口中绘制出需要的图形，"图层"控制面板如图 7-101 所示，图像效果如图 7-102 所示。

　　按住 Alt 键，单击两个图层间的实线，制作出剪贴蒙版，如图 7-103 所示，图像效果如图 7-104 所示。

图 7-101

图 7-102

图 7-103

图 7-104

7.3.8　课堂案例——制作美妆宣传单

案例学习目标

学习使用"创建剪贴蒙版"命令制作宣传主体。

案例知识要点

　　使用"创建剪贴蒙版"命令制作宣传主体，使用图层样式为图片添加立体效果，使用"横排文字"工具添加文字，最终效果如图 7-105 所示。

图 7-105

扫码观看
本案例视频

扫码观看
扩展案例

效果所在位置

Ch07/效果/制作美妆宣传单.psd。

（1）按 Ctrl + O 组合键，打开云盘中的"Ch07 > 素材 > 制作美妆宣传单 > 01"文件，如图 7-106 所示。

（2）新建图层并将其命名为"蝴蝶 1"。将前景色设为白色。选择"自定形状"工具 ，单击属性栏中的"形状"选项，弹出"形状"面板，单击右上方的按钮 ，在弹出的菜单中选择"全部"选项，弹出提示对话框，单击"确定"按钮。在"形状"面板中选择需要的图形，如图 7-107 所示。在属性栏中的"选择工具模式"选项中选择"像素"，按住 Shift 键的同时，在图像窗口中拖曳鼠标绘制图形，效果如图 7-108 所示。

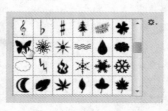

图 7-106   图 7-107   图 7-108

（3）按 Ctrl+T 组合键，在图像周围出现变换框，将指针放在变换框的控制手柄外边，指针变为旋转图标 ，拖曳鼠标将图像旋转到适当的角度，按 Enter 键确认操作，效果如图 7-109 所示。使用相同的方法绘制其他蝴蝶图形并旋转到适当的角度，效果如图 7-110 所示。

（4）按 Ctrl + O 组合键，打开云盘中的"Ch07 > 素材 > 制作美妆宣传单 > 02"文件，选择"移动"工具 ，将图片拖曳到图像窗口中适当的位置，效果如图 7-111 所示，在"图层"控制面板中生成新图层并将其命名为"图片"。

图 7-109   图 7-110   图 7-111

（5）在"图层"控制面板上方，将"图片"图层的"不透明度"选项设为 35%，按 Enter 键确认操作，效果如图 7-112 所示。

（6）单击"图层"控制面板下方的"创建新的填充或调整图层"按钮 ，在弹出的菜单中选择"色相/饱和度"命令，在"图层"控制面板中生成"色相/饱和度 1"图层，同时在弹出的"色相/饱和度"面板中进行设置，如图 7-113 所示，按 Enter 键确认操作，效果如图 7-114 所示。

（7）新建图层并将其命名为"蝴蝶形"。选择"钢笔"工具 ，在属性栏中的"选择工具模式"选项中选择"路径"，在图像窗口中绘制路径，如图 7-115 所示。按 Ctrl+Enter 组合键，将路径转换为选区。按 Alt+Delete 组合键，用前景色填充选区。按 Ctrl+D 组合键，取消选区，效果如图 7-116 所示。

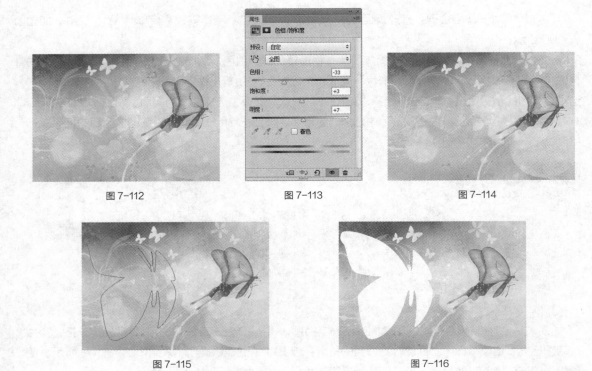

图 7-112   图 7-113   图 7-114

图 7-115   图 7-116

（8）单击"图层"控制面板下方的"添加图层样式"按钮 $fx.$，在弹出的菜单中选择"内阴影"命令，在弹出的对话框中进行设置，如图 7-117 所示，单击"确定"按钮，效果如图 7-118 所示。

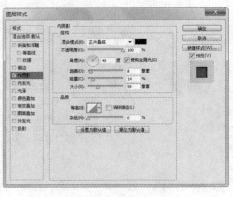

图 7-117

图 7-118

（9）按 Ctrl＋O 组合键，打开云盘中的"Ch07 > 素材 > 制作美妆宣传单 > 03"文件，选择"移动"工具 ，将图片拖曳到图像窗口中适当的位置，效果如图 7-119 所示，在"图层"控制面板中生成新图层并将其命名为"图片 1"。按 Alt+Ctrl+G 组合键，为"图片 1"图层创建剪贴蒙版，效果如图 7-120 所示。

（10）新建图层并将其命名为"蝴蝶形 1"。选择"自定形状"工具 ，按住 Shift 键的同时，在图像窗口中拖曳鼠标绘制图形，并将其旋转到适当的角度，效果如图 7-121 所示。将"图片 1"图层拖曳到"图层"控制面板下方的"创建新图层"按钮 上进行复制，生成新的图层"图片 1 副本"，并将其拖曳到"蝴蝶形 1"图层的上方。

图 7-119

图 7-120

图 7-121

（11）按住 Alt 键的同时，将鼠标光标放在"图片 1 副本"图层和"蝴蝶形 1"图层的中间，鼠标光标变为 ↓□，单击鼠标左键，为"图片 1 副本"图层创建剪切蒙版，效果如图 7-122 所示。使用相同的方法制作其他图片蒙版效果，如图 7-123 所示。

（12）新建图层并将其命名为"蝴蝶 5"。将前景色设为绿色（137、201、151）。选择"自定形状"工具 ，按住 Shift 键的同时，在图像窗口中拖曳鼠标绘制图形，并将其旋转到适当的角度，效果如图 7-124 所示。使用相同的方法分别绘制其他蝴蝶图形，并填充相应的颜色，效果如图 7-125 所示。

图 7-122

图 7-123

图 7-124

（13）将前景色设为紫色（116、12、111）。选择"横排文字"工具 T，在适当的位置输入需要的文字并选取文字，在属性栏中选择合适的字体并设置大小，按 Alt+向右方向键，调整文字间距，效果如图 7-126 所示，在"图层"控制面板中生成新的文字图层。

（14）将前景色设为黑色。选择"横排文字"工具 T，在适当的位置分别输入需要的文字并选取文字，在属性栏中分别选择合适的字体并设置大小，效果如图 7-127 所示，在"图层"控制面板中分别生成新的文字图层。

图 7-125

图 7-126

图 7-127

（15）选中"美从蜕变开始"图层。按 Ctrl+T 组合键，文字周围出现变换框，在变换框中单击鼠标右键，在弹出的菜单中选择"斜切"命令，向右拖曳上边中间的控制手柄到适当的位置，如图 7-128 所示，按 Enter 键确认操作，效果如图 7-129 所示。

（16）选择"横排文字"工具 T.，选取文字"美"，在属性栏中设置文字的大小，填充文字为紫色（102、35、126），效果如图 7-130 所示。按 Ctrl+T 组合键，在弹出的"字符"面板中单击"仿粗体"按钮 T，将文字加粗，其他选项的设置如图 7-131 所示，按 Enter 键确认操作，效果如图 7-132 所示。使用相同的方法制作文字"蜕变"，效果如图 7-133 所示。美妆宣传单制作完成。

图 7-128

图 7-129

图 7-130

图 7-131

图 7-132

图 7-133

7.4 图层的蒙版

图层蒙板可以使图层中图像的某些部分被处理成透明或半透明的效果，而且可以恢复已经处理过的图像，是 Photoshop CS6 中的一种独特的图像处理方式。

7.4.1 建立图层蒙板

建立图层蒙板有以下几种方法。

● 使用"图层"控制面板中的按钮或快捷键。单击"图层"控制面板中的"添加图层蒙版"按钮 ，可以创建一个图层的蒙版，如图 7-134 所示。按住 Alt 键，单击"图层"控制面板中的"添加图层蒙版"按钮 ，可以创建一个遮盖图层全部的蒙版，如图 7-135 所示。

● 使用"图层"命令。选择"图层 > 图层蒙版 > 显示全部"命令，效果如图 7-134 所示。选择"图层 > 图层蒙版 > 隐藏全部"命令，效果如图 7-135 所示。

图 7-134   图 7-135

7.4.2　使用图层蒙版

打开两幅图像，如图 7-136 和图 7-137 所示。选择"移动"工具 ，将人物图像拖放到背景图像上，"图层"控制面板和图像效果如图 7-138 和图 7-139 所示。

图 7-136   图 7-137   图 7-138   图 7-139

选择"画笔"工具 ，将前景色设定为黑色，"画笔"工具属性栏如图 7-140 所示。单击"图层"控制面板下方的"添加图层蒙版"按钮 ，可以创建一个图层的蒙版，效果如图 7-141 所示。在图层的蒙版中按所需的效果进行绘制，人物的图像效果如图 7-142 所示。

图 7-140

在"图层"控制面板中图层的蒙版如图 7-143 所示。选择"通道"控制面板，控制面板中出现了图层的蒙版通道，如图 7-144 所示。

图 7-141   图 7-142   图 7-143

在"图层"控制面板中，图层图像与蒙版之间的 是关联图标。在图层图像与蒙版关联的情况下，移动图像时蒙版会同步移动，单击关联图标 ，将不显示该图标，图层图像与蒙版可以分别进行操作。

在"通道"控制面板中，双击"人物蒙版"通道，弹出"图层蒙版显示选项"对话框，如图 7-145 所示，可以对蒙版选项中的颜色和不透明度进行设置。

图 7-144

图 7-145

选择"图层 > 图层蒙版 > 停用"命令，或在"图层"控制面板中，按住 Shift 键，单击图层蒙版，则图层蒙版被停用，图像将全部显示，效果如图 7-146 所示。再次按住 Shift 键，单击图层蒙版，将恢复图层蒙版效果。

按住 Alt 键，单击图层蒙版，图层图像就会消失，而只显示图层蒙版，效果如图 7-147 和图 7-148 所示。再次按住 Alt 键，单击图层蒙版，将恢复图层图像效果。按住 Alt+Shift 组合键，单击图层蒙版，将同时显示图像和图层蒙版的内容。

图 7-146   图 7-147   图 7-148

选择"图层 > 图层蒙版 > 删除"命令，或在图层蒙版上单击鼠标右键，在弹出的快捷菜单中选择"删除图层蒙版"命令，都可以删除图层蒙版。

7.4.3　课堂案例——制作合成风景照片

📝 案例学习目标

学习使用图层蒙版制作图像效果。

🔒 案例知识要点

使用"可选颜色"命令调整图片颜色，使用"添加图层蒙版"按钮和"画笔"工具制作瓶中效果，使用"横排文字"工具添加文字，最终效果如图 7-149 所示。

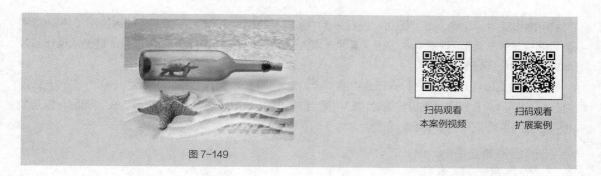

图 7-149

效果所在位置

Ch07/效果/制作合成风景照片.psd。

（1）按 Ctrl+O 组合键，打开云盘中的"Ch07 > 素材 > 制作合成风景照片 > 01"文件，如图 7-150 所示。单击"图层"控制面板下方的"创建新的填充或调整图层"按钮 ，在弹出的菜单中选择"可选颜色"命令，在"图层"控制面板中生成"选取颜色 1"图层，同时在弹出的"可选颜色"面板中进行设置，如图 7-151 所示，按 Enter 键确认操作，效果如图 7-152 所示。

图 7-150   图 7-151   图 7-152

（2）按 Ctrl+O 组合键，打开云盘中的"Ch07 > 素材 > 制作合成风景照片 > 01"文件。选择"磁性套索"工具 ，沿着酒瓶边缘拖曳鼠标绘制选区，如图 7-153 所示。选择"移动"工具 ，将选区中的图像拖曳到调色后的 01 图像窗口中，效果如图 7-154 所示，在"图层"控制面板中生成新的图层并将其命名为"瓶子"。

图 7-153   图 7-154

（3）单击"图层"控制面板下方的"创建新的填充或调整图层"按钮 ，在弹出的菜单中选择

"色相/饱和度 1"命令，在"图层"控制面板中生成"色相/饱和度 1"图层，同时弹出"色相/饱和度"面板，单击面板下方的 按钮，其他选项的设置如图 7-155 所示，按 Enter 键确认操作，效果如图 7-156 所示。

（4）按 Ctrl+O 组合键，打开云盘中的"Ch07 > 素材 > 制作合成风景照片 > 02"文件，选择"移动"工具 ，将图片拖曳到图像窗口中适当的位置，效果如图 7-157 所示，在"图层"控制面板中生成新的图层并将其命名为"图片"。

图 7-155

图 7-156

图 7-157

（5）单击"图层"控制面板下方的"添加图层蒙版"按钮 ，为"图片"图层添加蒙版。将前景色设为黑色。选择"画笔"工具 ，在属性栏中单击"画笔"选项右侧的按钮 ，在弹出的"画笔"面板中选择需要的画笔形状，其他选项的设置如图 7-158 所示。在图像窗口中擦除不需要的图像，效果如图 7-159 所示。

（6）选择"横排文字"工具 ，输入需要的文字并选取文字，在属性栏中选择合适的字体并设置文字的大小，效果如图 7-160 所示，在"图层"控制面板中生成新的文字图层。在"图层"控制面板上方，将该图层的混合模式选项设为"叠加"，效果如图 7-161 所示。合成风景照片制作完成。

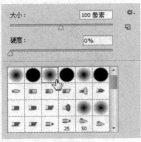
图 7-158

图 7-159

图 7-160

图 7-161

7.5　新建填充和调整图层

"新建填充图层"和"新建调整图层"命令用于对现有图层添加一系列的特殊效果。

7.5.1 新建填充图层

当需要新建填充图层时，可以选择"图层 > 新建填充图层"命令，或单击"图层"控制面板中的"创建新的填充和调整图层"按钮 ，弹出填充图层的 3 种方式，如图 7-162 所示，选择其中一种方式将弹出"新建图层"对话框，这里以"渐变填充"为例，如图 7-163 所示。单击"确定"按钮，将弹出"渐变填充"对话框，如图 7-164 所示。单击"确定"按钮，"图层"控制面板和图像的效果如图 7-165 和图 7-166 所示。

图 7-162

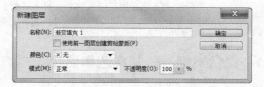

图 7-163

图 7-164

图 7-165

图 7-166

7.5.2 新建调整图层

当需要对一个或多个图层进行色彩调整时，可以新建调整图层。选择"图层 > 新建调整图层"命令，或单击"图层"控制面板中的"创建新的填充和调整图层"按钮 ，弹出调整图层色彩的多种方式，如图 7-167 所示，选择其中一种方式将弹出"新建图层"对话框，这里以"色阶"为例，如图 7-168 所示。单击"确定"按钮，在弹出的"色阶"面板中按照图 7-169 所示进行调整。按 Enter 键确认操作，"图层"控制面板和图像的效果如图 7-170 所示。

图 7-167

图 7-168

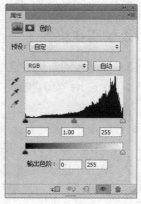

图 7-169

图 7-170

7.5.3 课堂案例——制作艺术照片

案例学习目标

学习使用填充和调整图层制作艺术照片。

案例知识要点

使用色阶和曲线调整层更改图片颜色，使用"图案填充"命令制作底纹效果，使用"横排文字"工具和图层样式制作文字，最终效果如图 7-171 所示。

扫码观看
本案例视频

扫码观看
扩展案例

图 7-171

效果所在位置

Ch07/效果/制作艺术照片.psd。

（1）按 Ctrl+O 组合键，打开云盘中的"Ch07 > 素材 > 制作艺术照片 > 01"文件，如图 7-172 所示。单击"图层"控制面板下方的"创建新的填充或调整图层"按钮 ，在弹出的菜单中选择"色阶"命令，在"图层"控制面板中生成"色阶 1"图层，同时弹出"色阶"面板，选项的设置如图 7-173 所示，按 Enter 键确认操作，效果如图 7-174 所示。

（2）单击"图层"控制面板下方的"创建新的填充或调整图层"按钮 ，在弹出的菜单中选择"图案填充"命令，在"图层"控制面板中生成"图案填充 1"图层，同时弹出"图案填充"对话框，单击"图案"选项右侧的按钮 ，弹出面板，单击右上方的 按钮，在弹出的菜单中选择"艺术表面"

命令，弹出提示对话框，单击"追加"按钮。在面板中选中需要的图案，如图 7-175 所示。返回"图案填充"对话框，选项的设置如图 7-176 所示，单击"确定"按钮，效果如图 7-177 所示。

图 7-172

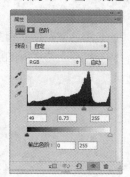

图 7-173

图 7-174

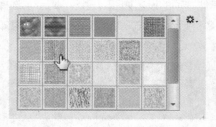

图 7-175

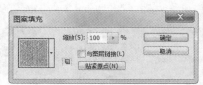

图 7-176

图 7-177

（3）在"图层"控制面板上方，将"图案填充 1"图层的混合模式选项设为"划分"，"不透明度"选项设为 63%，如图 7-178 所示，按 Enter 键确认操作，图像效果如图 7-179 所示。

（4）单击"图层"控制面板下方的"创建新的填充或调整图层"按钮，在弹出的菜单中选择"曲线"命令，在"图层"控制面板中生成"曲线 1"图层，同时弹出"曲线"面板，在曲线上单击添加控制点，将"输入"选项设为 170，"输出"选项设为 192；再次单击添加控制点，将"输入"选项设为 136，"输出"选项设为 163；再次单击添加控制点，将"输入"选项设为 111，"输出"选项设为 141；再次单击添加控制点，将"输入"选项设为 50，"输出"选项设为 75，如图 7-180 所示，按 Enter 键确认操作，效果如图 7-181 所示。

图 7-178

图 7-179

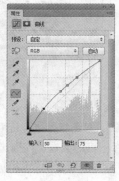

图 7-180

图 7-181

（5）将前景色设为白色。选择"横排文字"工具 T ，在适当的位置分别输入需要的文字并选取文字，在属性栏中选择合适的字体并设置大小，效果如图 7-182 所示，在"图层"控制面板中分别生成新的文字图层。

（6）选取"青春"文字图层。按 Ctrl+T 组合键，文字周围出现变换框，在变换框中单击鼠标右键，在弹出的菜单中选择"斜切"命令，向右拖曳上方中间的控制手柄到适当的位置，斜切文字，按 Enter 键确认操作，效果如图 7-183 所示。

图 7-182

图 7-183

（7）单击"图层"控制面板下方的"添加图层样式"按钮 fx. ，在弹出的菜单中选择"描边"命令，弹出对话框，将描边颜色设为深绿色（3、59、35），其他选项的设置如图 7-184 所示。选择"投影"选项，切换到相应的对话框，选项的设置如图 7-185 所示，单击"确定"按钮，效果如图 7-186 所示。

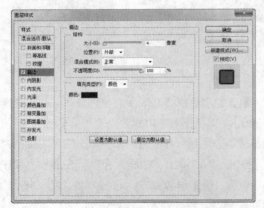

图 7-184

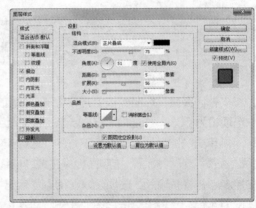

图 7-185

图 7-186

（8）选取英文文字图层。单击"图层"控制面板下方的"添加图层样式"按钮 fx. ，在弹出的菜单中选择"描边"命令，弹出其对话框，将描边颜色设为深绿色（3、59、35），其他选项的设置如图 7-187 所示。选择"投影"选项，切换到相应的对话框，选项的设置如图 7-188 所示，单击"确定"按钮，效果如图 7-189 所示。艺术照片制作完成，效果如图 7-190 所示。

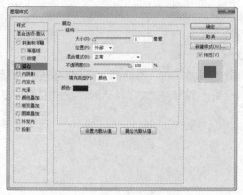

图 7-187

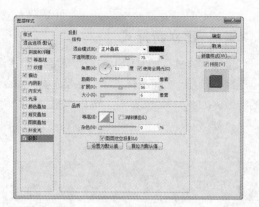

图 7-188

图 7-189

图 7-190

7.6 图层样式

"样式"控制面板可以用来保存并快速地套用各种图层特效于要编辑的对象中。这样，可以简化操作步骤、节省操作时间。

7.6.1 "样式"控制面板

打开一幅图像，如图 7-191 所示。选择"窗口 > 样式"命令，弹出"样式"控制面板，如图 7-192 所示。在"样式"控制面板中选择要添加的样式，如图 7-193 所示。图像添加样式后的效果如图 7-194 所示。

图 7-191

图 7-192

图 7-193

图 7-194

7.6.2 建立新样式

如果在"样式"控制面板中没有需要的样式，那么可以自己建立新的样式。

选择"图层 > 图层样式 > 混合选项"命令，弹出"图层样式"对话框。在该对话框中设置需要的特效，如图 7-195 所示。单击"新建样式"按钮，弹出"新建样式"对话框，按需要进行设置，如图 7-196 所示。

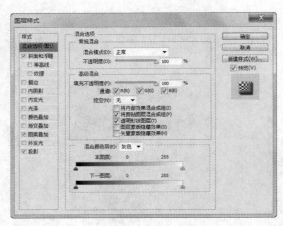

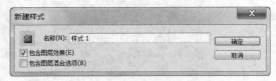

| 图 7-195 | 图 7-196 |

在"新建样式"对话框中，"包含图层效果"选项用于将特效添加到样式中；"包含图层混合选项"选项用于将图层混合选项添加到样式中。单击"确定"按钮，新样式被添加到"样式"控制面板中，如图 7-197 所示。

图 7-197

7.6.3 载入样式

Photoshop CS6 提供了一些样式库，可以根据需要将其载入"样式"控制面板中。

单击"样式"控制面板右上方的图标 ，在弹出式菜单中选择要载入的样式，如图 7-198 所示。选择任意一种样式后将弹出提示对话框，如图 7-199 所示。单击"追加"按钮，这种样式即被载入"样式"控制面板中，如图 7-200 所示。

图 7-198　　　　　　　　　　图 7-199　　　　　　　　　　图 7-200

7.6.4　还原样式的预设值

"复位样式"命令用于将"样式"控制面板还原为最初系统默认的状态。

单击"样式"控制面板右上方的图标 ，在弹出式菜单中选择"复位样式"命令，如图 7-201 所示，弹出提示对话框，如图 7-202 所示。单击"确定"按钮，"样式"控制面板被还原为系统默认的状态，如图 7-203 所示。

图 7-201　　　　　　　　　　图 7-202　　　　　　　　　　图 7-203

7.6.5　删除样式

"删除样式"命令用于删除"样式"控制面板中的样式。

将要删除的样式直接拖曳到"样式"控制面板下方的"删除样式"按钮 上，即可完成样式的删除。

7.6.6　清除样式

当对图像所应用的样式不满意时，可以对应用的样式进行清除。

选中要清除样式的图层，单击"样式"控制面板下方的"清除样式"按钮 ，即可将为图像添加的样式清除。

课后习题——制作茶道生活照片

 习题知识要点

　　使用"去色"命令去除图片颜色，使用图层蒙版和"画笔"工具制作局部颜色遮罩，最终效果如图 7-204 所示。

图 7-204

扫码观看
本案例视频

📁 **效果所在位置**

Ch07/效果/制作茶道生活照片.psd。

08

第 8 章
文字的使用

本章介绍

Photoshop CS6 的文字输入和编辑功能与以前的版本相比有很大的改进和提高。本章将详细讲解文字的编辑方法和应用技巧。读者通过学习本章要了解并掌握文字的功能及特点，并能在设计制作任务中充分利用文字效果。

学习目标

- ✔ 掌握文字的水平和垂直输入的技巧。
- ✔ 掌握文字图层的转换方法。
- ✔ 掌握文字的变形技巧。
- ✔ 掌握在路径上创建并编辑文字的方法。
- ✔ 掌握"字符"与"段落"控制面板的设置方法。

技能目标

- ✱ 掌握"文字效果"的制作方法。
- ✱ 掌握"房地产广告"的制作方法。

8.1 # 文字工具的使用

在 Photoshop CS6 中，文字工具包括"横排文字"工具、"直排文字"工具、"横排文字蒙版"工具和"直排文字蒙版"工具。应用文字工具可以实现对文字的输入和编辑。

8.1.1　文字工具

1."横排文字"工具

启用"横排文字"工具 T ，有以下几种方法。

● 单击工具箱中的"横排文字"工具 T 。

● 按 T 键。

启用"横排文字"工具 T ，属性栏的显示状态如图 8-1 所示。

图 8-1

在"横排文字"工具属性栏中，"更改文本方向"按钮 用于选择文字输入的方向； 方正大标宋 选项用于设定文字的字体及属性； 24点 选项用于设定字体的大小； aa 平滑 选项用于消除文字的锯齿，包括无、锐利、犀利、浑厚和平滑 5 个选项； 选项用于设定文字的段落格式，包括左对齐、居中对齐和右对齐 3 种格式； 按钮用于设置文字的颜色；"创建文字变形"按钮 用于对文字进行变形操作；"切换字符和段落面板"按钮 用于隐藏或打开"段落"和"字符"控制面板；"取消所有当前编辑"按钮 用于取消对文字的操作；"提交所有当前编辑"按钮 用于确定对文字的操作。

2."直排文字"工具

应用"直排文字"工具 IT 可以在图像中建立垂直文本。创建垂直文本工具属性栏和创建横排文字工具属性栏的功能基本相同。

3."横排文字蒙版"工具

应用"横排文字蒙版"工具 T 可以在图像中建立水平文本的选区。创建水平文本选区工具属性栏和创建横排文字工具属性栏的功能基本相同。

4."直排文字蒙版"工具

应用"直排文字蒙版"工具 IT 可以在图像中建立垂直文本的选区。创建垂直文本选区工具属性栏和创建横排文字工具属性栏的功能基本相同。

8.1.2　建立点文字图层

建立点文字图层就是以点的方式建立文字图层。

将"横排文字"工具 T 移动到图像窗口中，鼠标指针变为 图标。在图像窗口中单击，此时出现一个文字的插入点，如图 8-2 所示。输入需要的文字，文字会显示在图像窗口中，效果如图 8-3 所示。在输入文字的同时，"图层"控制面板中将自动生成一个新的文字图层，如图 8-4 所示。

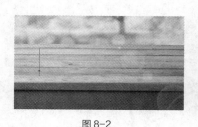

图 8-2

图 8-3

图 8-4

8.1.3 建立段落文字图层

建立段落文字图层就是以段落文本框的方式建立文字图层。下面，将具体讲解建立段落文字图层的方法。

将"横排文字"工具 T 移动到图像窗口中，鼠标指针变为 I 图标。单击并按住鼠标左键，移动鼠标在图像窗口中拖曳出一个段落文本框，如图 8-5 所示。此时，插入点显示在文本框的左上角，输入文字即可。段落文本框具有自动换行的功能，如果输入的文字较多，当文字宽度大于文本框宽度时，文字就会自动换到下一行显示，如图 8-6 所示。如果输入的文字需要分出段落，可以按 Enter 键进行操作。另外，还可以对文本框进行旋转、拉伸等操作。

图 8-5

图 8-6

8.1.4 消除文字锯齿

"消除锯齿"命令用于消除文字边缘的锯齿，得到比较光滑的文字效果。选择"消除锯齿"命令有以下几种方法。

● 应用菜单命令。选择"文字 > 消除锯齿"命令下拉菜单中的各个命令来消除文字锯齿，如图 8-7 所示。"无"命令表示不应用"消除锯齿"命令，此时，文字的边缘会出现锯齿；"锐利"命令用于对文字的边缘进行锐化处理；"犀利"命令用于使文字更加鲜明；"浑厚"命令用于使文字更加粗重；"平滑"命令用于使文字更加平滑。

● 应用"字符"控制面板。在"字符"控制面板中的"设置消除锯齿的方法"选项的下拉列表中选择消除文字锯齿的方法，如图 8-8 所示。

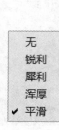

图 8-7

图 8-8

8.2 转换文字图层

在输入完文字后，可以根据设计制作的需要将文字进行一系列的转换。

8.2.1 将文字转换为路径

在图像中输入文字，如图 8-9 所示。选择"文字 > 创建工作路径"命令，在文字的边缘增加路径，如图 8-10 所示。

图 8-9   图 8-10

8.2.2 将文字转换为形状

在图像中输入文字，如图 8-11 所示。选择"文字 > 转换为形状"命令，在文字的边缘增加形状路径，如图 8-12 所示。在"图层"控制面板中，文字图层被形状图层所代替，如图 8-13 所示。

图 8-11   图 8-12   图 8-13

8.2.3 文字的横排与直排

在图像中输入横排文字，如图 8-14 所示。选择"文字 > 取向 > 垂直"命令，文字将从水平方向转换为垂直方向，如图 8-15 所示。

图 8-14   图 8-15

8.2.4 点文字图层与段落文字图层的转换

在图像中建立点文字图层，如图 8-16 所示。选择"文字 > 转换为段落文本"命令，点文字图层将转换为段落文字图层，如图 8-17 所示。

图 8-16   图 8-17

若要将建立的段落文字图层转换为点文字图层，则选择"文字 > 转换为点文本"命令即可。

8.3 文字变形效果

可以根据需要将输入完成的文字进行各种变形。打开一幅图像，按 T 键，选择"横排文字"工具 T ，在其属性栏中设置文字的属性，如图 8-18 所示，单击"横排文字"工具 T ，将鼠标指针移动到图像窗口中，鼠标指针将变成 I 图标。在图像窗口中单击，此时出现一个文字的插入点，输入需要的文字，文字将显示在图像窗口中，在"图层"控制面板中生成新的文字图层，效果如图 8-19 所示。

单击"横排文字"工具属性栏中的"创建文字变形"按钮 ，弹出"变形文字"对话框，如图 8-20 所示，其中"样式"选项中有 15 种文字的变形效果，如图 8-21 所示。

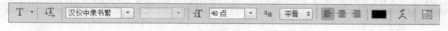

图 8-18

图 8-19   图 8-20   图 8-21

文字的多种变形效果，如图 8-22 所示。

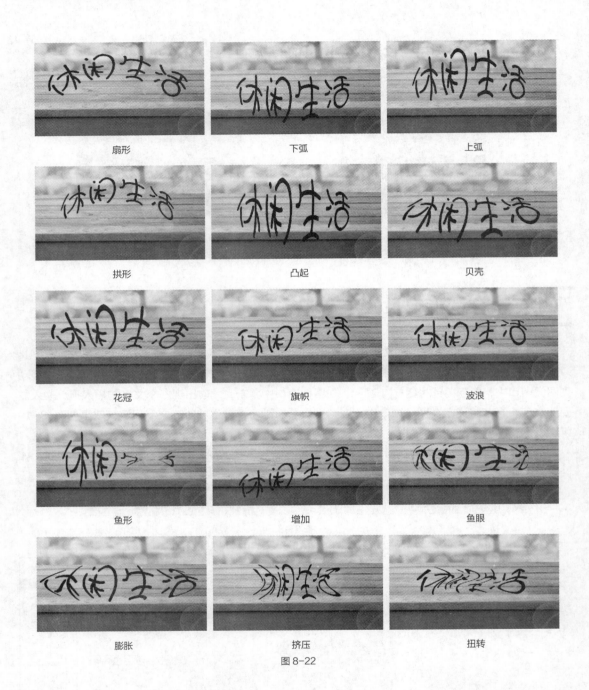

扇形 下弧 上弧

拱形 凸起 贝壳

花冠 旗帜 波浪

鱼形 增加 鱼眼

膨胀 挤压 扭转

图 8-22

8.4 沿路径排列文字

在 Photoshop CS6 中，可以把文本沿着路径放置，这样的文字还可以在 Illustrator 中直接编辑。

打开一幅图像，按 P 键，选择"钢笔"工具 ，在图像中绘制路径，如图 8-23 所示。

按 T 键，选择"横排文字"工具 T，在其属性栏中设置文字的属性，如图 8-24 所示。当鼠标光标停放在路径上时会变为 I 图标，单击路径会出现闪烁的光标，此处成为输入文字的起始点，如图 8-25 所示。输入的文字会按照路径的形状进行排列，效果如图 8-26 所示。

图 8-23

文字输入完成后，在"路径"控制面板中会自动生成文字路径层，如图 8-27 所示。取消"视图 >显示额外内容"命令的选中状态，可以隐藏文字路径，如图 8-28 所示。

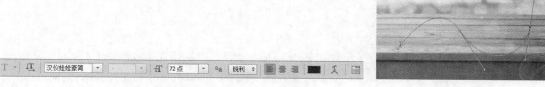

图 8-24

图 8-25

图 8-26

图 8-27

图 8-28

提示

"路径"控制面板中文字路径层与"图层"控制面板中相应的文字图层是相链接的，删除文字图层时，文字的路径层会自动被删除，删除其他工作路径不会对文字的排列有影响。如果要修改文字的排列形状，就需要对文字路径进行修改。

课堂案例——制作文字效果

案例学习目标

学习使用文字工具和"创建文字变形"按钮制作出需要的文字效果。

案例知识要点

使用"横排文字"工具和"创建文字变形"按钮制作文字变形，使用"椭圆"工具和"横排文字"工具创建路径文字，使用图层样式制作文字特殊效果，最终效果如图 8-29 所示。

图 8-29

扫码观看
本案例视频

扫码观看
扩展案例

效果所在位置

Ch08/效果/制作文字效果.psd。

（1）按 Ctrl+O 组合键，打开云盘中的"Ch08 > 素材 > 制作文字效果 > 01、02"文件，如图 8-30 所示。选择"移动"工具，将 02 图片拖曳到 01 图像窗口中适当的位置，效果如图 8-31 所示，在"图层"控制面板中生成新的图层并将其命名为"图片"。

图 8-30

图 8-31

（2）单击"图层"控制面板下方的"添加图层蒙版"按钮，为"图片"图层添加蒙版，如图 8-32 所示。将前景色设为黑色。选择"画笔"工具，在属性栏中单击"画笔"选项右侧的按钮，弹出画笔选择面板。在画笔选择面板中选择需要的画笔形状，选项的设置如图 8-33 所示。在图像窗口中擦除不需要的图像，效果如图 8-34 所示。

图 8-32

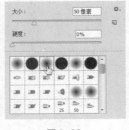

图 8-33

图 8-34

（3）将前景色设为蓝色（33、153、255），选择"横排文字"工具，在适当的位置输入需要的文字并选取文字，在属性栏中选择合适的字体并设置大小，按 Alt+向左方向键，调整文字间距，效果如图 8-35 所示，在"图层"控制面板中生成新的文字图层。单击"横排文字"工具属性栏中的"创建文字变形"按钮，弹出"变形文字"对话框，选项的设置如图 8-36 所示，单击"确定"按钮，文字效果如图 8-37 所示。

图 8-35

图 8-36

图 8-37

（4）单击"图层"控制面板下方的"添加图层样式"按钮 fx，在弹出的菜单中选择"斜面和浮雕"选项，弹出对话框，选项的设置如图 8-38 所示，单击"确定"按钮，图像效果如图 8-39 所示。

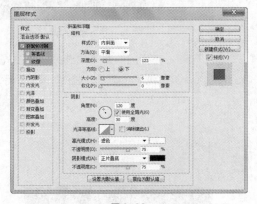
图 8-38

图 8-39

（5）单击"图层"控制面板下方的"添加图层样式"按钮 fx，在弹出的菜单中选择"颜色叠加"选项，弹出对话框，将"叠加颜色"设为蓝色（64、170、255），其他选项的设置如图 8-40 所示，单击"确定"按钮，效果如图 8-41 所示。

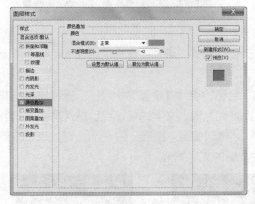
图 8-40

图 8-41

（6）单击"图层"控制面板下方的"添加图层样式"按钮 fx，在弹出的菜单中选择"图案叠加"选项，弹出对话框，单击"图案"选项右侧的按钮，弹出图案选择面板，单击面板右上方的按钮 ✿，在弹出的菜单中选择"彩色纸"选项，弹出提示对话框，单击"追加"按钮。在图案选择面板中选择需要的图案，如图 8-42 所示，其他选项的设置如图 8-43 所示，单击"确定"按钮，图像效果如

图 8-44 所示。

图 8-42

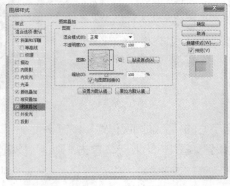
图 8-43

图 8-44

（7）单击"图层"控制面板下方的"添加图层样式"按钮 fx，在弹出的菜单中选择"外发光"命令，弹出对话框，将发光颜色设为黄色（235、233、182），其他选项的设置如图 8-45 所示，单击"确定"按钮，图像效果如图 8-46 所示。

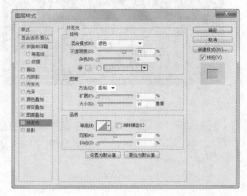
图 8-45

图 8-46

（8）选择"椭圆"工具 ○，在属性栏中的"选择工具模式"选项中选择"路径"，在图像窗口中绘制一个椭圆形路径，图像效果如图 8-47 所示。

（9）选择"横排文字"工具 T，在属性栏中选择合适的字体并设置文字大小。光标停放在椭圆形路径上时变为 ↧ 图标，单击会出现闪烁的光标，此处成为输入文字的起始点。输入需要的蓝色文字，效果如图 8-48 所示。选择"路径选择"工具 ▶，选取椭圆形路径，按 Enter 键，隐藏路径，文字效果如图 8-49 所示，在"图层"控制面板中生成新的文字图层。

图 8-47

图 8-48

图 8-49

（10）选中"PHOTOSHOP"文字图层，单击鼠标右键，在弹出的菜单中选择"拷贝图层样式"命令，选中"2015 Photoshop CC"文字图层，单击鼠标右键，在弹出的菜单中选择"粘贴图层样式"命令，效果如图 8-50 所示，文字效果制作完成，效果如图 8-51 所示。

图 8-50

图 8-51

8.5　字符与段落的设置

可以应用"字符"和"段落"控制面板对文字与段落进行编辑和调整。下面将具体讲解设置字符与段落的方法。

8.5.1　"字符"控制面板

Photoshop CS6 在处理文字方面较之以前的版本有飞跃性的突破。其中，"字符"控制面板可以用来编辑文本字符。

选择"窗口 > 字符"命令，弹出"字符"控制面板，如图 8-52 所示。

"设置字体系列"选项 方正大标宋... ：选中字符或文字图层，单击选项右侧的按钮 ，在弹出的下拉菜单中选择需要的字体。

"设置字体大小"选项 24点 ：选中字符或文字图层，在选项的数值框中输入数值，或单击选项右侧的按钮 ，在弹出的下拉菜单中选择需要的字体大小数值。

"垂直缩放"选项 100% ：选中字符或文字图层，在选项的数值框中输入数值，可以调整字符的长度，效果如图 8-53 所示。

图 8-52

数值为 100% 时的效果

数值为 150% 时的效果

数值为 200% 时的效果

图 8-53

"设置所选字符的比例间距"选项 0% ：选中字符或文字图层，在选项的数值框中选择百分比数值，可以对所选字符的比例间距进行细微的调整，效果如图 8-54 所示。

数值为 0%时的效果　　　　　　　　　　　数值为 100%时的效果

图 8-54

"设置所选字符的字距调整"选项：选中需要调整字距的文字段落或文字图层，在选项的数值框中输入数值，或单击选项右侧的按钮▼，在弹出的下拉菜单中选择需要的字距数值，可以调整文本段落的字距。输入正值时，字距加大；输入负值时，字距缩小，效果如图 8-55 所示。

数值为 0 时的效果　　　　　　　数值为 200 时的效果　　　　　　　数值为–100 时的效果

图 8-55

"设置基线偏移"选项A⁺₁ 0点 ：选中字符，在选项的数值框中输入数值，可以调整字符上下移动。输入正值时，横排的字符上移，直排的字符右移；输入负值时，横排的字符下移，直排的字符左移，效果如图 8-56 所示。

选中字符　　　　　　　　　数值为 10 时的效果　　　　　　　数值为–10 时的效果

图 8-56

"设定字符的形式"按钮 T *T* TT Tᵣ Tⁱ T₁ T̲ Ŧ：从左到右依次为"仿粗体"按钮 T 、"仿斜体"按钮 *T* 、"全部大写字母"按钮 TT 、"小型大写字母"按钮 Tᵣ 、"上标"按钮 Tⁱ 、"下标"按钮 T₁ 、"下划线"按钮 T̲ 和"删除线"按钮 Ŧ 。选中字符或文字图层，单击需要的形式按钮，各个形式效果如图 8-57 所示。

正常　　　　　　　　　　　仿粗体　　　　　　　　　　　仿斜体

图 8-57

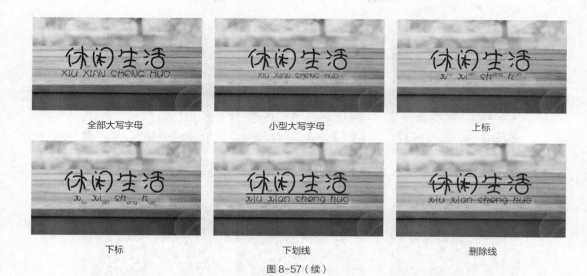

全部大写字母	小型大写字母	上标

下标	下划线	删除线

图 8-57（续）

"语言设置"选项 美国英语 ：单击选项右侧的按钮 ，在弹出的下拉菜单中选择需要的语言字典。选择字典主要用于拼写检查和连字的设定。

"设置字体样式"选项 ：选中字符或文字图层，单击选项右侧的按钮 ，在弹出的下拉菜单中选择需要的字体样式。

"设置行距"选项 (自动) ：选中需要调整行距的文字段落或文字图层，在选项的数值框中输入数值，或单击选项右侧的按钮 ，在弹出的下拉菜单中选择需要的行距数值，可以调整文本段落的行距，效果如图 8-58 所示。

数值为 24 时的效果	数值为 36 时的效果	数值为 60 时的效果

图 8-58

"水平缩放"选项 100% ：选中字符或文字图层，在选项的数值框中输入数值，可以调整字符的宽度，效果如图 8-59 所示。

"设置两个字符间的字距微调"选项 VA 0 ：使用文字工具在两个字符间单击，插入光标，在选项的数值框中输入数值，或单击选项右侧的按钮 ，在弹出的下拉菜单中选择需要的字距数值。输入正值时，字符的间距会加大；输入负值时，字符的间距会缩小，效果如图 8-60 所示。

"设置文本颜色"选项 颜色： ：选中字符或文字图层，在颜色框中单击，弹出"拾色器"对话框。在该对话框中设定需要的颜色后，单击"确定"按钮，可以改变文字的颜色。

数值为 100%时的效果

数值为 120%时的效果　　　数值为 150%时的效果

图 8-59

数值为 0 时的效果

数值为 200 时的效果

数值为-200 时的效果

图 8-60

"设置消除锯齿的方法"选项 aa 锐利 ：可以选择无、锐利、犀利、浑厚和平滑 5 种消除锯齿的方式，效果如图 8-61 所示。

PS PS PS PS PS

无　　　　　锐利　　　　犀利　　　　浑厚　　　　平滑

图 8-61

此外，单击"字符"控制面板右上方的图标 ，将弹出"字符"控制面板的下拉菜单，如图 8-62 所示，其中常用命令如下。

"更改文本方向"命令：用来改变文字的方向。

"仿粗体"命令：用来设置文本字符为粗体形式。

"仿斜体"命令：用来设置文本字符为斜体形式。

"全部大写字母"命令：用来设置所有字母为大写形式。

"小型大写字母"命令：用来设置字母为小的大写字母形式。

"上标"命令：用来设置字符为上角标。

"下标"命令：用来设置字符为下角标。

"下划线"命令：用来设置字符的下划线。

"删除线"命令：用来设置一条穿越字符的删除线。

"分数宽度"命令：用来设置字符的微小宽度。

图 8-62

"无间断"命令：用来设置字符为不间断。

"复位字符"命令：用于恢复"字符"控制面板的默认值。

8.5.2　课堂案例——制作房地产广告

案例学习目标

学习使用"横排文字"工具添加广告文字。

案例知识要点

使用绘图工具绘制插画背景，使用"横排文字"工具和图层样式制作标题文字，使用"直线"工具和"自定形状"工具绘制装饰图形，使用"横排文字"工具添加宣传文字，最终效果如图 8-63 所示。

图 8-63

扫码观看
本案例视频

扫码观看
扩展案例

效果所在位置

Ch08/效果/制作房地产广告.psd。

1. 绘制背景图形

（1）按 Ctrl + N 组合键，新建一个文件，宽度为 21 cm，高度为 29.7 cm，分辨率为 300 点每英寸（dpi），颜色模式为 RGB，背景内容为白色，单击"确定"按钮。

（2）按 Ctrl + O 组合键，打开云盘中的"Ch08 > 素材 > 制作房地产广告 > 01"文件，选择"移动"工具 ，将 01 图片拖曳到新建文件的适当位置，效果如图 8-64 所示，在"图层"控制面板中生成新的图层并将其命名为"楼盘"。

（3）新建图层并将其命名为"形状 1"。选择"钢笔"工具 ，在属性栏中的"选择工具模式"选项中选择"路径"，在图像窗口中绘制不规则路径。按 Ctrl + Enter 组合键，将路径转化为选区，效果如图 8-65 所示。

（4）选择"渐变"工具 ，单击属性栏中的"点按可编辑渐变"按钮 ，弹出"渐变编辑器"对话框，将渐变色设为从墨绿色（15、76、75）到绿色（41、133、134），如图 8-66 所示，单击"确定"按钮。按住 Shift 键的同时，在选区中从下向上拖曳渐变色，效果如图 8-67 所示。按 Ctrl + D 组合键，取消选区。

  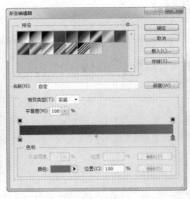 

图 8-64　　　　图 8-65　　　　　　　图 8-66　　　　　　　图 8-67

　　（5）将前景色设为绿色（104、175、41）。选择"钢笔"工具 ，在属性栏中的"选择工具模式"选项中选择"形状"，在图像窗口中绘制不规则图形，效果如图 8-68 所示，在"图层"控制面板中生成新的图层"形状 2"，如图 8-69 所示。

　　（6）将前景色设为蓝色（0、183、238）。选择"椭圆"工具 ，在属性栏中的"选择工具模式"选项中选择"形状"，按住 Shift 键的同时，在图像窗口中绘制圆形，效果如图 8-70 所示，在"图层"控制面板中生成新的图层"椭圆 1"。

图 8-68　　　　　　图 8-69　　　　　　　图 8-70

　　（7）在"图层"控制面板上方，将该图层的"不透明度"选项设为 34%，如图 8-71 所示，按 Enter 键确认操作，图像效果如图 8-72 所示。用相同的方法绘制其他圆形，填充适当的颜色并设置不透明度，图像效果如图 8-73 所示。

图 8-71　　　　　　图 8-72　　　　　　　图 8-73

2. 添加宣传文字和装饰图形

（1）将前景色设为白色。选择"横排文字"工具 T，在图像窗口中输入需要的文字并选取文字，在属性栏中选择合适的字体并设置大小，效果如图 8-74 所示，在"图层"控制面板中生成新的文字图层。单击"图层"控制面板下方的"添加图层样式"按钮 fx.，在弹出的菜单中选择"投影"命令，在弹出的对话框中进行设置，如图 8-75 所示，单击"确定"按钮，效果如图 8-76 所示。

| 图 8-74 | 图 8-75 | 图 8-76 |

（2）新建图层并将其命名为"直线"。选择"直线"工具 ∕，在属性栏中的"选择工具模式"选项中选择"像素"，将"粗细"选项设为 8 px。按住 Shift 键的同时，在图像窗口中拖曳鼠标绘制直线，效果如图 8-77 所示。选择"移动"工具 ，按住 Alt+Shift 组合键的同时，水平向右拖曳直线到适当的位置，复制直线，效果如图 8-78 所示。

| 图 8-77 | 图 8-78 |

（3）选择"横排文字"工具 T，在图像窗口中输入需要的文字并选取文字，在属性栏中选择合适的字体并设置文字大小，效果如图 8-79 所示，在"图层"控制面板中生成新的文字图层。

（4）单击"图层"控制面板下方的"添加图层样式"按钮 fx.，在弹出的菜单中选择"投影"命令，在弹出的对话框中进行设置，如图 8-80 所示，单击"确定"按钮，效果如图 8-81 所示。用相同的方法添加其他文字，效果如图 8-82 所示。

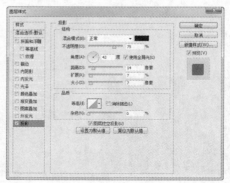

| 图 8-79 | 图 8-80 |

图 8-81　　　　　　　　　　　　　图 8-82

（5）按 Ctrl + O 组合键，打开云盘中的"Ch08 > 素材 > 制作房地产广告 > 02"文件，选择
"移动"工具 ，将 02 图片拖曳到图像窗口中适当的位置，效果如图 8-83 所示，在"图层"控制
面板中生成新的图层并将其命名为"花纹"。

（6）单击"图层"控制面板下方的"添加图层样式"按钮 ，在弹出的菜单中选择"投影"命
令，在弹出的对话框中进行设置，如图 8-84 所示，单击"确定"按钮，效果如图 8-85 所示。

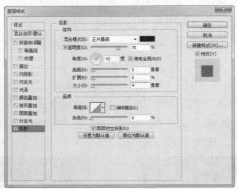

图 8-83　　　　　　　　　　　　图 8-84　　　　　　　　　　　　图 8-85

（7）将前景色设为金黄色（235、182、113）。选择"横排文字"工具 ，在图像窗口中输入
需要的文字并选取文字，在属性栏中选择合适的字体并设置大小，效果如图 8-86 所示，在"图层"
控制面板中生成新的文字图层。

（8）单击"图层"控制面板下方的"添加图层样式"按钮 ，在弹出的菜单中选择"投影"命
令，在弹出的对话框中进行设置，如图 8-87 所示，单击"确定"按钮，效果如图 8-88 所示。

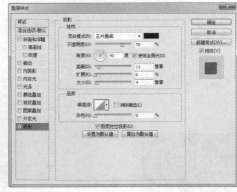

图 8-86　　　　　　　　　　　　图 8-87　　　　　　　　　　　　图 8-88

（9）新建图层并将其命名为"鸟"。将前景色设为黄绿色（224、245、142）。选择"自定形状"工具 ，单击属性栏中的"形状"选项，弹出"形状"面板，单击右上方的 ⚙. 按钮，在弹出的菜单中选择"动物"选项，弹出提示对话框，单击"追加"按钮。在面板中选择需要的图形，如图 8-89 所示。按住 Shift 键的同时，在图像窗口中拖曳鼠标绘制图形，效果如图 8-90 所示。

（10）按 Ctrl+T 组合键，在图像周围出现变换框，将变换框放在控制手柄的外边，光标将变为旋转图标 ↰，拖曳鼠标将图形旋转到适当的角度；拖曳右侧中间和下方中间的控制手柄，调整图形，按 Enter 键确认操作，效果如图 8-91 所示。

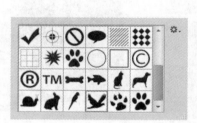

图 8-89

图 8-90

图 8-91

（11）在"图层"控制面板上方，将"鸟"图层的"不透明度"选项设为 31%，如图 8-92 所示，按 Enter 键确认操作，图像效果如图 8-93 所示。选择"移动"工具 ⊹，按住 Alt 键的同时，向上拖曳鼠标复制图像，并调整其大小，效果如图 8-94 所示，在"图层"控制面板中生成新的图层"鸟 副本"。

图 8-92

图 8-93

图 8-94

（12）将前景色设为白色。选择"横排文字"工具 T.，在图像窗口中分别输入需要的文字并选取文字，在属性栏中分别选择合适的字体并设置大小，效果如图 8-95 所示，在"图层"控制面板中分别生成新的文字图层。

（13）选择"直线"工具 ╱，在属性栏中的"选择工具模式"选项中选择"形状"，将"粗细"选项设为 5 px，按住 Shift 键的同时，在图像窗口中拖曳鼠标绘制直线，效果如图 8-96 所示。

图 8-95

图 8-96

（14）按 Ctrl＋O 组合键，打开云盘中的"Ch08＞素材 ＞ 制作房地产广告 ＞03"文件，选择"移动"工具 ，将 03 图片拖曳到图像窗口中适当的位置，效果如图 8-97 所示，在"图层"控制面板中生成新的图层并将其命名为"LOGO"。

（15）选择"横排文字"工具 ，在图像窗口中分别输入需要的文字并选取文字，在属性栏中分别选择合适的字体并设置大小，效果如图 8-98 所示，在"图层"控制面板中分别生成新的文字图层。房地产广告制作完成，效果如图 8-99 所示。

图 8-97

图 8-98

图 8-99

8.5.3 "段落"控制面板

"段落"控制面板可以用来编辑文本段落。下面具体介绍"段落"控制面板的内容。

选择"窗口 ＞ 段落"命令，弹出"段落"控制面板，如图 8-100 所示。

在"段落"控制面板中， 选项用来调整文本段落中每行对齐的方式， 表示左对齐文本， 表示居中对齐文本， 表示右对齐文本； 选项用来调整段落的对齐方式， 表示最后一行左对齐， 表示最后一行居中对齐， 表示最后一行右对齐； 选项用来设置整个段落中的行两端对齐，表示全部对齐。

另外，通过输入数值还可以调整段落文字的左缩进 、右缩进 、首行文字的缩进 、段落前的间距 和段落后的间距 。

"避头尾法则设置"和"间距组合设置"选项可以用来设置段落的样式；"连字"选项用来确定文字是否与连字符连接。

"左缩进"选项 ：用来设置段落左端的缩进量。

"右缩进"选项 ：用来设置段落右端的缩进量。

"首行缩进"选项 ：用来设置段落第一行的左端缩进量。

"段前添加空格"选项 ：用来设置当前段落与前一段落的距离。

"段后添加空格"选项 ：用来设置当前段落与后一段落的距离。

此外，单击"段落"控制面板右上方的图标 ，还可以弹出"段落"控制面板的下拉菜单，如图 8-101 所示。

"罗马式溢出标点"命令：为罗马悬挂标点。

图 8-100

图 8-101

"顶到顶行距"命令：用于设置段落行距为两行文字顶部之间的距离。

"底到底行距"命令：用于设置段落行距为两行文字底部之间的距离。

"对齐"命令：用于调整段落中文字的对齐方式。

"连字符连接"命令：用于设置连字符。

"单行书写器"命令：为单行编辑器。

"多行书写器"命令：为多行编辑器。

"复位段落"命令：用于恢复"段落"控制面板的默认值。

课后习题——制作运动鞋促销海报

🔗 习题知识要点

使用"文字变形"命令将文字变形，使用"添加图层蒙版"按钮和"画笔"工具绘制音符效果，最终效果如图 8-102 所示。

图 8-102

扫码观看
本案例视频

📂 效果所在位置

Ch08/效果/制作运动鞋促销海报.psd。

09

第 9 章
图形与路径

本章介绍

Photoshop CS6 的图形绘制功能非常强大。本章将详细讲解 Photoshop CS6 的绘图功能和应用技巧。读者通过学习本章要能够根据设计制作任务的需要，绘制出精美的图形，并能为绘制的图形添加丰富的视觉效果。

学习目标

- ✔ 熟练掌握绘图工具的使用方法。
- ✔ 熟练掌握路径的绘制和选取方法。
- ✔ 熟练掌握路径的添加、删除和转换方法。
- ✔ 了解创建 3D 图形和使用 3D 工具的方法。

技能目标

- ✱ 掌握"炫彩图标"的制作方法。
- ✱ 掌握"路径特效"的制作方法。

9.1　绘制图形

路径工具极大地加强了 Photoshop CS6 处理图像的能力，它可以用来绘制路径、层剪切路径和填充区域。

9.1.1　"矩形"工具的使用

"矩形"工具可以用来绘制矩形或正方形。启用"矩形"工具 ▣，有以下几种方法。

● 单击工具箱中的"矩形"工具 ▣。

● 反复按 Shift+U 组合键。

启用"矩形"工具 ▣，属性栏的显示状态如图 9-1 所示。

图 9-1

形状 ⬦ 选项：用于选择创建路径形状、创建工作路径或填充区域。

填充：■ 描边：／ 3点 ▾ ── 选项：用于设置矩形的填充色、描边色、描边宽度和描边类型。

W:□ ᴄᴏ H:□：用于设置矩形的宽度和高度。

▣ ᴇ ᴇ 按钮：用于设置路径的组合方式、对齐方式和排列方式。

⚙ 按钮：用于设定所绘制矩形的形状。

"对齐边缘"选项：用于设定边缘是否对齐。

打开一幅图像，如图 9-2 所示。在图像中绘制矩形，效果如图 9-3 所示，"图层"控制面板如图 9-4 所示。

图 9-2

图 9-3

图 9-4

9.1.2　"圆角矩形"工具的使用

"圆角矩形"工具可以用来绘制具有平滑边缘的矩形。启用"圆角矩形"工具 ▢，有以下几种方法。

● 单击工具箱中的"圆角矩形"工具 ▢。

● 反复按 Shift+U 组合键。

启用"圆角矩形"工具 ▢，属性栏的显示状态如图 9-5 所示。其属性栏中的选项内容与"矩形"工具属性栏中的选项内容类似，只增加了"半径"选项，用于设定圆角矩形的平滑程度，半径数值越大，圆角矩形越平滑。

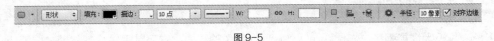

图9-5

打开一幅图像，如图9-6所示。将"半径"选项设为40 px，在图像中绘制圆角矩形，效果如图9-7所示，"图层"控制面板如图9-8所示。

图9-6   图9-7   图9-8

9.1.3 "椭圆"工具的使用

"椭圆"工具可以用来绘制椭圆形或正圆形。启用"椭圆"工具 ◉，有以下几种方法。

● 单击工具箱中的"椭圆"工具 ◉。

● 反复按 Shift+U 组合键。

启用"椭圆"工具 ◉，属性栏的显示状态如图9-9所示。其属性栏中的选项内容与"矩形"工具属性栏中的选项内容类似。

图9-9

打开一幅图像，如图9-10所示。在图像上绘制椭圆形，效果如图9-11所示，"图层"控制面板如图9-12所示。

图9-10   图9-11   图9-12

9.1.4 "多边形"工具的使用

"多边形"工具可以用来绘制多边形或正多边形。启用"多边形"工具 ◉，有以下几种方法。

- 单击工具箱中的"多边形"工具⬤。
- 反复按 Shift+U 组合键。

启用"多边形"工具⬤，属性栏的显示状态如图 9-13 所示。其属性栏中的选项内容与"矩形"工具属性栏中的选项内容类似，只增加了"边"选项，用于设定多边形的边数。

图 9-13

打开一幅图像，如图 9-14 所示。单击属性栏中的⚙按钮，在弹出的面板中进行设置，如图 9-15 所示。在图像中绘制多边形，效果如图 9-16 所示，"图层"控制面板如图 9-17 所示。

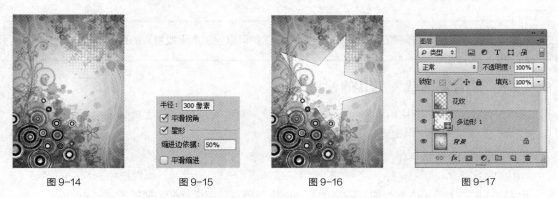

图 9-14   图 9-15   图 9-16   图 9-17

9.1.5   "直线"工具的使用

"直线"工具可以用来绘制直线或带有箭头的线段。启用"直线"工具╱，有以下几种方法。
- 单击工具箱中的"直线"工具╱。
- 反复按 Shift+U 组合键。

启用"直线"工具╱，属性栏的显示状态如图 9-18 所示。其属性栏中的选项内容与"矩形"工具属性栏中的选项内容类似，只增加了"粗细"选项，用于设定直线的宽度。

单击属性栏中的按钮⚙，弹出"箭头"面板，如图 9-19 所示。

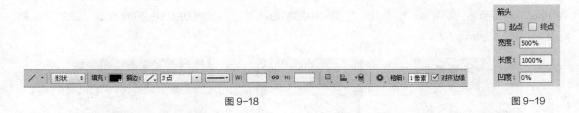

图 9-18   图 9-19

在"箭头"面板中，"起点"选项用于选择箭头位于线段的始端；"终点"选项用于选择箭头位于线段的末端；"宽度"选项用于设定箭头宽度和线段宽度的比值；"长度"选项用于设定箭头长度和线段长度的比值；"凹度"选项用于设定箭头凹凸的形状。

打开一幅图像，如图 9-20 所示。在图像中绘制不同效果的直线，如图 9-21 所示。"图层"控制面板如图 9-22 所示。

图 9-20

图 9-21

图 9-22

技巧

按住 Shift 键的同时，应用"直线"工具可以绘制水平或垂直的直线。

9.1.6 "自定形状"工具的使用

"自定形状"工具可以用来绘制一些自定义的图形。启用"自定形状"工具 ，有以下几种方法。

● 单击工具箱中的"自定形状"工具 。

● 反复按 Shift+U 组合键。

启用"自定形状"工具 ，属性栏的显示状态如图 9-23 所示。其属性栏中的选项内容与"矩形"工具属性栏中的选项内容类似，只增加了"形状"选项，用于选择所需的形状。

单击"形状"选项右侧的按钮 ，弹出图 9-24 所示的形状选择面板，面板中存储了可供选择的各种不规则形状。

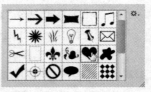

图 9-23

图 9-24

打开一幅图像，如图 9-25 所示。在图像中绘制形状图形，效果如图 9-26 所示，"图层"控制面板如图 9-27 所示。

图 9-25

图 9-26

图 9-27

可以应用"定义自定形状"命令来制作并定义形状。使用"自定形状"工具 ，在图像窗口中绘制形状，效果如图 9-28 所示。选择"编辑 > 定义自定形状"命令，弹出"形状名称"对话框，在"名称"选项的文本框中输入自定形状的名称，如图 9-29 所示。单击"确定"按钮，在形状选择面板中将会显示刚才定义的形状，如图 9-30 所示。

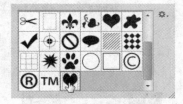

图 9-28   图 9-29   图 9-30

9.1.7 课堂案例——制作炫彩图标

案例学习目标

学习使用不同的绘图工具绘制各种图形。

案例知识要点

使用绘图工具绘制插画背景效果，使用"椭圆"工具和"多边形"工具绘制标志图形，使用图层样式制作标志图形，最终效果如图 9-31 所示。

扫码观看
本案例视频

扫码观看
扩展案例

图 9-31

效果所在位置

Ch09/效果/制作炫彩图标.psd。

（1）按 Ctrl+O 组合键，打开云盘中的"Ch09 > 素材 > 制作炫彩图标 > 01"文件，如图 9-32 所示。新建图层并将其命名为"图形 1"。将前景色设为黄色（255、255、51）。选择"椭圆"工具 ，在其属性栏中的"选择工具模式"选项中选择"像素"，按住 Shift 键的同时，在图像窗口中拖曳鼠标绘制圆形，效果如图 9-33 所示。

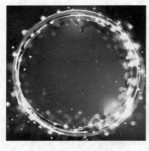

图 9-32

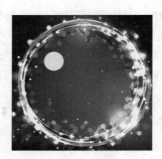

图 9-33

（2）用相同的方法再绘制两个圆形，效果如图 9-34 所示。在"图层"控制面板上方，将该图层的"填充"选项设为 80%，如图 9-35 所示，按 Enter 键确认操作，效果如图 9-36 所示。

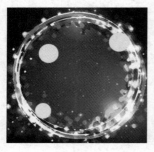

图 9-34

图 9-35

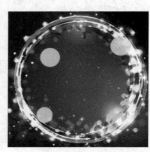

图 9-36

（3）新建图层并将其命名为"图形 2"。将前景色设为黄绿色（204、255、51）。选择"椭圆"工具，按住 Shift 键的同时，在图像窗口中拖曳鼠标绘制 3 个圆形，效果如图 9-37 所示。在"图层"控制面板上方，将该图层的"填充"选项设为 60%，按 Enter 键确认操作，效果如图 9-38 所示。

（4）新建图层并将其命名为"图形 3"。将前景色设为蓝紫色（204、102、255）。选择"椭圆"工具，按住 Shift 键的同时，在图像窗口中拖曳鼠标绘制 3 个圆形，效果如图 9-39 所示。在"图层"控制面板上方，将该图层的"填充"选项设为 70%，按 Enter 键确认操作，效果如图 9-40 所示。

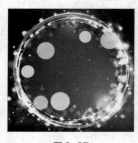

图 9-37

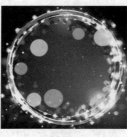

图 9-38

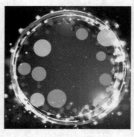

图 9-39

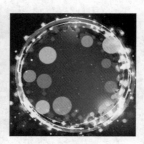

图 9-40

（5）新建图层并将其命名为"图形 4"。将前景色设为蓝色（32、130、193）。选择"自定形状"工具，单击其属性栏中"形状"选项右侧的按钮，弹出"形状"面板。单击面板右上方的按

钮 ⚙，在弹出的菜单中选择"污渍矢量包"选项，弹出提示对话框，单击"追加"按钮。在形状选择面板中选择需要的图形，如图 9-41 所示。在属性栏中的"选择工具模式"选项中选择"像素"，按住 Shift 键的同时，在图像窗口中拖曳鼠标绘制图形，效果如图 9-42 所示。

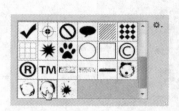

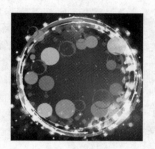

图 9-41

图 9-42

（6）新建图层并将其命名为"图形 5"。将前景色设为橘红色（208、88、15）。选择"自定形状"工具 ，单击其属性栏中"形状"选项右侧的按钮，弹出形状选择面板，选择需要的图形，如图 9-43 所示。按住 Shift 键的同时，在图像窗口中拖曳鼠标绘制图形，效果如图 9-44 所示。

（7）新建图层。将前景色设为蓝色（31、133、199）。选择"椭圆"工具 ，按住 Shift 键的同时，在图像窗口中拖曳鼠标绘制圆形，效果如图 9-45 所示。新建图层。选择"多边形"工具 ，在其属性栏中"选择工具模式"选项中选择"像素"，"边"选项设为 3。在图像窗口中拖曳鼠标绘制三角形，效果如图 9-46 所示。

（8）按 Ctrl+T 组合键，图形周围出现变换框，如图 9-47 所示。向左拖曳变换框右侧中间的控制手柄到适当的位置，按 Enter 键确认操作，效果如图 9-48 所示。选中"图层 1"，按住 Shift 键的同时，单击"图层 2"，将两个图层同时选取。按 Ctrl+E 组合键，合并图层并将其命名为"形状"。

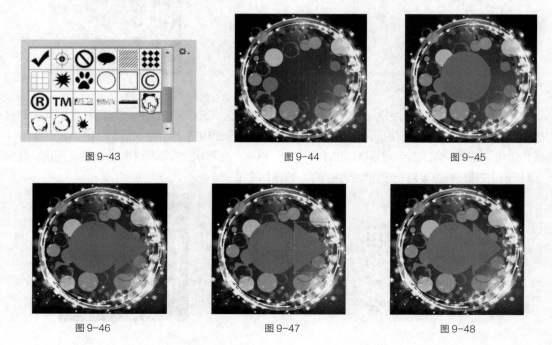

图 9-43

图 9-44

图 9-45

图 9-46

图 9-47

图 9-48

（9）单击"图层"控制面板下方的"添加图层样式"按钮 fx，在弹出的菜单中选择"投影"命令，在弹出的对话框中进行设置，如图 9-49 所示。选择"斜面和浮雕"选项，切换到相应的对话框，其他选项的设置如图 9-50 所示。

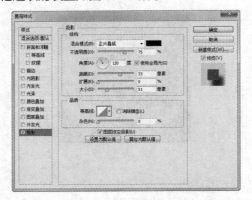

图 9-49

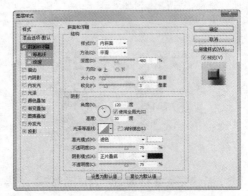

图 9-50

（10）选择"描边"选项，切换到相应的对话框，设置描边颜色为白色，其他选项的设置如图 9-51 所示。单击"确定"按钮，效果如图 9-52 所示。

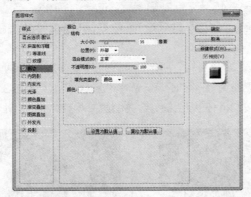

图 9-51

图 9-52

（11）新建图层并将其命名为"鸟"。将前景色设为白色。选择"自定形状"工具 ，单击其属性栏中"形状"选项右侧的按钮 ，弹出形状选择面板。单击面板右上方的按钮 ，在弹出的菜单中选择"动物"选项，弹出提示对话框，单击"追加"按钮。在形状选择面板中选择需要的图形，如图 9-53 所示。在图像窗口中拖曳鼠标绘制图形，效果如图 9-54 所示。

图 9-53

图 9-54

（12）单击"图层"控制面板下方的"添加图层样式"按钮 fx，在弹出的菜单中选择"斜面和浮雕"命令，弹出对话框，设置如图 9-55 所示。选择"外发光"选项，切换到相应的对话框，选项的设置如图 9-56 所示，单击"确定"按钮，效果如图 9-57 所示。炫彩图标制作完成，如图 9-58 所示。

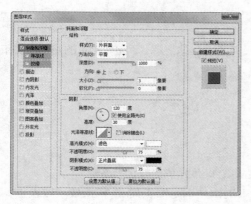

图 9-55

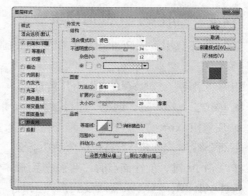

图 9-56

图 9-57

图 9-58

9.2 绘制和选取路径

路径对于 Photoshop CS6 高手来说确实是一个非常得力的助手。使用路径可以进行复杂图像的选取，还可以存储选取区域以备再次使用，更可以绘制线条平滑的优美图形。

9.2.1 了解路径的含义

路径及路径的有关概念如图 9-59 所示。

锚点：由"钢笔"工具创建，是一个路径中两条线段的交点。路径是由锚点组成的。

直线点：按住 Alt 键，单击刚建立的锚点，可以将锚点转换为带有一个独立调节手柄的直线锚点。直线锚点是一条直线段与一条曲线段的连接点。

曲线点：曲线点是带有两个独立调节手柄的锚点，是两条

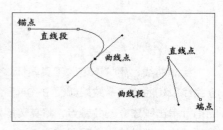

图 9-59

曲线段之间的连接点。调节手柄可以改变曲线的弧度。

直线段：用"钢笔"工具在图像中单击两个不同的位置，将在两点之间创建一条直线段。

曲线段：拖曳曲线点可以创建一条曲线段。

端点：路径的结束点就是路径的端点。

9.2.2 "钢笔"工具的使用

"钢笔"工具用于在 Photoshop CS6 中绘制路径。下面，具体讲解"钢笔"工具的使用方法和操作技巧。

启用"钢笔"工具 ![pen]，有以下几种方法。

● 单击工具箱中的"钢笔"工具 ![pen]。

● 反复按 Shift+P 组合键。

下面介绍与"钢笔"工具相配合的功能键。

按住 Shift 键，创建锚点时，会强迫系统以 45 度角或 45 度角的倍数绘制路径。

按住 Alt 键，当鼠标指针移到锚点上时，指针暂时由"钢笔"工具 ![pen] 转换成"转换点"工具 ![convert]。

按住 Ctrl 键，鼠标指针暂时由"钢笔"工具 ![pen] 转换成"直接选择"工具 ![select]。

绘制直线段：建立一个新的图像文件，选择"钢笔"工具 ![pen]，在其属性栏中"选择工具模式"选项中选择"路径"，这样使用"钢笔"工具 ![pen] 绘制的将是路径。如果选择"形状"，将绘制出形状图层。勾选"自动添加/删除"复选框，"钢笔"工具的属性栏如图 9-60 所示。

图 9-60

在图像中任意位置单击，将创建出第 1 个锚点。将鼠标指针移动到其他位置再单击，则创建第 2 个锚点。两个锚点之间自动以直线连接，效果如图 9-61 所示。再将鼠标指针移动到其他位置单击，将出现第 3 个锚点，系统将在第 2 个和第 3 个锚点之间生成一条新的直线路径，效果如图 9-62 所示。

将鼠标指针移至第 2 个锚点上，会发现指针现在由"钢笔"工具图标 ![pen] 转换成了"删除锚点"工具图标 ![delete]。在第 2 个锚点上单击，即可将第 2 个锚点删除，效果如图 9-63 所示。

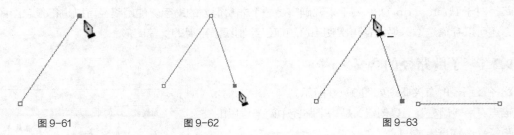

图 9-61　　　　　　　　图 9-62　　　　　　　　图 9-63

绘制曲线：用"钢笔"工具图标 ![pen] 形的指针单击建立新的锚点并按住鼠标左键，拖曳鼠标，建立曲线段和曲线点，效果如图 9-64 所示。松开鼠标左键，按住 Alt 键，用"钢笔"工具图标 ![pen] 形的指针单击刚建立的曲线点，将其转换为直线点，在其他位置再次单击建立下一个新的锚点，可在曲线段后绘制出直线段，效果如图 9-65 所示。

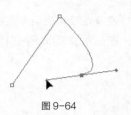

图 9-64

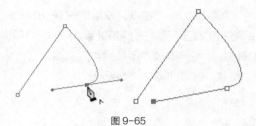

图 9-65

9.2.3　"自由钢笔"工具的使用

"自由钢笔"工具用于在 Photoshop CS6 中绘制不规则路径。下面，将具体讲解"自由钢笔"工具的使用方法和操作技巧。

启用"自由钢笔"工具 ，有以下几种方法。

● 单击工具箱中的"自由钢笔"工具 。

● 反复按 Shift+P 组合键。

在 Photoshop CS6 中打开一张图像，如图 9-66 所示。启用"自由钢笔"工具 ，对其属性栏进行设定，如图 9-67 所示，勾选"磁性的"复选框。

图 9-66

图 9-67

在图像的左上方单击确定最初的锚点，然后沿图像小心地拖曳鼠标并单击，确定其他的锚点，如图 9-68 所示。可以看到在选择中误差比较大，但只需要使用其他几个路径工具对路径进行一番修改和调整，就可以补救过来，最终效果如图 9-69 所示。

图 9-68

图 9-69

9.2.4　"添加锚点"工具的使用

"添加锚点"工具用于在路径上添加新的锚点。将"钢笔"工具图标 形的指针移动到建立好的路径上，若当前该处没有锚点，则鼠标指针由"钢笔"工具图标 转换成"添加锚点"工具图标 ，在路径上单击可以添加一个锚点，效果如图 9-70 所示。

　　将"钢笔"工具图标 形的指针移动到建立好的路径上，若当前该处没有锚点，则鼠标指针由"钢笔"工具图标 转换成"添加锚点"工具图标 ，单击并按住鼠标左键，向上拖曳鼠标，建立曲线段和曲线点，效果如图 9-71 所示。

图 9-70　　　　　　　　　　　　　　　　　　　　　　图 9-71

也可以使用工具箱中的"添加锚点"工具 来完成锚点的添加。

9.2.5　"删除锚点"工具的使用

　　"删除锚点"工具用于删除路径上已经存在的锚点。下面，将具体讲解"删除锚点"工具的使用方法和操作技巧。

　　将"钢笔"工具图标 形的指针放到路径的锚点上，则鼠标指针由"钢笔"工具图标 转换成"删除锚点"工具图标 ，单击锚点将其删除，效果如图 9-72 所示。

　　将"钢笔"工具图标 形的指针放到曲线路径的锚点上，则"钢笔"工具图标 转换成"删除锚点"工具图标 ，单击锚点将其删除，效果如图 9-73 所示。

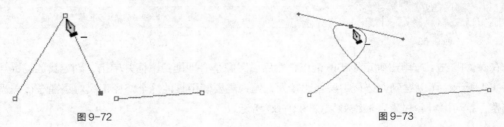

图 9-72　　　　　　　　　　　　　　　　　　　　图 9-73

9.2.6　"转换点"工具的使用

　　使用"转换点"工具 ，通过单击或拖曳锚点可将其转换成直线点或曲线点，拖曳锚点上的调节手柄可以改变线段的弧度。

　　下面介绍与"转换点"工具 相配合的功能键。

　　按住 Shift 键，拖曳其中一个锚点，会强迫手柄以 45 度角或 45 度角的倍数进行改变。

　　按住 Alt 键，拖曳手柄，可以任意改变两个调节手柄中的一个，而不影响另一个手柄的位置。

　　按住 Alt 键，拖曳路径中的线段，会先复制已经存在的路径，再把复制后的路径拖曳到预定的位置。

　　下面，将运用路径工具创建一个扑克牌中的红桃图形。

　　建立一个新文件，选择"钢笔"工具 ，在页面中单击绘制出需要图案的路径，当要闭合路径时鼠标指针变为图标 ，单击即可闭合路径。完成了三角形的图案，如图 9-74 所示。

选择"转换点"工具 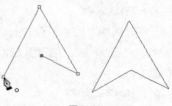，首先改变右上角的锚点，单击锚点并将其向左上方拖曳形成曲线点，路径的效果如图 9-75 所示。使用同样的方法将左边的锚点变为曲线点，路径的效果如图 9-76 所示。

使用"钢笔"工具 在图像中绘制出心形图形，如图 9-77 所示。

图 9-74

图 9-75

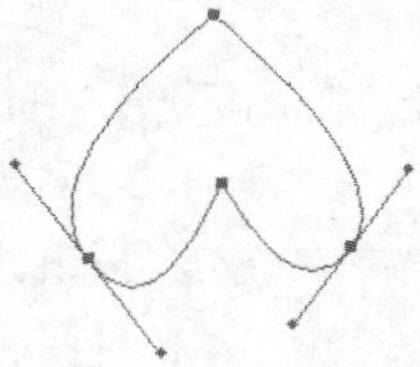

图 9-76

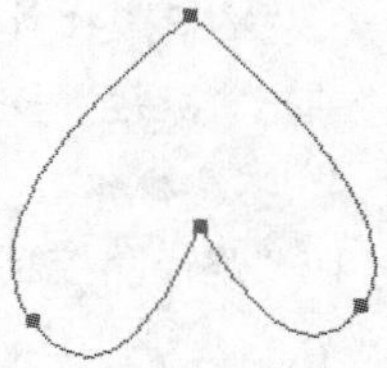

图 9-77

9.2.7 "路径选择"工具的使用

"路径选择"工具用于选择一个或几个路径并对其进行移动、组合、对齐、分布和变形。启用"路径选择"工具 ，有以下几种方法。

● 单击工具箱中的"路径选择"工具 。

● 反复按 Shift+A 组合键。

启用"路径选择"工具 ，属性栏的显示状态如图 9-78 所示。

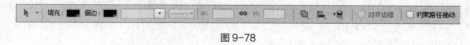

图 9-78

9.2.8 "直接选择"工具的使用

"直接选择"工具用于移动路径中的锚点或线段，还可以用来调整手柄和控制点。启用"直接选择"工具 ，有以下几种方法。

● 单击工具箱中的"直接选择"工具 。

● 反复按 Shift+A 组合键。

启用"直接选择"工具 ，拖曳路径中的锚点来改变路径的弧度，如图 9-79 所示。

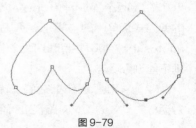

图 9-79

9.3 "路径"控制面板

"路径"控制面板用于对路径进行编辑和管理。下面将具体讲解"路径"控制面板的使用方法和操作技巧。

9.3.1 认识"路径"控制面板

在新文件中绘制一条路径，选择"窗口 > 路径"命令，弹出"路径"控制面板，如图 9-80 所示。

1. 系统按钮

在"路径"控制面板的上方有两个系统按钮 ，分别是"显示/隐藏"按钮和"关闭"按钮。单击"显示/隐藏"按钮可以显示或隐藏"路径"控制面板，单击"关闭"按钮可以关闭"路径"控制面板。

2. 路径放置区

路径放置区用于放置所有的路径。

3. "路径"控制面板菜单

单击"路径"控制面板右上方的图标 ，弹出其下拉命令菜单，如图 9-81 所示。

4. 工具按钮

在"路径"控制面板的底部有 7 个工具按钮，如图 9-82 所示。

图 9-80

图 9-81

图 9-82

这 7 个工具按钮从左到右依次为"用前景色填充路径"按钮 、"用画笔描边路径"按钮 、"将路径作为选区载入"按钮 、"从选区生成工作路径"按钮 、"添加蒙版"按钮 、"创建新路径"按钮 和"删除当前路径"按钮 。

（1）"用前景色填充路径"按钮 。单击此工具按钮，会对当前选中路径进行填充，填充的对象包括当前路径的所有子路径及不连续的路径线段；如果选定了路径中的一部分，"路径"控制面板的弹出式菜单中的"填充路径"命令将变为"填充子路径"命令；如果被填充的路径为开放路径，Photoshop CS6 将自动把两个端点以直线段的方式连接然后进行填充；如果只有一条开放的路径，则不能进行填充。

（2）"用画笔描边路径"按钮 。单击此按钮，系统将使用当前的颜色和当前在"描边路径"对话框中设定的工具对路径进行勾画。

（3）"将路径作为选区载入"按钮 。该按钮用于把当前路径所圈选的范围转换成为选择区域，单击此工具按钮，即可进行转换。按住 Alt 键，再单击此工具按钮，或选择弹出式菜单中的"建立选区"命令，系统会弹出"建立选区"对话框。

（4）"从选区生成工作路径"按钮 。该按钮用于把当前的选择区域转换成路径，单击此工具按钮，即可进行转换。按住 Alt 键，再单击此工具按钮，或选择弹出式菜单中的"建立工作路径"命令，系统会弹出"建立工作路径"对话框。

（5）"添加蒙版"按钮 。该按钮用于为当前图层添加蒙版。

（6）"创建新路径"按钮 。该按钮用于创建一个新的路径，单击此工具按钮，可以创建一个新的路径。按住 Alt 键，再单击此工具按钮，或选择弹出式菜单中的"新建路径"命令，系统会弹出

"新建路径"对话框。

（7）"删除当前路径"按钮 🗑。该按钮用于删除当前路径，直接拖曳"路径"控制面板中的一个路径到此工具按钮上，便可将整个路径全部删除。此工具按钮与弹出式菜单中的"删除路径"命令的作用相同。

9.3.2 新建路径

在操作的过程中，可以根据需要建立新的路径。新建路径，有以下几种方法。

● 使用"路径"控制面板弹出式菜单。单击"路径"控制面板右上方的图标 ▾≡，弹出其下拉命令菜单。在弹出式菜单中选择"新建路径"命令，弹出"新建路径"对话框，如图 9-83 所示。"名称"选项用于设定新路径的名称，单击"确定"按钮，"路径"控制面板如图 9-84 所示。

● 使用"路径"控制面板按钮或快捷键。单击"路径"控制面板中的"创建新路径"按钮 🗐，可创建一个新路径。按住 Alt 键，单击"路径"控制面板中的"创建新路径"按钮 🗐，弹出"新建路径"对话框，如图 9-83 所示。

图 9-83

图 9-84

9.3.3 保存路径

"保存路径"命令用于保存已经建立并编辑好的路径。

建立新图像，用"钢笔"工具 ✐ 直接在图像上绘制出路径，如图 9-85 所示，在"路径"控制面板中产生了一个临时的工作路径，如图 9-86 所示。单击"路径"控制面板右上方的图标 ▾≡，弹出其下拉命令菜单。在弹出式菜单中选择"存储路径"命令，弹出"存储路径"对话框，如图 9-87 所示，"名称"选项用于设定保存路径的名称，单击"确定"按钮，"路径"控制面板如图 9-88 所示。

图 9-85   图 9-86   图 9-87   图 9-88

9.3.4 复制、删除、重命名路径

可以对路径进行复制、删除和重命名。

1. 复制路径

复制路径，有以下几种方法。

● 使用"路径"控制面板弹出式菜单。单击"路径"控制面板右上方的图标 ，弹出其下拉命令菜单。在弹出式菜单中选择"复制路径"命令，弹出"复制路径"对话框，如图 9-89 所示。"名称"选项用于设定复制路径的名称，单击"确定"按钮，"路径"控制面板如图 9-90 所示。

● 使用"路径"控制面板按钮。将"路径"控制面板中需要复制的路径拖放到下面的"创建新路径"按钮 上，就可以将所选的路径复制为一个新路径。

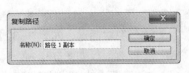

图 9-89　　　　　　　　　　　　　　　　　　　　　　图 9-90

2. 删除路径

删除路径，有以下几种方法。

● 使用"路径"控制面板弹出式菜单。单击"路径"控制面板右上方的图标 ，弹出其下拉命令菜单。在弹出式菜单中选择"删除路径"命令，将路径删除。

● 使用"路径"控制面板中的按钮。选择需要删除的路径，单击"路径"控制面板中的"删除当前路径"按钮 ，将选择的路径删除，或将需要删除的路径拖放到"删除当前路径"按钮 上，将路径删除。

3. 重命名路径

"路径"控制面板如图 9-91 所示，双击"路径"控制面板中的路径名，出现重命名路径文本框，如图 9-92 所示，改名后按 Enter 键即可，效果如图 9-93 所示。

图 9-91　　　　　　　　　图 9-92　　　　　　　　　图 9-93

9.3.5　选区和路径的转换

在"路径"控制面板中，可以将选区和路径相互转换。下面，将具体讲解选区和路径相互转换的方法和技巧。

1. 将选区转换成路径

将选区转换成路径，有以下几种方法。

● 使用"路径"控制面板弹出式菜单。建立选区，效果如图 9-94 所示。单击"路径"控制面板右上方的图标 ，在弹出式菜单中选择"建立工作路径"命令，弹出"建立工作路径"对话框，如图 9-95 所示。在对话框中，"容差"选项用于设定转换时的误差允许范围，数值越小、越精确，路径上的关键点也越多。如果要编辑生成的路径，在此处设定的数值最好为 2，设置好后，单击"确定"

按钮，便将选区转换成路径了，效果如图 9-96 所示。

图 9-94　　　　　　　图 9-95　　　　　　　图 9-96

● 使用"路径"控制面板中的按钮。单击"路径"控制面板中的"从选区生成工作路径"按钮 ◇ ，将选区转换成路径。

2. 将路径转换成选区

将路径转换成选区，有以下几种方法。

● 使用"路径"控制面板弹出式菜单。建立路径，如图 9-97 所示。单击"路径"控制面板右上方的图标 ，在弹出式菜单中选择"建立选区"命令，弹出"建立选区"对话框，如图 9-98 所示。

在"渲染"选项组中，"羽化半径"选项用于设定羽化边缘的数值；"消除锯齿"选项用于消除边缘的锯齿。在"操作"选项组中，"新建选区"选项用于由路径创建一个新的选区；"添加到选区"选项用于将由路径创建的选区添加到当前选区中；"从选区中减去"选项用于从一个已有的选区中减去当前由路径创建的选区；"与选区交叉"选项用于在路径中保留路径与选区的重复部分。

设置好后，单击"确定"按钮，将路径转换成选区，效果如图 9-99 所示。

图 9-97　　　　　　　图 9-98　　　　　　　图 9-99

● 使用"路径"控制面板中的按钮。单击"路径"控制面板中的"将路径作为选区载入"按钮 ，将路径转换成选区。

9.3.6　用前景色填充路径

用前景色填充路径，有以下几种方法。

● 使用"路径"控制面板弹出式菜单。建立路径，如图 9-100 所示。单击"路径"控制面板右上方的图标 ，在弹出式菜单中选择"填充路径"命令，弹出"填充路径"对话框，如图 9-101 所示。

在对话框中，"内容"选项组用于设定使用的填充颜色或图案；"模式"选项用于设定混合模式；"不透明度"选项用于设定填充的不透明度；"保留透明区域"选项用于保护图像中的透明区域；"羽化半径"选项用于设定柔化边缘的数值；"消除锯齿"选项用于清除边缘的锯齿。

设置好后，单击"确定"按钮，用前景色填充路径的效果如图 9-102 所示。

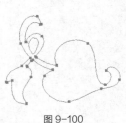

图 9-100　　　　　　　　　　　图 9-101　　　　　　　　　　　图 9-102

● 使用"路径"控制面板中的按钮或快捷键。单击"路径"控制面板中的"用前景色填充路径"按钮 ● ，即可实现用前景色填充路径。按住 Alt 键，单击"路径"控制面板中的"用前景色填充路径"按钮 ● ，弹出"填充路径"对话框，如图 9-101 所示。

9.3.7　用画笔描边路径

用画笔描边路径，有以下几种方法。

● 使用"路径"控制面板弹出式菜单。建立路径，如图 9-103 所示。单击"路径"控制面板右上方的图标 ，在弹出式菜单中选择"描边路径"命令，弹出"描边路径"对话框，如图 9-104 所示。在"工具"选项的下拉列表中选择"画笔"工具。如果在当前工具箱中已经选择了"画笔"工具，则该工具会自动地设置在此处。另外，在"画笔"工具属性栏中设定的画笔类型也会直接影响此处的描边效果，对"画笔"工具属性栏如图 9-105 所示进行设

图 9-103　　　　　　　　　　图 9-104

定。设置好后，单击"确定"按钮，用画笔描边路径的效果如图 9-106 所示。

图 9-105　　　　　　　　　　图 9-106

提示

　　　　如果在对路径进行描边时没有取消对路径的选定，则描边路径改为描边子路径，即只对选中的子路径进行描边。

● 使用"路径"控制面板中的按钮或快捷键。单击"路径"控制面板中的"用画笔描边路径"按钮 ○ ，即可实现用画笔描边路径。按住 Alt 键，单击"路径"控制面板中的"用画笔描边路径"按钮 ○ ，弹出"描边路径"对话框，如图 9-104 所示。

9.3.8 课堂案例——制作路径特效

案例学习目标

学习使用"描边路径"命令制作路径特效。

案例知识要点

使用"钢笔工具""将选区转换为路径"命令和"描边路径"命令制作路径的特效,最终效果如图 9-107 所示。

图 9-107

效果所在位置

Ch09/效果/制作路径特效.psd。

(1)按 Ctrl+O 组合键,打开云盘中的"Ch09 > 素材 > 制作路径特效 > 01"文件,如图 9-108 所示。

(2)新建图层并将其命名为"特效"。选择"钢笔"工具 ,在属性栏中的"选择工具模式"选项中选择"路径",在图像窗口中绘制需要的路径,效果如图 9-109 所示。

(3)选择"画笔"工具 ,在属性栏中单击"画笔"选项右侧的按钮 ,弹出画笔选择面板,单击面板右上方的按钮 ,在弹出的菜单中选择"书法画笔"选项,弹出提示对话框,单击"追加"按钮。在画笔选择面板中选择需要的画笔形状,如图 9-110 所示。

图 9-108

图 9-109

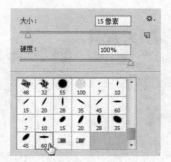

图 9-110

(4)选择"路径选择"工具 ,选择路径。在路径上单击鼠标右键,在弹出的菜单中选择"描边路径"命令，弹出"描边路径"对话框，设置如图 9-111 所示，单击"确定"按钮。按 Enter 键，隐藏路径，效果如图 9-112 所示。

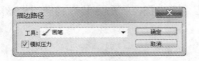

图 9-111   图 9-112

（5）单击"图层"控制面板下方的"添加图层样式"按钮 fx.，在弹出的菜单中选择"外发光"命令，弹出其对话框。将发光颜色设为蓝色（0、227、254），其他选项的设置如图 9-113 所示，单击"确定"按钮，效果如图 9-114 所示。使用相同的方法制作其他特效，效果如图 9-115 所示。

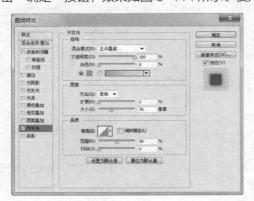

图 9-113   图 9-114   图 9-115

（6）在"图层"控制面板中，按住 Ctrl 键的同时，选择"特效""特效 副本""特效 副本 2"图层，如图 9-116 所示。按 Ctrl+E 组合键，合并图层并将其命名为"特效"，如图 9-117 所示。

（7）选择"橡皮擦"工具 ，在属性栏中单击"画笔"选项右侧的按钮 ，弹出画笔选择面板，选择需要的画笔形状，如图 9-118 所示。在图像中的特效处进行涂抹，擦除不需要的图像，效果如图 9-119 所示。

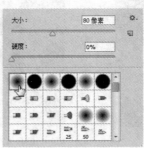

图 9-116   图 9-117   图 9-118   图 9-119

9.3.9　剪贴路径

"剪贴路径"命令用于指定一个路径作为剪贴路径。

当在一个图像中定义了一个剪贴路径，并将这个图像在其他软件中打开时，如果该软件同样支持剪贴路径，则路径以外的图像将是透明的。单击"路径"控制面板右上方的图标▼■，在弹出式菜单中选择"剪贴路径"命令，弹出"剪贴路径"对话框，如图 9-120 所示。

图 9-120

在对话框中，"路径"选项用于设定剪贴路径的路径名称；"展平度"选项用于压平或简化可能因过于复杂而无法打印的路径。

9.3.10　路径面板选项

"面板选项"命令用于设定"路径"控制面板中缩览图的大小。

"路径"控制面板如图 9-121 所示，单击"路径"控制面板右上方的图标▼■，在弹出式菜单中选择"面板选项"命令，弹出"路径面板选项"对话框，如图 9-122 所示，调整后的效果如图 9-123 所示。

图 9-121

图 9-122

图 9-123

9.4　创建 3D 图形

在 Photoshop CS6 中可以将平面图层围绕各种形状进行预设，如将平面图层围绕立方体、球体、圆柱体、锥形或金字塔形等创建 3D 模型。只有将平面图层变为 3D 图层，才能使用 3D 工具和命令。

打开一个文件，如图 9-124 所示。选择"3D > 从图层新建网格 > 网格预设"命令，弹出图 9-125 所示的子菜单，选择需要的命令可创建不同的 3D 模型。

图 9-124

图 9-125

选择各命令创建出的 3D 模型如图 9-126 所示。

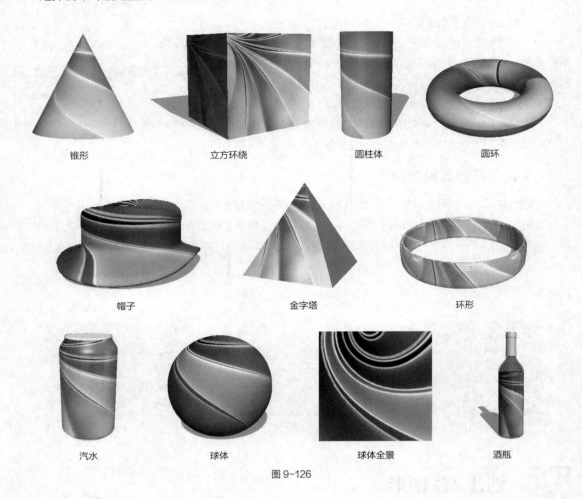

锥形　　　　立方环绕　　　　圆柱体　　　　圆环

帽子　　　　金字塔　　　　环形

汽水　　　　球体　　　　球体全景　　　　酒瓶

图 9-126

9.5　使用 3D 工具

在 Photoshop CS6 中使用 3D 对象工具可更改 3D 模型的位置或大小，使用 3D 相机工具可更改场景视图。下面，将具体介绍 3D 对象工具的使用方法。

使用 3D 对象工具可以旋转、缩放或调整模型的位置。当操作 3D 模型时，相机视图保持固定。

打开一张包含 3D 模型的图片，如图 9-127 所示。选中 3D 图层，选择"3D 对象旋转"工具，图像窗口中的鼠标指针变为图标，上下拖动可将模型围绕其 X 轴旋转，效果如图 9-128 所示；两侧拖动可将模型围绕其 Y 轴旋转，效果如图 9-129 所示。按住 Alt 键的同时进行拖移可滚动模型。

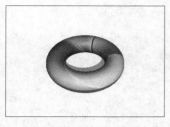

图 9-127   图 9-128   图 9-129

选择"3D 对象滚动"工具 ，图像窗口中的鼠标指针变为 图标，两侧拖动可使模型围绕其 Z
轴旋转，效果如图 9-130 所示。

选择"3D 对象平移"工具 ，图像窗口中的鼠标指针变为 图标，两侧拖动可沿水平方向移动
模型，效果如图 9-131 所示；上下拖动可沿垂直方向移动模型，效果如图 9-132 所示。按住 Alt 键
的同时进行拖移可沿 X/Z 轴方向移动。

图 9-130   图 9-131   图 9-132

选择"3D 对象滑动"工具 ，图像窗口中的鼠标指针变为 图标，两侧拖动可沿水平方向移动
模型，效果如图 9-133 所示；上下拖动可将模型移近或移远，效果如图 9-134 所示。按住 Alt 键的
同时进行拖移可沿 X/Y 轴方向移动。

选择"3D 对象比例"工具 ，图像窗口中的鼠标指针变为 图标，上下拖动可将模型放大或缩
小，效果如图 9-135 所示。按住 Alt 键的同时进行拖移可沿其 Z 轴方向缩放。

图 9-133   图 9-134   图 9-135

课后习题——制作圣诞主题图案

习题知识要点

使用"钢笔"工具、"自定义形状"工具和"剪贴蒙版"命令制作圣诞树和装饰图形，使用"画

笔"工具绘制虚线边框，使用"横排文字"工具添加文字，最终效果如图 9-136 所示。

图 9-136

扫码观看
本案例视频

 效果所在位置

Ch09/效果/制作圣诞主题图案.psd。

10
第 10 章
通道的应用

本章介绍

一个 Photoshop CS6 的专业人士，必定是一个应用通道的高手。本章将详细讲解通道的概念和操作方法。读者通过学习本章要能够合理地利用通道设计制作作品，使自己的设计作品更上一层楼。

学习目标

- ✔ 了解通道的含义。
- ✔ 掌握"通道"控制面板的操作方法。
- ✔ 掌握通道的操作。
- ✔ 掌握通道的运算和蒙版的应用。

技能目标

- ✱ 掌握"时尚背景"的变换方法。
- ✱ 掌握"合成图像"的制作方法。

10.1 通道的含义

Photoshop CS6 中的"通道"控制面板中显示的颜色通道与所打开的图像文件有关。RGB 格式的文件包含红、绿和蓝 3 个颜色通道，如图 10-1 所示；而 CMYK 格式的文件则包含青色、洋红、黄色和黑色 4 个颜色通道，如图 10-2 所示。此外，在进行图像编辑时，新创建的通道称为 Alpha 通道。通道存储的是选区，而不是图像的色彩。利用 Alpha 通道，可以做出许多独特的效果。

图 10-1   图 10-2

如果想在图像窗口中单独显示各颜色通道的图像效果，可以按键盘上的快捷键。按 Ctrl+3 组合键，将显示青色的通道图像；按 Ctrl+4 组合键、Ctrl+5 组合键、Ctrl+6 组合键，将分别显示洋红、黄色、黑色的通道图像，效果如图 10-3 所示；按 Ctrl+ ~ 组合键，将恢复显示 4 个通道的综合效果图像。

青色   洋红

黄色   黑色

图 10-3

10.2 "通道"控制面板

"通道"控制面板可以用于管理所有的通道并对通道进行编辑。选择一张图像，选择"窗口 > 通道"命令，弹出"通道"控制面板，效果如图 10-4 所示。

在"通道"控制面板中，放置区用于存放当前图像中存在的所有通道。在通道放置区中，如果选中的只是其中一个通道，则只有此通道处于选中状态，此时该通道上会出现一个蓝色条；如果想选中多个通道，可以按住 Shift 键，再单击其他通道。通道左边的"眼睛"图标 👁 用于打开或关闭显示颜色通道。

单击"通道"控制面板右上方的图标 ▼≡，弹出其下拉命令菜单，如图 10-5 所示。

在"通道"控制面板的底部有 4 个工具按钮，从左到右依次为"将通道作为选区载入"按钮 ⊙ 、"将选区存储为通道"按钮 ▣ 、"创建新通道"按钮 ⬚ 和"删除当前通道"按钮 🗑 ，如图 10-6 所示。

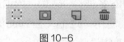

图 10-4   图 10-5   图 10-6

"将通道作为选区载入"按钮 ⊙ 用于将通道中的选择区域调出；"将选区存储为通道"按钮 ▣ 用于将选择区域存入通道中，并可在后面调出来制作一些特殊效果；"创建新通道"按钮 ⬚ 用于创建或复制一个新的通道，此时建立的通道即为 Alpha 通道，单击该工具按钮，即可创建一个新的 Alpha 通道；"删除当前通道"按钮 🗑 用于删除一个图像中的通道，将通道直接拖动到"删除当前通道"按钮 🗑 上，即可删除通道。

10.3　通道的操作

可以通过对图像的通道进行一系列的操作来编辑图像。

10.3.1　创建新通道

在编辑图像的过程中，可以建立新的通道，还可以在新建的通道中对图像进行编辑。新建通道，有以下几种方法。

● 使用"通道"控制面板弹出式菜单。单击"通道"控制面板右上方的图标 ▼≡ ，弹出其下拉命令菜单。在弹出式菜单中选择"新建通道"命令，弹出"新建通道"对话框，如图 10-7 所示。"名称"选项用于设定当前通道的名称；"色彩指示"选项组用于选择两种区域方式；"颜色"选项用于设定新通道的颜色；"不透明度"选项用于设定当前通道的不透明度。单击"确定"按钮，"通道"控制面板中会建好一个新通道，即"Alpha 1"通道，效果如图 10-8 所示。

图 10-7   图 10-8

● 使用"通道"控制面板中的按钮。单击"通道"控制面板中的"创建新通道"按钮 🔲 ，即可创建一个新通道。

10.3.2 复制通道

"复制通道"命令用于将现有的通道进行复制，产生多个相同属性的通道。复制通道，有以下几种方法。

● 使用"通道"控制面板弹出式菜单。单击"通道"控制面板右上方的图标 ▼，弹出其下拉命令菜单。在弹出式菜单中选择"复制通道"命令，弹出"复制通道"对话框，如图 10-9 所示。"为"选项用于设定复制通道的名称；"文档"选项用于设定复制通道的文件来源。

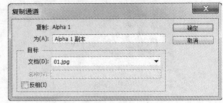

图 10-9

● 使用"通道"控制面板中的按钮。将"通道"控制面板中需要复制的通道拖放到下方的"创建新通道"按钮 🔲 上，即可将所选的通道复制为一个新通道。

10.3.3 删除通道

不用的或废弃的通道可以将其删除，以免影响操作。删除通道，有以下几种方法。

● 使用"通道"控制面板弹出式菜单。单击"通道"控制面板右上方的图标 ▼，弹出其下拉命令菜单。在弹出式菜单中选择"删除通道"命令。

● 使用"通道"控制面板中的按钮。单击"通道"控制面板中的"删除当前通道"按钮 🗑 ，弹出"删除通道"提示框，如图 10-10 所示，单击"是"按钮，将通道删除。将需要删除的通道拖放到"删除当前通道"按钮 🗑 上，也可以将其删除。

图 10-10

10.3.4 专色通道

专色通道是指在 CMYK 四色以外单独制作的一个通道，用来放置金色、银色或者一些需要特别要求的专色。

1. 新建专色通道

单击"通道"控制面板右上方的图标 ▼，弹出其下拉命令菜单。在弹出式菜单中选择"新建专色通道"命令，弹出"新建专色通道"对话框，如图 10-11 所示。

图 10-11

在"新建专色通道"对话框中，"名称"选项的文本框用于输入新通道的名称；"颜色"选项用于选择特别的颜色；"密度"选项的文本框用于输入特别色的显示透明度，数值为 0% ~ 100%。

2. 制作专色通道

单击"通道"控制面板中新建的专色通道。选择"画笔"工具 ✐ ，在"画笔"工具属性栏中进行设定，如图 10-12 所示。在图像中合适的位置进行绘制，如图 10-13 所示。

图 10-12

图 10-13

提示 前景色为黑色，绘制时的专色是完全的。前景色是其他中间色，绘制时的专色是不同透明度的特别色。前景色为白色，绘制时的专色是没有的。

3. 将新通道转换为专色通道

单击"通道"控制面板中的"Alpha 1"通道，如图 10-14 所示。单击"通道"控制面板右上方的图标▼▤，弹出其下拉命令菜单。在弹出式菜单中选择"通道选项"命令，弹出"通道选项"对话框，选中"专色"单选项，其他选项如图 10-15 所示进行设定。单击"确定"按钮，将"Alpha 1"通道转换为专色通道，如图 10-16 所示。

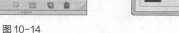
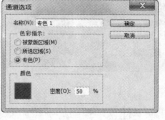

图 10-14   图 10-15   图 10-16

4. 合并专色通道

单击"通道"控制面板中新建的专色通道，如图 10-17 所示。单击"通道"控制面板右上方的图标▼▤，弹出其下拉命令菜单，在弹出式菜单中选择"合并专色通道"命令，将专色通道合并，效果如图 10-18 所示。

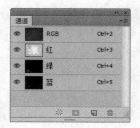

图 10-17   图 10-18

10.3.5 通道选项

"通道选项"命令用于设定 Alpha 通道。单击"通道"控制面板右上方的图标▼▤，弹出其下拉命令菜单，在弹出式菜单中选择"通道选项"命令，弹出"通道选项"对话框，如图 10-19 所示。

在"通道选项"对话框中，"名称"选项用于命名通道名称；"色彩指示"选项组用于设定通道中蒙版的显示方式，其中，"被蒙版区域"选项表示蒙版区为深色显示、非蒙版区为透明显示，"所选区域"选项表示蒙版区为透明显示、非蒙版区为深色显示，"专色"选项蒙版区表示以专色显示；"颜色"选项组用于设定填充蒙版的颜色；"不透明度"选项用于设定蒙版的不透明度。

图 10-19

10.3.6 分离与合并通道

"分离通道"命令用于把图像的每个通道拆分为独立的图像文件。"合并通道"命令可以将多个灰度图像合并为一个图像。

单击"通道"控制面板右上方的图标▼≣，弹出其下拉命令菜单，在弹出式菜单中选择"分离通道"命令，将图像中的每个通道分离成各自独立的 8 bit 灰度图像。分离前后的效果如图 10-20 所示。

图 10-20

单击"通道"控制面板右上方的图标▼≣，弹出其下拉命令菜单，在弹出式菜单中选择"合并通道"命令，弹出"合并通道"对话框，如图 10-21 所示。

在"合并通道"对话框中，"模式"选项用于选择 RGB 颜色模式、CMYK 颜色模式、Lab 颜色模式或多通道模式；"通道"选项用于设定生成图像的通道数目，一般采用系统的默认设定值。

在"合并通道"对话框中选择"RGB 颜色"，单击"确定"按钮，弹出"合并 RGB 通道"对话框，如图 10-22 所示。在该对话框中，可以在选定的色彩模式中为每个通道指定一幅灰度图像，被指定的图像可以是同一幅图像，也可以是不同的图像，但这些图像的大小必须是相同的。在合并之前，所有要合并的图像都必须是打开的，尺寸要绝对一样，而且一定要为灰度图像，单击"确定"按钮，效果如图 10-23 所示。

图 10-21 图 10-22 图 10-23

10.3.7　课堂案例——变换时尚背景

案例学习目标

学习使用"通道"控制面板制作出需要的效果。

案例知识要点

使用通道、"钢笔"工具和"画笔"工具变换婚纱照背景，最终效果如图 10-24 所示。

图 10-24

扫码观看
本案例视频

扫码观看
扩展案例

效果所在位置

Ch10/效果/变换时尚背景.psd。

（1）按 Ctrl+O 组合键，打开云盘中的"Ch10 > 素材 > 变换时尚背景
> 01"文件，如图 10-25 所示。

（2）将"背景"图层拖曳到控制面板下方的"创建新图层"按钮
上进行复制，生成新的副本图层"背景 副本"，如图 10-26 所示。

（3）将前景色设为黑色。选择"画笔"工具，在属性栏中单击
"画笔"选项右侧的按钮，弹出画笔选择面板，选择需要的画笔形状，
如图 10-27 所示。在图像窗口中拖曳鼠标涂抹人物图像，效果如图 10-28
所示。

图 10-25

图 10-26

图 10-27

图 10-28

（4）在"通道"控制面板中选择图像对比度效果最强的"红"通道，将其拖曳到控制面板下方的"创建新通道"按钮 上进行复制，生成"红 副本"通道，如图 10-29 所示，图像效果如图 10-30 所示。按 Ctrl+I 组合键，对"红 副本"通道进行反相操作，效果如图 10-31 所示。

图 10-29

图 10-30

图 10-31

（5）按 Ctrl+L 组合键，弹出"色阶"对话框，选项的设置如图 10-32 所示，单击"确定"按钮。再次按 Ctrl+L 组合键，再次弹出"色阶"对话框，选项的设置如图 10-33 所示，单击"确定"按钮，图像效果如图 10-34 所示。

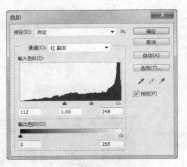

图 10-32

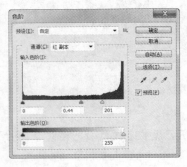

图 10-33

图 10-34

（6）将前景色设为黑色。选择"画笔"工具 ，在属性栏中单击"画笔"选项右侧的按钮 ，弹出画笔选择面板，选择需要的画笔形状，如图 10-35 所示。在图像窗口中拖曳鼠标涂抹人物图像，按 [键和] 键调整画笔大小，按 D 键，调整默认的前景色和背景色，继续涂抹，涂抹出的效果如图 10-36 所示。按住 Ctrl 键的同时，单击"红 副本"通道的通道缩览图，如图 10-37 所示，生成选区。按 Shift+Ctrl+I 组合键，将选区反选，选中"RGB"通道，效果如图 10-38 所示。

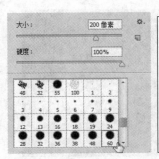

图 10-35

图 10-36

图 10-37

图 10-38

（7）按 Ctrl＋O 组合键，打开云盘中的"Ch10 ＞ 素材 ＞ 变换婚纱照背景 ＞ 02"文件，如图 10-39 所示。选择"01"文件，选择"移动"工具，将选区中的图像拖曳到"02"文件中适当的 位置，并调整其大小，效果如图 10-40 所示，在"图层"控制面板中生成新的图层并将其命名为"人物"。变换时尚背景制作完成。

图 10-39

图 10-40

10.3.8　通道面板选项

通道面板选项用于设定"通道"控制面板中缩览图的大小。

"通道"控制面板中的原始效果如图 10-41 所示，单击控制面板右上方的图标，弹出其下拉命令菜单，在弹出式菜单中选择"面板选项"命令，弹出"通道面板选项"对话框，如图 10-42 所示，单击"确定"按钮，调整后的效果如图 10-43 所示。

图 10-41

图 10-42

图 10-43

10.4　通道蒙版

使用通道蒙版是一种更方便、快捷和灵活地选择图像区域的方法。在实际应用中，颜色相近的图像区域的选择、羽化选区操作及抠图处理等工作使用蒙版完成将会更加便捷。

10.4.1　快速蒙版的制作

选择"快速蒙版"命令，可以使图像快速地进入蒙版编辑状态。

打开图像，如图 10-44 所示。选择"魔棒"工具，在"魔棒"工具属性栏中进行设定，如图 10-45 所示。按住 Shift 键，"魔棒"工具光标旁出现"+"号，连续单击选择背景区域，效果如

图 10-46 所示。

图 10-44

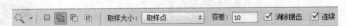

图 10-45

图 10-46

单击工具箱下方的"以快捷蒙版模式编辑"按钮 ，进入蒙版状态，选区框暂时消失，图像的未选择区域变为红色，如图 10-47 所示。"通道"控制面板将自动生成"快速蒙版"通道，如图 10-48 所示。快速蒙版图像如图 10-49 所示。

图 10-47　　　　　　　　　　　图 10-48　　　　　　　　　　图 10-49

 系统预设蒙版颜色为半透明的红色。

使用"画笔"工具 ，在"画笔"工具属性栏中进行设定，如图 10-50 所示。将快速蒙版中的边角杂物绘制为白色，图像效果和快速蒙版如图 10-51 所示。

图 10-50

双击"快速蒙版"通道，弹出"快速蒙版选项"
对话框，可对快速蒙版进行设定。在该对话框中，
单击"被蒙版区域"单选按钮，如图 10-52 所示，
再单击"确定"按钮，将被蒙版的区域进行蒙版，
如图 10-53 所示。

在"快速蒙版选项"对话框中，单击"所选区
域"单选按钮，如图 10-54 所示，再单击"确定"
按钮，将所选区域进行蒙版，如图 10-55 所示。

图 10-51

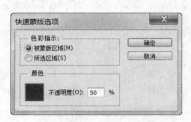

图 10-52

图 10-53

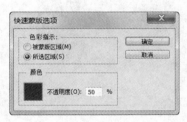

图 10-54

图 10-55

10.4.2 在 Alpha 通道中存储蒙版

可以将编辑好的蒙版保存到 Alpha 通道中。下面，将具体讲解存储蒙版的方法。

使用"自由钢笔"工具，将属性栏中的"选择工具模式"选项设为"路径"，勾选"磁性的"
复选框，沿着图像周围绘制路径，如图 10-56 所示，按 Ctrl+Enter 组合键，将路径转化为选区，如
图 10-57 所示。

图 10-56

图 10-57

　　选择"选择 > 存储选区"命令，弹出"存储选区"对话框，如图 10-58 所示进行设定，单击"确定"按钮，建立通道蒙版"Alpha 1"。或选择"通道"控制面板中的"将选区存储为通道"按钮 ⬚，建立通道蒙版"Alpha 1"，效果如图 10-59 所示。

图 10-58　　　　　　　　　　　　　　　　　　图 10-59

　　将图像保存，再次打开图像时，选择"选择 > 载入选区"命令，弹出"载入选区"对话框，如图 10-60 所示进行设定，单击"确定"按钮，将通道"Alpha 1"的选区载入，或选择"通道"控制面板中的"将通道作为选区载入"按钮 ⬚，将通道"Alpha 1"作为选区载入，效果如图 10-61 所示。

图 10-60　　　　　　　　　　　　　　　　图 10-61

10.5 通道运算

通道运算可以按照各种合成方式合成单个或几个通道中的图像内容。通道运算的图像尺寸必须一致。

10.5.1 应用图像

"应用图像"命令用于计算处理通道内的图像，使图像混合产生特殊效果。选择"图像 > 应用图像"命令，弹出"应用图像"对话框，如图 10-62 所示。

在对话框中，"源"选项用于选择源文件；"图层"选项用于选择源文件的层；"通道"选项用于选择源通道；"反相"选项用于在处理前先反转通道内的内容；"目标"选项能显示出目标文件的文件名、层、通道及色彩模式等信息；"混合"选项用于选择混色模式，即选择两个通道对应像素的计算方法；"不透明度"选项用于设定图像的不透明度；"保留透明区域"选项用于设置是否在图层的不透明度区域内限定混合效果；"蒙版"选项用于加入蒙版以限定选区；"图像"选项用于选择包含蒙版的目标图像；"图层"选项用于选择包含蒙版的目标图层；"通道"选项用于选择目标通道作为蒙版；"反相"选项用于反转通道的蒙版和未蒙版区域。

图 10-62

提示

使用"应用图像"命令要求源文件与目标文件的尺寸大小必须相同，因为参加计算的
两个通道内的像素是一一对应的。

打开两幅图像，选择"图像 > 图像大小"命令，弹出"图像大小"对话框。分别将两张图像设
置为相同的尺寸，设置好后，单击"确定"按钮，效果如图 10-63 和图 10-64 所示。

在两幅图像的"通道"控制面板中分别建立通道蒙版，其中黑色表示遮住的区域。返回到两张图
像的"RGB"通道，效果如图 10-65 和图 10-66 所示。

图 10-63

图 10-64

图 10-65

图 10-66

选择"03"文件，选择"图像 > 应用图像"命令，弹出"应用图像"对话框，如图 10-67 所示。
设置完成后，单击"确定"按钮，两幅图像混合后的效果如图 10-68 所示。

图 10-67

图 10-68

在"应用图像"对话框中，勾选"蒙版"复选框，弹出蒙版的其他选项，如图 10-69 所示。设
置好后，单击"确定"按钮，两幅图像混合后的效果如图 10-70 所示。

图 10-69

图 10-70

10.5.2　课堂案例——制作合成图像

案例学习目标

学习使用"应用图像"命令制作需要的效果。

案例知识要点

使用"应用图像"和"曲线"命令制作合成图像，最终效果如图 10-71 所示。

扫码观看
本案例视频

扫码观看
扩展案例

图 10-71

效果所在位置

Ch10/效果/制作合成图像.psd。

（1）按 Ctrl＋O 组合键，打开云盘中的"Ch10 > 素材 > 制作合成图像 > 01、02"文件，如图 10-72 和图 10-73 所示。

图 10-72

图 10-73

（2）选择"图像 > 应用图像"命令，在弹出的对话框中进行设置，如图 10-74 所示，单击"确定"按钮，图像效果如图 10-75 所示。

图 10-74

图 10-75

（3）选择"图像 > 调整 > 曲线"命令，弹出对话框，在曲线窗口中单击，添加点以编辑曲线，选项的设置如图 10-76 和图 10-77 所示，单击"确定"按钮，效果如图 10-78 所示。合成图像制作完成。

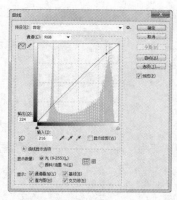

图 10-76

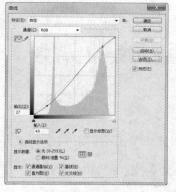

图 10-77

图 10-78

10.5.3　运算

"计算"命令用于计算处理两个通道内的相应内容，但主要用于合成单个通道的内容。

选择"图像 > 计算"命令，弹出"计算"对话框，如图 10-79 所示。

在"计算"对话框中，第 1 个选项组中的"源 1"选项用于选择源文件 1，"图层"选项用于选择源文件 1 中的层，"通道"选项用于选择源文件 1 中的通道，"反相"选项用于反转；第 2 个选项组中的"源 2""图层""通道"和"反相"选项用于选择源文件 2 的相应信息；第 3 个选项组中的"混合"选项用于选择混色模式，"不透明度"选项用于设定不透明度；"蒙版"选项用于加入蒙版以限定选区；"结果"选项用于指定处理结果的存放位置。

"计算"命令尽管与"应用图像"命令一样，都是对两个通道的相应内容进行计算处理的命令，但是二者也

图 10-79

有区别。用"应用图像"命令处理后的结果可作为源文件或目标文件使用；而用"计算"命令处理后的结果则存成一个通道，如存成 Alpha 通道，使其可转变为选区以供其他工具使用。

　　选择"图像 > 计算"命令，弹出"计算"对话框，如图 10-80 所示进行设置，单击"确定"按钮，两张图像通道运算后的新通道效果如图 10-81 所示。

图 10-80

图 10-81

课后习题——使用通道更换照片背景

🔗 习题知识要点

　　使用"通道"控制面板、"反相"命令和"画笔"工具抠出人物，使用"渐变映射"命令调整图片的颜色，最终效果如图 10-82 所示。

图 10-82

扫码观看
本案例视频

📁 效果所在位置

Ch10/效果/使用通道更换照片背景.psd。

第 11 章
滤镜效果

本章介绍

本章将详细介绍滤镜的功能和特效。读者通过学习本章要了解并掌握滤镜的各项功能和特点,通过反复地实践练习,可制作出丰富多彩的图像效果。

学习目标

- ✔ 了解滤镜菜单的介绍。
- ✔ 了解滤镜与图像模式。
- ✔ 掌握对滤镜效果的介绍和应用。
- ✔ 掌握滤镜的使用技巧。

技能目标

- ✳ 掌握"海洋拼贴画"的制作方法。
- ✳ 掌握"液化文字"的制作方法。
- ✳ 掌握"素描图像"的调整方法和技巧。
- ✳ 掌握"滤镜扭曲"的制作方法。
- ✳ 掌握"舞蹈宣传单"的制作方法。
- ✳ 掌握"淡彩钢笔画"的制作方法。

11.1 "滤镜"菜单介绍

在 Photoshop CS6 的"滤镜"菜单下提供了多种功能的滤镜，选择这些滤镜命令，可以制作出奇妙的图像效果。

单击"滤镜"菜单，弹出图 11-1 所示的下拉菜单。Photoshop CS6 "滤镜"菜单被分为 6 个部分，并已用横线划分开。

第 1 部分是最近一次使用的滤镜。当没有使用滤镜时，它是灰色的，不可以选择；当使用了一种滤镜后，需要重复使用这种滤镜时，只要直接选择这种滤镜或按 Ctrl+F 组合键，即可重复使用。

图 11-1

第 2 部分是转换为智能滤镜部分。单击此命令即可将普通滤镜转换为智能滤镜。

第 3 部分是 6 种 Photoshop CS6 滤镜。每个滤镜的功能都十分强大。

第 4 部分是 9 种 Photoshop CS6 滤镜。每个滤镜中都有包含其他滤镜的子菜单。

第 5 部分是常用外挂滤镜。当没有安装常用外挂滤镜时，它是灰色的，不可以选择。

第 6 部分是浏览联机滤镜。

11.2 滤镜与图像模式

当打开一幅图像，并对其使用滤镜时，必须了解图像模式和滤镜的关系。RGB 颜色模式可以使用 Photoshop CS6 中的任意一种滤镜。不能使用滤镜的图像模式有位图、16 位灰度图、索引颜色和48 位 RGB 图。在 CMYK 和 Lab 颜色模式下，不能使用的滤镜有画笔描边、视频、素描、纹理和艺术效果等。

11.3 滤镜效果介绍

Photoshop CS6 的滤镜有着很强的艺术性和实用性，能制作出五彩缤纷的图像效果。下面，将具体介绍各种滤镜的使用方法和应用效果。

11.3.1 滤镜库

Photoshop CS6 的滤镜库将常用滤镜组组合在一个面板中，以折叠菜单的方式显示，并为每一个滤镜提供了直观的效果预览，使用十分方便。

选择"滤镜 > 滤镜库"命令，弹出"滤镜库"对话框。在对话框中，左侧为滤镜预览框，可显示滤镜应用后的效果；中部为滤镜列表，每个滤镜组下面包含了多个特色滤镜，单击需要的滤镜组，可以浏览到滤镜组中的各个滤镜和相应的滤镜效果；右侧为滤镜参数设置栏，可以设置所用滤镜的各个参数值，如图 11-2 所示。

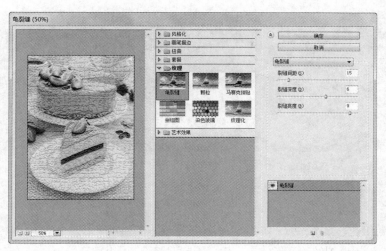

图 11-2

1. "风格化" 滤镜组

"风格化"滤镜组只包含一个照亮边缘滤镜,如图 11-3 所示。通过此滤镜可以搜索主要颜色的变化区域并强化其过渡像素产生轮廓发光的效果,应用滤镜前后的效果如图 11-4 和图 11-5 所示。

2. "画笔描边" 滤镜组

"画笔描边"滤镜组包含 8 个滤镜,如图 11-6 所示。此滤镜组对 CMYK 和 Lab 颜色模式的图像都不起作用。应用不同的滤镜制作出的效果如图 11-7 所示。

图 11-3   图 11-4   图 11-5   图 11-6

原图   成角的线条   墨水轮廓   喷溅

图 11-7

喷色描边　　　　强化的边缘　　　　深色线条　　　　烟灰墨　　　　阴影线

图 11-7（续）

3.　"扭曲"滤镜组

　　"扭曲"滤镜组包含 3 个滤镜，如图 11-8 所示。通过此滤镜组可以生成一组从波纹到扭曲图像的变形效果。应用不同的滤镜制作出的效果如图 11-9 所示。

图 11-8

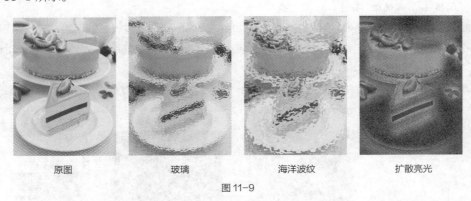

原图　　　　　　玻璃　　　　　海洋波纹　　　　扩散亮光

图 11-9

4.　"素描"滤镜组

　　"素描"滤镜组包含 14 个滤镜，如图 11-10 所示。此滤镜组只对 RGB 或灰度模式的图像起作用，通过它可以制作出多种绘画效果。应用不同的滤镜制作出的效果如图 11-11 所示。

图 11-10　　　　　　　　　　　原图　　　　　　半调图案　　　　　便条纸

图 11-11

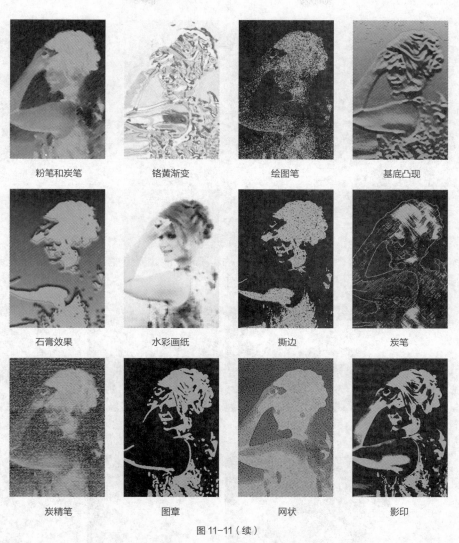

粉笔和炭笔	铬黄渐变	绘图笔	基底凸现
石膏效果	水彩画纸	撕边	炭笔
炭精笔	图章	网状	影印

图 11-11（续）

5. "纹理"滤镜组

"纹理"滤镜组包含 6 个滤镜，如图 11-12 所示。通过此滤镜组可以使图像产生纹理效果。应用不同的滤镜制作出的效果如图 11-13 所示。

图 11-12

原图　　　　龟裂缝　　　　颗粒

图 11-13

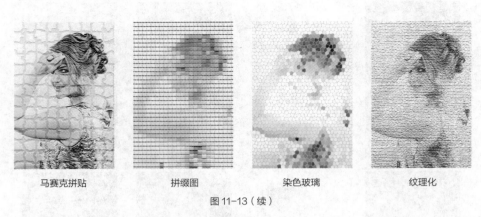

| 马赛克拼贴 | 拼缀图 | 染色玻璃 | 纹理化 |

图 11-13（续）

6. "艺术效果"滤镜组

"艺术效果"滤镜组包含 15 个滤镜，如图 11-14 所示。此滤镜组在 RGB 颜色模式和多通道颜色模式下才可用。应用不同的滤镜制作出的效果如图 11-15 所示。

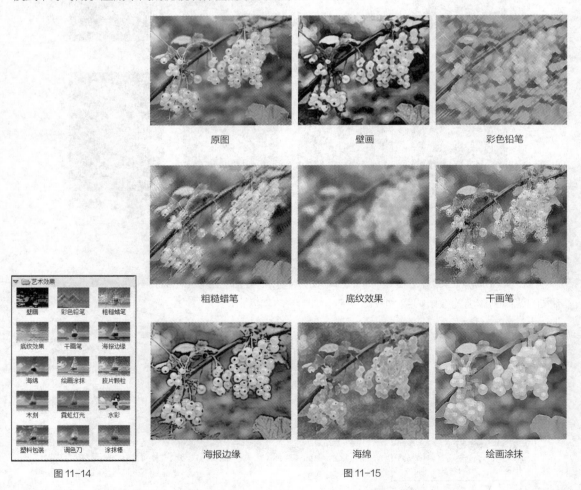

图 11-14

图 11-15

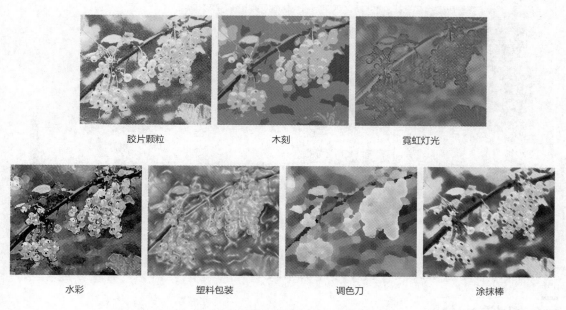

胶片颗粒　　　　　　　　木刻　　　　　　　　　霓虹灯光

水彩　　　　　　塑料包装　　　　　　调色刀　　　　　　涂抹棒

图 11-15（续）

7. 滤镜叠加

在"滤镜库"对话框中可以创建多个效果图层，每个图层可以应用不同的滤镜，从而使图像产生多个滤镜叠加后的效果。

为图像添加"强化的边缘"滤镜，如图 11-16 所示，单击"新建效果图层"按钮，生成新的效果图层，如图 11-17 所示。为图像添加"海报边缘"滤镜，叠加后的效果如图 11-18 所示。

图 11-16

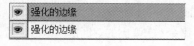

图 11-17

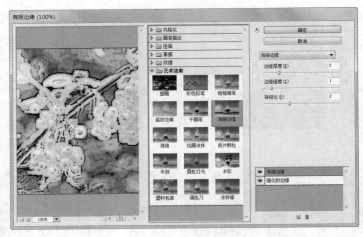

图 11-18

11.3.2 课堂案例——制作海洋拼贴画

案例学习目标

学习使用"马赛克拼贴"滤镜制作拼贴效果。

案例知识要点

使用"马赛克拼贴滤镜"命令、"磁性套索"工具和图层样式制作拼图效果，如图 11-19 所示。

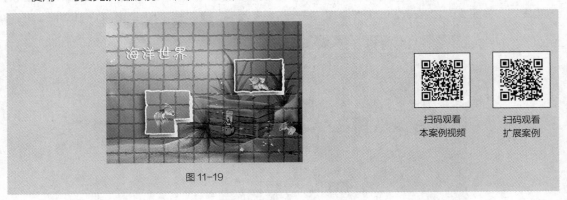

扫码观看
本案例视频

扫码观看
扩展案例

图 11-19

效果所在位置

Ch11/效果/制作海洋拼贴画.psd。

（1）按 Ctrl + O 组合键，打开云盘中的"Ch11 > 素材 > 制作海洋拼贴画 > 01"文件，如图 11-20 所示。将"背景"图层拖曳到"图层"控制面板下方的"创建新图层"按钮 ▣ 上进行复制，生成新的图层"背景 副本"，如图 11-21 所示。

（2）选择"滤镜 > 滤镜库"命令，在弹出的对话框中进行设置，如图 11-22 所示，单击"确定"按钮，图像效果如图 11-23 所示。

图 11-20　　　　　　　　　　　　　　　　　　图 11-21

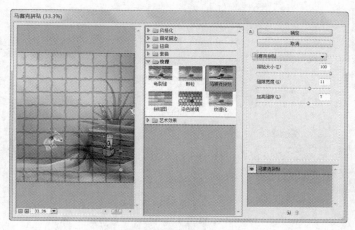

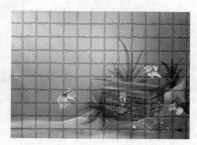

图 11-22　　　　　　　　　　　　　　　　　　图 11-23

（3）选择"缩放"工具，在图像窗口中单击，放大图片的显示尺寸，便于进行操作。选择"磁性套索"工具，用鼠标指针在图像窗口中勾画出一块图像区域，如图 11-24 所示，生成选区。

（4）按 Shift+Ctrl+J 组合键，将选区中的图像复制到新图层中并将其命名为"鱼 1"，如图 11-25 所示。选中"背景"图层，单击"图层"控制面板下方的"创建新图层"按钮，生成新的图层并将其命名为"白色"。将前景色设为白色。按 Alt+Delete 组合键，用前景色填充图层为白色，如图 11-26 所示。

图 11-24　　　　　　　　　图 11-25　　　　　　　　　图 11-26

（5）选中"鱼 1"图层。选择"移动"工具，在图像窗口中拖曳"鱼 1"图片到适当的位置，如图 11-27 所示。单击"图层"控制面板下方的"添加图层样式"按钮，在弹出的下拉菜单中选择"描边"命令，弹出其对话框，将描边颜色设为白色，其他选项的设置如图 11-28 所示。选择"投影"选项，切换到相应的对话框，设置如图 11-29 所示，单击"确定"按钮，图像效果如图 11-30 所示。

图 11-27

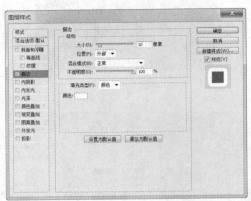

图 11-28

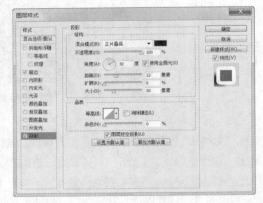

图 11-29

图 11-30

（6）用步骤（3）～（5）的方法制作"鱼 2"的效果，如图 11-31 所示，"图层"控制面板如图 11-32 所示。

（7）选择"横排文字"工具 T，在适当的位置输入需要的文字并选取文字，在属性栏中选择合适的字体并设置大小，按 Alt+向左方向键，调整文字到适当的间距，效果如图 11-33 所示，在"图层"控制面板中生成新的文字图层。

图 11-31

图 11-32

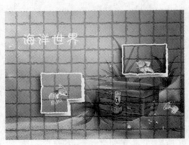

图 11-33

（8）单击"图层"控制面板下方的"添加图层样式"按钮 **fx**，在弹出的菜单中选择"投影"命令，在弹出的对话框中进行设置，如图 11-34 所示，单击"确定"按钮，效果如图 11-35 所示。海洋拼贴画制作完成。

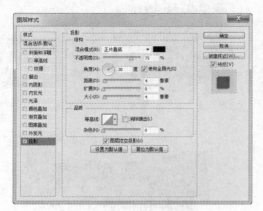

图 11-34

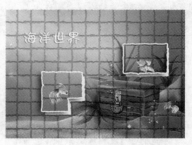

图 11-35

11.3.3 "自适应广角"滤镜

"自适应广角"滤镜是 Photoshop CS6 中推出的一项新功能，可以使用它对具有广角、超广角及鱼眼效果的图片进行校正。

打开一张图片，如图 11-36 所示。选择"滤镜 > 自适应广角"命令，弹出对话框，如图 11-37 所示。

图 11-36

图 11-37

在对话框左侧的图片上需要调整的位置拖曳一条直线，如图 11-38 所示。再将中间的节点向下拖曳到适当的位置，图片自动调整为直线，如图 11-39 所示，单击"确定"按钮，照片调整后的效果如图 11-40 所示。

用相同的方法也可以调整上方的屋檐，效果如图 11-41 所示。

图 11-38

图 11-39

图 11-40

图 11-41

11.3.4 "镜头校正"滤镜

"镜头校正"滤镜可以用来修复常见的镜头瑕疵，如桶形失真、枕形失真、晕影和色差等，也可以使用该滤镜来旋转图像，或修复由于相机在垂直或水平方向上倾斜而导致的图像透视、错视现象。

打开一张图片，如图 11-42 所示。选择"滤镜 > 镜头校正"命令，弹出对话框，如图 11-43 所示。

图 11-42

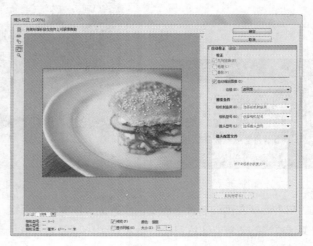

图 11-43

单击"自定"选项卡，设置如图 11-44 所示，单击"确定"按钮，效果如图 11-45 所示。

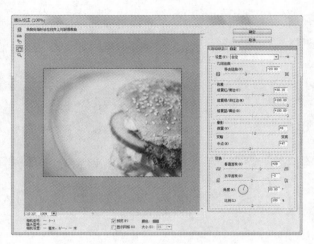

图 11-44

图 11-45

11.3.5 "液化"滤镜

通过"液化"滤镜可以制作出各种类似液化的图像变形效果。

打开一张图片，如图 11-46 所示。选择"滤镜 > 液化"命令，或按 Shift+Ctrl+X 键，弹出"液化"对话框，勾选右侧的"高级模式"复选框，如图 11-47 所示。

图 11-46

图 11-47

在对话框中对图像进行变形，如图 11-48 所示，单击"确定"按钮，液化变形效果如图 11-49 所示。

左侧的工具箱由上到下分别为"向前变形"工具 、"重建"工具 、"顺时针旋转扭曲"工具 、"褶皱"工具 、"膨胀"工具 、"左推"工具 、"冻结蒙版"工具 、"解冻蒙版"工具 、"抓手"工具 和"缩放"工具 。

工具选项组："画笔大小"选项用于设定所选工具的笔触大小；"画笔密度"选项用于设定画笔的浓密度；"画笔压力"选项用于设定画笔的压力，压力越小，变形的过程越慢；"画笔速率"选项用于设定画笔的绘制速度；"光笔压力"选项用于设定压感笔的压力。

图 11-48

图 11-49

重建选项组："重建"按钮用于对变形的图像进行重置；"恢复全部"按钮用于将图像恢复到打开时的状态。

蒙版选项组：用于选择通道蒙版的形式。选择"无"按钮，可以不制作蒙版；选择"全部蒙住"按钮，可以为全部的区域制作蒙版；选择"全部反相"按钮，可以解冻蒙版区域并冻结剩余的区域。

视图选项组：勾选"显示图像"复选框可以显示图像；勾选"显示网格"复选框可以显示网格；"网格大小"选项用于设置网格的大小；"网格颜色"选项用于设置网格的颜色。勾选"显示蒙版"复选框，可以显示蒙版；"蒙版颜色"选项用于设置蒙版的颜色。勾选"显示背景"复选框，在"使用"选项的下拉列表中可以选择图层；在"模式"选项的下拉列表中可以选择不同的模式；在"不透明度"选项中可以设置不透明度。

11.3.6　课堂案例——制作液化文字

案例学习目标

学习使用滤镜命令下的"液化"滤镜制作出需要的效果。

案例知识要点

使用"横排文字"工具和"液化"滤镜制作变形文字，使用图层样式为文字添加特殊效果，最终效果如图 11-50 所示。

图 11-50

扫码观看
本案例视频

扫码观看
扩展案例

◉ 效果所在位置

Ch11/效果/制作液化文字.psd。

（1）按 Ctrl+O 组合键，打开云盘中的"Ch11＞素材＞制作液化文字＞01"文件，如图 11-51 所示。

（2）选择"横排文字"工具 T，在适当的位置输入需要的文字并选取文字，在属性栏中选择合适的字体并设置大小，按 Alt+向右方向键，调整文字适当的间距，效果如图 11-52 所示，在"图层"控制面板中生成新的文字图层。

（3）选取需要的文字。按 Ctrl+T 组合键，弹出"字符"面板，将"水平缩放"选项 T 100% 设置为 95%，其他选项的设置如图 11-53 所示，按 Enter 键确认操作，效果如图 11-54 所示。

（4）按 Shift+Ctrl+X 组合键，弹出"液化"对话框，选择"向前变形"工具，拖曳鼠标，制作出文字变形效果，如图 11-55 所示，单击"确定"按钮，效果如图 11-56 所示。

图 11-51

图 11-52

图 11-53

图 11-54

图 11-55

图 11-56

（5）选择"图层＞栅格化＞文字"命令，将文字图层转化为图像图层，如图 11-57 所示。按 Ctrl+J 组合键，复制"FIRE"图层，生成新的图层"FIRE 副本"，并将其拖曳到"FIRE"图层的下方，如图 11-58 所示。

（6）单击"FIRE"图层左侧的 ◉ 眼睛图标，将"FIRE"图层隐藏，如图 11-59 所示。单击"图层"控制面板下方的"添加图层样式"按钮 fx，在弹出的菜单中选择"内阴影"命令，弹出其对话框，将内阴影颜色设为红色（255、0、0），其他选项的设置如图 11-60 所示；选择"光泽"选项，切换到相应的对话框，将光泽颜色设为黄色（251、263、24），其他选项的设置如图 11-61 所示，单击"确定"按钮，图像效果如图 11-62 所示。

图 11-57

图 11-58

图 11-59

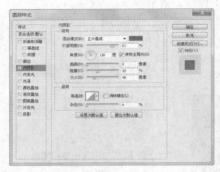

图 11-60

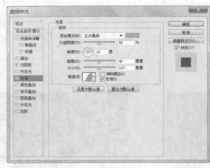

图 11-61

图 11-62

（7）单击"图层"控制面板下方的"添加图层样式"按钮 fx.，在弹出的菜单中选择"颜色叠加"命令，弹出其对话框，将叠加颜色设为橘黄色（250、115、0），其他选项的设置如图 11-63 所示；选择"外发光"选项，切换到相应的对话框，将外发光颜色设为土黄色（227、189、41），其他选项的设置如图 11-64 所示，单击"确定"按钮，图像效果如图 11-65 所示。

图 11-63

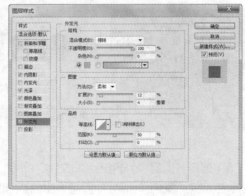

图 11-64

（8）在"图层"控制面板上方，将"FTRE 副本"图层的"不透明度"选项设为 30%，如图 11-66 所示，图像效果如图 11-67 所示。

（9）选择"FIRE"图层。单击"FIRE"图层左侧的空白图标 ，显示该图层，如图 11-68 所示。单击"图层"控制面板下方的"添加图层样式"按钮 fx.，在弹出的菜单中选择"内阴影"命令，弹出其对话框，将内阴影颜色设为黄色（235、188、35），其他选项的设置如图 11-69 所示。

图 11-65

图 11-66

图 11-67

图 11-68

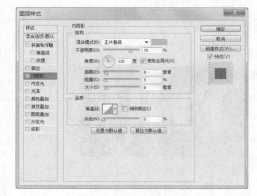
图 11-69

（10）选择"内发光"选项，切换到相应的对话框，将内发光颜色设为淡黄色（255、255、190），其他选项的设置如图 11-70 所示，单击"确定"按钮，图像效果如图 11-71 所示。

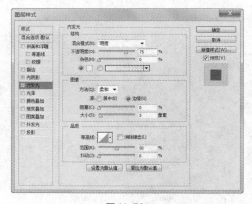
图 11-70

图 11-71

（11）单击"图层"控制面板下方的"添加图层样式"按钮 *fx*，在弹出的菜单中选择"光泽"命令，弹出其对话框，将光泽颜色设为白色，其他选项的设置如图 11-72 所示；选择"颜色叠加"选项，切换到相应的对话框，将叠加颜色设为白色，其他选项的设置如图 11-73 所示，单击"确定"按钮，图像效果如图 11-74 所示。液化文字制作完成，图像效果如图 11-75 所示。

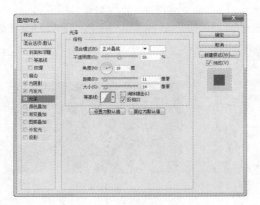

图 11-72   图 11-73

图 11-74   图 11-75

11.3.7 "油画"滤镜

使用"油画"滤镜可以将照片或图片制作成油画效果。

打开一张图片，如图 11-76 所示。选择"滤镜 > 油画"命令，弹出对话框，如图 11-77 所示。

图 11-76   图 11-77

"画笔"选项组可以用来设置笔刷的样式化、清洁度、缩放和硬毛刷细节；"光照"选项组可以用来设置角方向和亮光情况。

设置如图 11-78 所示，单击"确定"按钮，效果如图 11-79 所示。

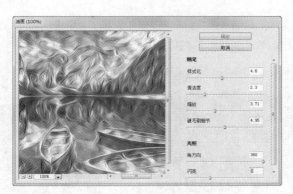

图 11-78

图 11-79

11.3.8 "消失点"滤镜

使用"消失点"滤镜可以制作建筑物或任何矩形对象的透视效果。

打开一张图片，选中建筑物生成选区，如图 11-80 所示。按 Ctrl + C 组合键，复制选区中的图像，取消选区。选择"滤镜 > 消失点"命令，弹出对话框，在对话框的左侧选择"创建平面"工具 ，在图像窗口中单击定义 4 个角的节点，如图 11-81 所示，节点之间会自动连接形成透视平面，如图 11-82 所示。

图 11-80

图 11-81

图 11-82

按 Ctrl + V 组合键，将刚才复制过的图像粘贴到对话框中，如图 11-83 所示。将粘贴的图像拖曳到透视平面中，如图 11-84 所示。

图 11-83

图 11-84

按住 Alt 键的同时，复制并向上拖曳建筑物，如图 11-85 所示。用相同的方法再复制 2 次建筑物，如图 11-86 所示，单击"确定"按钮，建筑物的透视变形效果如图 11-87 所示。

图 11-85　　　　　　　　图 11-86　　　　　　　　图 11-87

在"消失点"对话框中，透视平面显示为蓝色时为有效的平面；显示为红色时为无效的平面，无法计算平面的长宽比，也无法拉出垂直平面；显示为黄色时为无效的平面，无法解析平面的所有消失点，如图 11-88 所示。

蓝色透视平面　　　　　　红色透视平面　　　　　　黄色透视平面

图 11-88

11.3.9　"风格化"滤镜组

通过"风格化"滤镜组可以产生印象派及其他风格画派效果，是完全模拟真实艺术手法进行创作的。"风格化"滤镜子菜单如图 11-89 所示。应用不同的滤镜制作出的效果如图 11-90 所示。

图 11-89　　　　　原图　　　　　查找边缘　　　　　等高线　　　　　风

图 11-90

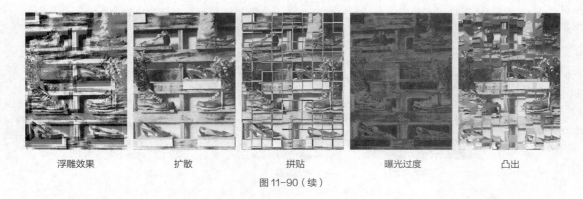

| 浮雕效果 | 扩散 | 拼贴 | 曝光过度 | 凸出 |

图 11-90（续）

11.3.10 "模糊"滤镜组

"模糊"滤镜组可以使图像中过于清晰或对比度强烈的区域产生模糊效果，也可以制作柔和阴影。"模糊"滤镜子菜单如图 11-91 所示。应用不同滤镜制作出的效果如图 11-92 所示。

场景模糊...
光圈模糊...
倾斜偏移...

表面模糊...
动感模糊...
方框模糊...
高斯模糊...
进一步模糊...
径向模糊...
镜头模糊...
模糊
平均
特殊模糊...
形状模糊...

图 11-91

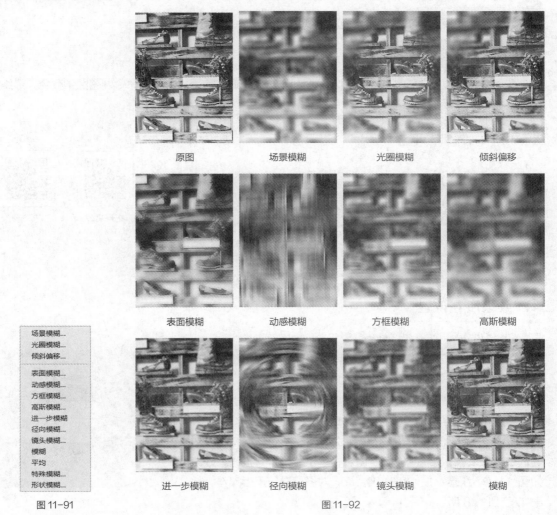

原图	场景模糊	光圈模糊	倾斜偏移
表面模糊	动感模糊	方框模糊	高斯模糊
进一步模糊	径向模糊	镜头模糊	模糊

图 11-92

平均

特殊模糊

形状模糊

图 11-92（续）

11.3.11　课堂案例——制作素描图像

案例学习目标

学习使用滤镜命令下的"特殊模糊"滤镜制作需要的效果。

案例知识要点

使用"特殊模糊"滤镜和"反相"命令制作素描图像，使用"色阶"命令调整图像颜色，最终效果如图 11-93 所示。

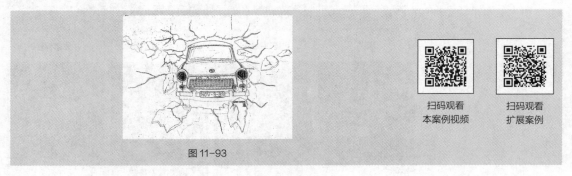

扫码观看
本案例视频

扫码观看
扩展案例

图 11-93

效果所在位置

Ch11/效果/制作素描图像.psd。

（1）按 Ctrl+O 组合键，打开云盘中的"Ch11 > 素材 > 制作素描图像 > 01"文件，如图 11-94 所示。将"背景"图层拖曳到"图层"控制面板下方的"创建新图层"按钮 上进行复制，生成新的图层"背景 副本"，如图 11-95 所示。

（2）选择"滤镜 > 模糊 > 特殊模糊"命令，在弹出的对话框中进行设置，如图 11-96 所示，单击"确定"按钮，效果如图 11-97 所示。按 Ctrl+I 组合键，对图像进行反相操作，效果如图 11-98 所示。

图 11-94

图 11-95　　　　　　　　　　　图 11-96　　　　　　　　　　　图 11-97

（3）单击"图层"控制面板下方的"创建新的填充或调整图层"按钮 ⬤，在弹出的菜单中选择"色阶"命令，在"图层"控制面板中生成"色阶 1"图层，同时在弹出的"色阶"面板中进行设置，如图 11-99 所示，按 Enter 键确认操作，图像效果如图 11-100 所示。素描图像制作完成。

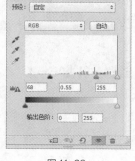

图 11-98　　　　　　　　　　　图 11-99　　　　　　　　　　　图 11-100

11.3.12　"扭曲"滤镜组

通过"扭曲"滤镜组可以生成一组从波纹到扭曲图像的变形效果。"扭曲"滤镜子菜单如图 11-101 所示。应用不同滤镜制作出的效果如图 11-102 所示。

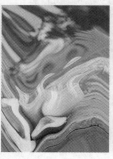

图 11-101　　　　原图　　　　　　波浪　　　　　　波纹　　　　　极坐标

图 11-102

挤压　　　　　　　　切变　　　　　　　　球面化

水波　　　　　　　　旋转扭曲　　　　　　　置换

图 11-102（续）

11.3.13　课堂案例——制作滤镜扭曲

案例学习目标

学习使用"扭曲"滤镜制作需要的效果。

案例知识要点

使用"波纹"滤镜制作图像的扭曲效果，如图 11-103 所示。

扫码观看
本案例视频

扫码观看
扩展案例

图 11-103

效果所在位置

Ch11/效果/制作滤镜扭曲.psd。

第 11 章
滤镜效果

263

（1）按 Ctrl+O 组合键，打开云盘中的"Ch11> 素材 > 制作滤镜扭曲 > 01"文件，如图 11-104 所示。

（2）选择"滤镜 > 扭曲 > 波纹"命令，在弹出的对话框中进行设置，如图 11-105 所示，单击"确定"按钮，图像效果如图 11-106 所示。滤镜扭曲效果制作完成。

图 11-104　　　　　　　　　　图 11-105　　　　　　　　　图 11-106

11.3.14　"锐化"滤镜组

"锐化"滤镜组可以通过生成更大的对比度来使图像清晰化增强图像的轮廓，减少图像修改后产生的模糊效果。"锐化"滤镜子菜单如图 11-107 所示。应用"锐化"滤镜组制作的图像效果如图 11-108 所示。

USM 锐化...
进一步锐化
锐化
锐化边缘
智能锐化...

图 11-107

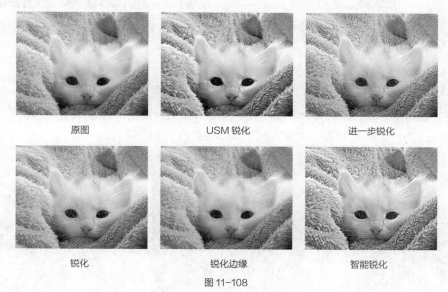

原图　　　　　　　　　USM 锐化　　　　　　　　进一步锐化

锐化　　　　　　　　锐化边缘　　　　　　　　智能锐化

图 11-108

11.3.15　"视频"滤镜

"视频"滤镜属于 Photoshop CS6 的外部接口程序。它是一组控制视频工具的滤镜，用来从摄像机输入图像或将图像输出到录像带上。

11.3.16　"像素化"滤镜组

"像素化"滤镜组可以将图像分块或将图像平面化。"像素化"滤镜子菜单如图 11–109 所示。应用不同的滤镜制作出的效果如图 11–110 所示。

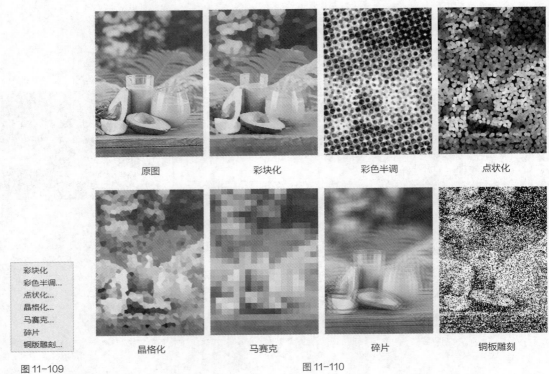

原图	彩块化	彩色半调	点状化

彩块化
彩色半调...
点状化...
晶格化...
马赛克...
碎片
铜版雕刻...

晶格化	马赛克	碎片	铜板雕刻

图 11–109　　　　　　　　　　　　　　　图 11–110

11.3.17　"渲染"滤镜组

"渲染"滤镜组可以使图片中产生不同的光源效果和夜景效果。"渲染"滤镜子菜单如图 11–111 所示。应用不同的滤镜制作出的效果如图 11–112 所示。

分层云彩
光照效果...
镜头光晕...
纤维...
云彩

图 11–111

原图　　　　　　　　　　　分层云彩　　　　　　　　　　　光照效果

图 11–112

镜头光晕   纤维   云彩

图 11-112（续）

11.3.18 课堂案例——制作舞蹈宣传单

案例学习目标

学习使用"滤镜"菜单下的"模糊"和"风格化"命令制作褶皱效果。

案例知识要点

使用"渲染"滤镜和"模糊"滤镜制作褶皱效果，使用"滤镜库"命令制作图片纹理，最终效果如图 11-113 所示。

扫码观看
本案例视频

扫码观看
扩展案例

图 11-113

效果所在位置

Ch11/效果/制作舞蹈宣传单.psd

（1）按 Ctrl + N 组合键，新建一个文件，宽度为 15 cm，高度为 22.5 cm，分辨率为 300 dpi，颜色模式为 RGB，背景颜色为白色，单击"确定"按钮。按 D 键恢复默认的前景色和背景色。

（2）选择"滤镜 > 渲染 > 分层云彩"命令，应用滤镜。按 Ctrl+F 组合键，重复上一步的操作，效果如图 11-114 所示。选择"滤镜 > 风格化 > 浮雕效果"命令，在弹出的对话框中进行设置，如图 11-115 所示，单击"确定"按钮，效果如图 11-116 所示。

图 11-114

图 11-115

图 11-116

（3）选择"滤镜 > 模糊 > 高斯模糊"命令，在弹出的对话框中进行设置，如图 11-117 所示，单击"确定"按钮，效果如图 11-118 所示。

（4）按 Ctrl+O 组合键，打开云盘中的"Ch11 > 素材 > 制作舞蹈宣传单 > 01"文件，选择"移动"工具 ，将图片拖曳到图像窗口中适当的位置，在"图层"控制面板中生成新图层并将其命名为"人物图片"。将该图层的混合模式选项设为"叠加"，如图 11-119 所示，效果如图 11-120 所示。

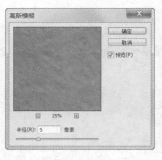
图 11-117

图 11-118

图 11-119

图 11-120

（5）选择"滤镜 > 滤镜库"命令，在弹出的对话框中进行设置，如图 11-121 所示，单击"确定"按钮，效果如图 11-122 所示。

（6）单击"图层"控制面板下方的"创建新的填充或调整图层"按钮 ，在弹出的菜单中选择"色彩平衡"命令，在"图层"控制面板中生成"色彩平衡 1"图层，同时在弹出的"色彩平衡"面板中进行设置，如图 11-123 所示，按 Enter 键确认操作，效果如图 11-124 所示。

图 11-121

图 11-122

图 11-123

（7）按 Ctrl+O 组合键，打开云盘中的"Ch11 > 素材 > 制作舞蹈宣传单 > 02"文件，选择"移动"工具 ，将图片拖曳到图像窗口中适当的位置，在"图层"控制面板中生成新图层并将其命名为"舞"。将该图层的混合模式选项设为"柔光"，如图 11-125 所示，效果如图 11-126 所示。舞蹈宣传单制作完成，效果如图 11-127 所示。

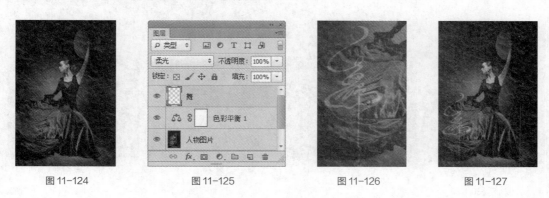

图 11-124   图 11-125   图 11-126   图 11-127

11.3.19 "杂色"滤镜组

"杂色"滤镜组可以用来混合干扰制作出着色像素图案的纹理。"杂色"滤镜子菜单如图 11-128 所示。应用不同的滤镜制作出的效果如图 11-129 所示。

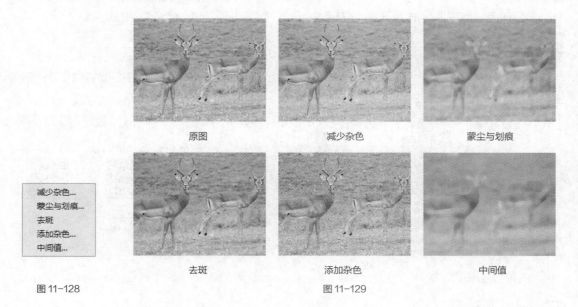

图 11-128   图 11-129

11.3.20 "其他"滤镜组

"其他"滤镜组不同于其他分类的滤镜组，在此滤镜效果中，可以创建自己的特殊效果滤镜。"其他"滤镜子菜单如图 11-130 所示。应用不同滤镜制作出的效果如图 11-131 所示。

高反差保留...
位移...
自定...
最大值...
最小值...

图 11-130

原图　　　高反差保留　　　位移

自定　　　最大值　　　最小值

图 11-131

11.3.21　课堂案例——制作淡彩钢笔画

案例学习目标

学习使用"滤镜库"命令下的"照亮边缘"和"中间值"滤镜制作需要的效果。

案例知识要点

使用"去色"命令、"照亮边缘"滤镜、"图层混合模式"选项和"中间值"滤镜制作淡彩钢笔画，最终效果如图 11-132 所示。

扫码观看
本案例视频

扫码观看
扩展案例

图 11-132

效果所在位置

Ch11/效果/制作淡彩钢笔画.psd。

（1）按 Ctrl+O 组合键，打开云盘中的"Ch11 > 素材 > 制作淡彩钢笔画 > 01"文件，如图 11-133 所示。将"背景"图层拖曳到"图层"控制面板下方的"创建新图层"按钮 📄 上进行复制，生成新的图层"背景 副本"，如图 11-134 所示。

（2）选择"图像 > 调整 > 去色"命令，对图像进行去色操作，效果如图 11-135 所示。

图 11-133　　　　　　　　　　　图 11-134　　　　　　　　　　　图 11-135

（3）选择"滤镜 > 滤镜库"命令，在弹出的对话框中进行设置，如图 11-136 所示，单击"确定"按钮，图像效果如图 11-137 所示。

图 11-136　　　　　　　　　　　　　　　　　　　　　图 11-137

（4）按 Ctrl+I 组合键，对图像进行反相操作，效果如图 11-138 所示。在"图层"控制面板上方，将"背景 副本"图层的混合模式选项设为"叠加"，如图 11-139 所示，图像效果如图 11-140 所示。

图 11-138　　　　　　　　　　　图 11-139　　　　　　　　　　　图 11-140

（5）将"背景"图层拖曳到"图层"控制面板下方的"创建新图层"按钮 上进行复制，生成新的图层"背景 副本 2"，如图 11-141 所示。

（6）选择"滤镜 > 杂色 > 中间值"命令，在弹出的对话框中进行设置，如图 11-142 所示，单击"确定"按钮，图像效果如图 11-143 所示。淡彩钢笔画制作完成。

图 11-141

图 11-142

图 11-143

11.3.22 "Digimarc"滤镜组

"Digimarc"滤镜组将数字水印嵌入图像中以存储版权信息，"Digimarc"滤镜子菜单如图 11-144 所示。

图 11-144

11.4 滤镜使用技巧

掌握了滤镜的使用技巧，有利于快速、准确地使用滤镜为图像添加不同的效果。

11.4.1 重复使用滤镜

如果在使用一次滤镜后，效果不理想，可以重复使用滤镜。方法是直接按 Ctrl+F 组合键。重复使用"动感模糊"滤镜的不同效果如图 11-145 所示。

图 11-145

11.4.2 对通道使用滤镜

如果分别对图像的各个通道使用滤镜，结果和对图像使用滤镜的效果是一样的。对图像的单独通道使用滤镜，可以得到一种较好的效果。对图像的单独通道使用滤镜前、后得到的效果如图 11-146 所示。

图 11-146

11.4.3　对图像局部使用滤镜

对图像局部使用滤镜，是常用的处理图像的方法。首先对图像的局部进行选取，如图 11-147 所示。然后对图像的局部使用"扭曲 > 球面化"滤镜，得到的效果如图 11-148 所示。

如果对选区进行羽化后再使用滤镜，就可以得到与原图融为一体的效果，"羽化选区"对话框的设置如图 11-149 所示，单击"确定"按钮，图像效果如图 11-150 所示。

图 11-147　　　　　　　　图 11-148　　　　　　　　　　图 11-149　　　　　　　　　图 11-150

11.4.4　对滤镜效果进行调整

对图像使用"扭曲 > 波纹"滤镜后，效果如图 11-151 所示。按 Shift+Ctrl+F 组合键，弹出图 11-152 所示的"渐隐"对话框，调整"不透明度"选项的数值并选择"模式"选项，使滤镜效果产生变化，单击"确定"按钮，图像效果如图 11-153 所示。

图 11-151　　　　　　　　　　图 11-152　　　　　　　　　　图 11-153

课后习题——制作荷花纹理

习题知识要点

使用"云彩"滤镜、高斯模糊和"滤镜库"命令制作云彩效果，使用"色相/饱和度"命令调整图像的颜色，使用"色阶"命令和"曲线"命令调整图片的明暗，使用"横排文字"工具和图层样式制作文字特殊效果，最终效果如图 11-154 所示。

图 11-154

扫码观看
本案例视频

效果所在位置

Ch11/效果/制作荷花纹理.psd。

12

第 12 章
动作的制作

本章介绍

在"动作"控制面板中，Photoshop CS6 提供了多种动作命令，应用这些动作命令，可以快捷地制作出多种实用的图像效果。本章将详细讲解记录并应用动作命令的方法和技巧。读者通过学习本章要熟练掌握动作命令的应用方法和操作技巧，并能够根据设计任务的需要自建动作命令，从而提高图像编辑的效率。

学习目标

✔ 了解"动作"控制面板并掌握动作的应用技巧。
✔ 掌握创建动作的方法。

技能目标

✱ 掌握"柔和分离色调效果"的制作技巧。
✱ 掌握"炫酷海报"的制作技巧。

12.1 "动作"控制面板

"动作"控制面板可以用来对一批需要进行相同处理的图像执行批处理操作，以减轻重复操作的麻烦。

选择"窗口 > 动作"命令，或按 Alt+F9 组合键，弹出图 12-1 所示的"动作"控制面板。

在"动作"控制面板中，1 为开/关当前默认动作下的所有命令；2 为开/关当前默认动作下的所有断点；3 为开/关当前按钮下的所有命令；4 为开/关当前按钮下的所有断点；5 为折叠命令清单按钮；6 为展开命令清单按钮。下方的按钮 由左至右依次为"停止播放/记录"按钮 、"开始记录"按钮 、"播放选定的动作"按钮 、"创建新组"按钮 、"创建新动作"按钮 和"删除"按钮 。

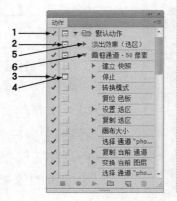

图 12-1   图 12-2

单击"动作"控制面板右上方的图标 ，弹出"动作"控制面板的下拉菜单，如图 12-2 所示，下面是各个命令的介绍。

"按钮模式"命令：用于设置"动作"控制面板的显示方式，可以选择以列表显示或以按钮方式显示，效果如图 12-3 所示。

"新建动作"命令：用于新建动作命令并开始录制新的动作命令。

"新建组"命令：用于新建序列设置。

"复制"命令：用于复制"动作"控制面板中的当前命令，使其成为新的动作命令。

"删除"命令：用于删除"动作"控制面板中高亮显示的动作命令。

"播放"命令：用于执行"动作"控制面板中所记录的操作步骤。

图 12-3

"开始记录"命令：用于开始录制新的动作命令。

"再次记录"命令：用于重新录制"动作"控制面板中的当前命令。

"插入菜单项目"命令：用于在当前的"动作"控制面板中插入菜单选项，在执行动作时此菜单选项将被执行。

"插入停止"命令：用于在当前的"动作"控制面板中插入断点，在执行动作遇到此命令时将弹出一个对话框，用于确定是否继续进行。

"插入路径"命令：用于在当前的"动作"控制面板中插入路径。

"动作选项"命令：用于设置当前的动作选项。

"回放选项"命令：用于设置动作执行的性能，单击此命令，弹出图 12-4 所示的"回放选项"对话框。在对话框中，"加速"选项用于快速地按顺序执行"动作"控制面板中的动作命令；"逐步"

选项用于逐步地执行"动作"控制面板中的动作命令；"暂停"选项用于设定执行两条动作命令间的延迟秒数"允许工具记录"命令：用于记录动作中的工具。

图 12-4

"清除全部动作"命令：用于清除"动作"控制面板中的所有动作命令。

"复位动作"命令：用于重新恢复"动作"控制面板的初始化状态。

"载入动作"命令：用于从硬盘中载入已保存的动作文件。

"替换动作"命令：用于从硬盘中载入并替换当前的动作文件。

"存储动作"命令：用于保存当前的动作命令。

"命令"以下都是配置的动作命令。

"动作"控制面板的应用提供了灵活、便捷的工作方式，只需建立好自己的动作命令，然后将千篇一律的工作交给它去完成即可。要建立动作命令，首先应选用"清除全部动作"命令清除或保存已有的动作命令，然后选用"新建动作"命令并在弹出的对话框中输入相关的参数，最后单击"确定"按钮即可。

12.2 记录并应用动作

在"动作"控制面板中，可以非常便捷地记录并应用动作。

打开一幅图像，如图 12-5 所示。在"动作"控制面板的下拉菜单中选择"新建动作"命令，弹出"新建动作"对话框，如图 12-6 所示进行设定。单击"记录"按钮，在"动作"控制面板中出现"动作 1"，如图 12-7 所示。

图 12-5   图 12-6   图 12-7

在"图层"控制面板中新建"图层 1"，如图 12-8 所示，在"动作"控制面板中记录下了新建"图层 1"的动作，如图 12-9 所示。

在"图层 1"中绘制出渐变效果，如图 12-10 所示。在"动作"控制面板中记录下了渐变的动作，如图 12-11 所示。

在"图层"控制面板中的"混合模式"选项中选择"亮光"，如图 12-12 所示。在"动作"控制面板中记录下了选择模式的动作，如图 12-13 所示。

对图像的编辑完成，效果如图 12-14 所示，在"动作"控制面板的下拉菜单中选择"停止记录"命令，"动作 1"的记录即完成，如图 12-15 所示。

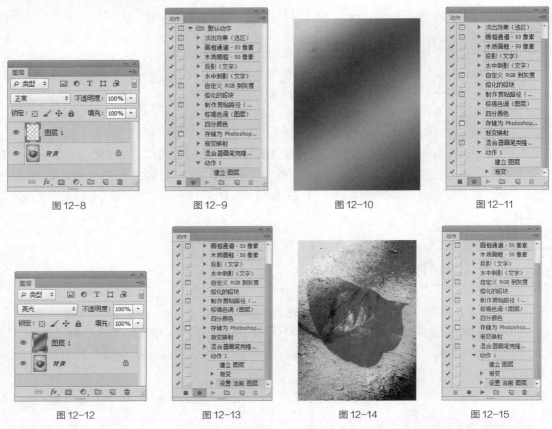

图 12-8　　　　图 12-9　　　　图 12-10　　　　图 12-11

图 12-12　　　　图 12-13　　　　图 12-14　　　　图 12-15

图像的编辑过程被记录在"动作 1"中，"动作 1"中的编辑过程可以应用到其他的图像当中。

打开一幅图像，如图 12-16 所示。在"动作"控制面板中选择"动作 1"，如图 12-17 所示。单击"播放选定的动作"按钮 ▶，图像编辑过程和效果就是刚才编辑图像时的编辑过程和效果，最终效果如图 12-18 所示。

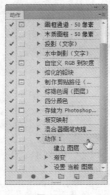

图 12-16　　　　图 12-17　　　　图 12-18

12.2.1 课堂案例——柔和分离色调效果

案例学习目标

学习使用"动作"控制面板中默认的命令制作出需要的效果。

案例知识要点

使用"动作"控制面板中的"柔和分离色调"命令制作柔和分离色调效果，最终效果如图 12-19 所示。

图 12-19

扫码观看
本案例视频

扫码观看
扩展案例

效果所在位置

Ch12/效果/柔和分离色调效果.psd。

（1）按 Ctrl + O 组合键，打开云盘中的"Ch12 > 素材 > 柔和分离色调效果 > 01"文件，如图 12-20 所示。

（2）按 Alt+F9 组合键，在弹出的"动作"控制面板中单击右上方的图标，在弹出的菜单中选择"图像效果"命令，在"动作"控制面板中增加了"图像效果"选项组，单击"图像效果"选项组前方的按钮，将其展开，选中其中的"柔和分离色调"选项，单击"动作"控制面板下方的"播放选定的动作"按钮，如图 12-21 所示，图像效果如图 12-22 所示。

图 12-20   图 12-21   图 12-22

（3）将前景色设为黑色。选择"横排文字"工具，在适当的位置分别输入文字并选取文字，在属性栏中分别选择合适的字体并设置大小，效果如图 12-23 所示，在"图层"控制面板中分别生成新的文字图层。

（4）选择"移动"工具 ，按住 Shift 键的同时输入选中的文字图层，按 Ctrl+T 组合键，在图形周围出现变换框，将光标放在变换框的控制手柄右上角，光标变为旋转图标 ，拖曳光标将图形旋转到适当的角度，按 Enter 键确认操作，效果如图 12-24 所示。柔和分离色调效果制作完成。

图 12-23

图 12-24

12.2.2　课堂案例——制作炫酷海报

案例学习目标

学习使用"动作"控制面板创建动作制作图像效果。

案例知识要点

使用"矩形"工具、"直接选择"工具、"自由变换"命令和"动作"控制面板制作放射线条图形，使用图层样式和"渐变"工具制作形状渐隐效果，最终效果如图 12-25 所示。

扫码观看
本案例视频

扫码观看
扩展案例

图 12-25

效果所在位置

Ch12/效果/制作炫酷海报.psd。

（1）按 Ctrl+O 组合键，打开云盘中的"Ch12 > 素材 > 制作炫酷海报 > 01"文件，如图 12-26 所示。新建图层并将其命名为"形状"。将前景色设为黄色（255、246、199）。选择"矩形"工具 ，在属性栏的"选择工具模式"选项中选择"路径"，在图像窗口中绘制矩形路径，如图 12-27 所示。

（2）选择"直接选择"工具 ，单击右下方的节点，将其选中，向左拖曳节点到适当的位置，再单击左下方的节点，将其选中，向右拖曳节点到适当的位置，如图 12-28 所示。按 Ctrl+Enter 组

合键，将路径转换为选区，如图 12-29 所示。按 Alt+Delete 组合键，用前景色填充选区。按 Ctrl+D
组合键，取消选区，效果如图 12-30 所示。

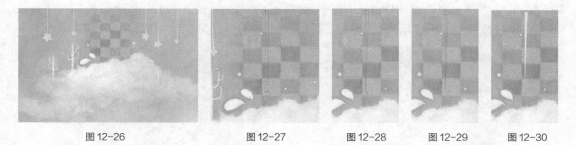

图 12-26   图 12-27   图 12-28   图 12-29   图 12-30

　（3）选择"窗口 > 动作"命令，弹出"动作"控制面板，单击控制面板下方的"创建新动作"
按钮，弹出"新建动作"对话框，如图 12-31 所示，单击"记录"按钮。将"形状"图层拖曳到
"图层"控制面板下方的"创建新图层"按钮上进行复制，生成新的图层"形状 副本"，如图 12-32
所示。按 Ctrl+T 组合键，图形周围出现变换框，将旋转中心拖曳到变换框的下方，并将图形旋转到
适当的角度，按 Enter 键确认操作，效果如图 12-33 所示。

　（4）单击"动作"控制面板下方的"停止播放/记录"按钮，停止动作的录制。连续单击"动
作"控制面板下方的"播放选定的动作"按钮，按需复制多个形状图形，效果如图 12-34 所示。
在"图层"控制面板中，按住 Shift 键的同时，选中"形状"图层及其副本图层，按 Ctrl+G 组合键，
将其编组，在"图层"控制面板中生成新的图层组并将其命名为"形状"，如图 12-35 所示。

图 12-31   图 12-32

图 12-33   图 12-34   图 12-35

　（5）单击"图层"控制面板下方的"添加图层蒙版"按钮，为"形状"图层组添加图层蒙版。
选择"渐变"工具，单击属性栏中的"点按可编辑渐变"按钮，弹出"渐变编辑器"对
话框，将渐变色设为从黑色到白色，单击"确定"按钮。单击属性栏中的"径向渐变"按钮，在图

像窗口中由内向外拖曳渐变，图像效果如图 12-36 所示。

（6）按 Ctrl+O 组合键，打开云盘中的"Ch12 > 素材 > 制作炫酷海报 > 02、03"文件，选择"移动"工具 ⬚，将人物和文字图片分别拖曳到图像窗口中适当的位置，效果如图 12-37 所示，在"图层"控制面板中生成新图层并分别将其命名为"人物""文字"。炫酷海报制作完成。

图 12-36

图 12-37

课后习题——创建 LOMO 特效动作

 习题知识要点

使用动作命令、图层蒙版和"径向渐变"命令制作 LOMO 特效，最终效果如图 12-38 所示。

图 12-38

扫码观看
本案例视频

效果所在位置

Ch12/效果/创建 LOMO 特效动作.psd。

13

第 13 章
综合应用精彩实例

本章介绍

本章通过多个图像处理案例和商业应用案例，进一步讲解
Photoshop CS6 各大功能的特色和使用技巧，让读者能够快速
地掌握软件功能和知识要点，制作出变化丰富的设计作品。

学习目标

✔ 掌握软件基础知识的使用方法。
✔ 了解 Photoshop 的常用设计领域。
✔ 掌握 Photoshop 在不同设计领域的使用技巧。

技能目标

✳ 掌握 "照片背景" 的更换方法。
✳ 掌握 "照片颜色" 的调整方法。
✳ 掌握 "局部灰度照片" 的调整方法。
✳ 掌握 "粒子光" 的制作方法。
✳ 掌握 "纹身" 的添加方法。
✳ 掌握 "主题海报" 的制作方法。
✳ 掌握 "相机图标" 的制作方法。
✳ 掌握 "荷花餐具" 的绘制方法。
✳ 掌握 "生日贺卡" 的制作方法。
✳ 掌握 "房地产广告" 的制作方法。
✳ 掌握 "美食书籍封面" 的制作方法。
✳ 掌握 "零食包装" 的制作方法。
✳ 掌握 "数码产品网页" 的制作方法。

13.1　更换照片背景

案例学习目标

学习使用"调整边缘"命令更换照片背景。

案例知识要点

使用"钢笔"工具抠出人物图像，使用"将路径转化为选区"命令将路径转化为选区，使用"调整边缘"命令优化选区，使用"移动"工具添加底图和文字，最终效果如图 13-1 所示。

图 13-1

扫码观看
本案例视频

扫码观看
扩展案例

效果所在位置

Ch13/效果/更换照片背景.psd。

（1）按 Ctrl+O 组合键，打开云盘中的"Ch13 > 素材 > 更换照片背景 > 01"文件，如图 13-2 所示。选择"钢笔"工具，抠出人物图像，将头发大致抠出即可。按 Ctrl+Enter 组合键，将路径转换为选区，如图 13-3 所示。

（2）选择"选择 > 调整边缘"命令，弹出对话框，单击"视图"选项右侧的按钮，在弹出的面板中选择"叠加"选项，如图 13-4 所示，图像窗口中显示叠加视图模式，如图 13-5 所示。选择"调整半径"工具，在属性栏中将"大小"选项设为 350，在人物图像中涂抹头发边缘，将头发与背景分离，效果如图 13-6 所示。

（3）其他选项的设置如图 13-7 所示，单击"输出到"选项右侧的按钮，在弹出的菜单中选择"新建带有图层蒙版的图层"选项，单击"确定"按钮，在"图层"控制面板中生成蒙版图层，如图 13-8 所示，效果如图 13-9 所示。

图 13-2

图 13-3

图 13-4

图 13-5

图 13-6

图 13-7

图 13-8

图 13-9

（4）按 Ctrl+O 组合键，打开云盘中的"Ch13＞素材 ＞ 更换照片背景 ＞ 02"文件，选择"移动"工具，将"02"文件拖曳到"01"文件中，生成新的图层将其命名为"底图"，再将其拖曳到"背景 拷贝"图层的下方，效果如图 13-10 所示。用同样的方法打开"03"文件，并将其拖曳到适当的位置，命名为"装饰"，效果如图 13-11 所示。照片背景更换完成。

图 13-10

图 13-11

13.2 调整照片颜色

案例学习目标

学习使用调整命令调整图像效果。

案例知识要点

使用"曲线"命令、"色彩平衡"命令和"可选颜色"命令调整图像色调，使用"横排文字"工具添加文字，最终效果如图 13-12 所示。

图 13-12

效果所在位置

Ch13/效果/调整照片颜色.psd。

（1）按 Ctrl+O 组合键，打开云盘中的"Ch13 > 素材 > 调整照片颜色 > 01"文件，如图 13-13 所示。将"背景"图层拖曳到"图层"控制面板下方的"创建新图层"按钮上进行复制，生成新的图层"背景 副本"，如图 13-14 所示。

（2）选择"钢笔"工具，在其属性栏的"选择工具模式"选项中选择"路径"，在图像窗口中沿着人物轮廓绘制路径，如图 13-15 所示。按 Ctrl+Enter 组合键，将路径转化为选区，如图 13-16 所示。

图 13-13

图 13-14

图 13-15

（3）选择"选择 > 修改 > 收缩"命令，在弹出的对话框中进行设置，如图 13-17 所示，单击"确定"按钮，效果如图 13-18 所示。按 Ctrl+J 组合键，将选区中的图像复制到新的图层，并将其命名为"人物"，如图 13-19 所示。

图 13-16	图 13-17	图 13-18

（4）选择"图像 > 调整 > 可选颜色"命令，在弹出的对话框中进行设置，如图 13-20 所示。单击"颜色"选项右侧的按钮 ，在弹出的菜单中选择"黄色"选项，切换到相应的对话框，设置如图 13-21 所示。

图 13-19	图 13-20	图 13-21

（5）选择"绿色"选项，切换到相应的对话框，设置如图 13-22 所示。选择"青色"选项，切换到相应的对话框，设置如图 13-23 所示。

图 13-22	图 13-23

（6）选择"蓝色"选项，切换到相应的对话框，设置如图 13-24 所示。单击"确定"按钮，效果如图 13-25 所示。

（7）选择"图像 > 调整 > 曲线"命令，弹出"曲线"对话框，在曲线上单击添加控制点，将"输入"选项设为 143，"输出"选项设为 163，如图 13-26 所示。再次单击添加一个控制点，将"输入"选项设为 76，"输出"选项设为 67，如图 13-27 所示。单击"确定"按钮，效果如图 13-28 所示。

图 13-24

图 13-25

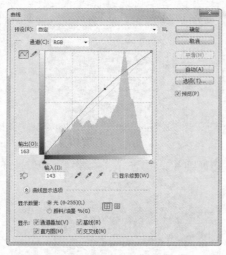

图 13-26

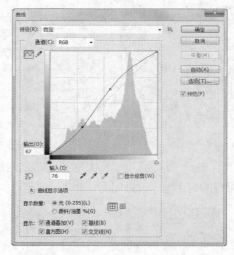

图 13-27

（8）将前景色设为白色。选择"横排文字"工具 T ，在适当的位置输入需要的文字并选取文字，在属性栏中选择合适的字体并设置大小，效果如图 13-29 所示，在"图层"控制面板中生成新的文字图层。照片颜色调整完成。

图 13-28

图 13-29

13.3 局部灰度照片

案例学习目标

学习使用"通道"控制面板及图像下的调整命令制作出需要的效果。

案例知识要点

使用"色阶"命令、"反相"命令、"去色"命令及"亮度/对比度"命令制作局部灰度照片，最终效果如图 13-30 所示。

图 13-30

扫码观看
本案例视频

扫码观看
扩展案例

效果所在位置

Ch13/效果/局部灰度照片.psd。

（1）按 Ctrl+O 组合键，打开云盘中的"Ch13 > 素材 > 局部灰度照片 > 01"文件，如图 13-31 所示。选择"通道"控制面板，将"绿"通道拖曳到"创建新通道"按钮 上进行复制，生成新的通道"绿 副本"，如图 13-32 所示。

（2）按 Ctrl+L 组合键，弹出"色阶"对话框，选项的设置如图 13-33 所示，单击"确定"按钮，图像效果如图 13-34 所示。

图 13-31

图 13-32

图 13-33

（3）按 Ctrl+I 组合键，对图像进行反相操作，如图 13-35 所示。按住 Ctrl 键的同时，单击"绿

副本"通道的通道缩览图，如图 13-36 所示，图像周围生成选区，图像效果如图 13-37 所示。选中
"RGB"通道，返回到"图层"控制面板中，选中"背景"图层，按 Shift+Ctrl+I 组合键，将选区反
选，如图 13-38 所示。按 Shift+Ctrl+U 组合键，去除选区内图像的颜色，如图 13-39 所示。

图 13-34

图 13-35

图 13-36

图 13-37

图 13-38

图 13-39

（4）选择"图像 > 调整 > 亮度/对比度"命令，在弹出的对话框中进行设置，如图 13-40 所
示，单击"确定"按钮。按 Ctrl+D 组合键，取消选区，图像效果如图 13-41 所示。

（5）选择"横排文字"工具 T，在适当的位置分别输入需要的文字并选取文字，在属性栏中选
择合适的字体并设置大小，效果如图 13-42 所示，在"图层"控制面板中分别生成新的文字图层。
局部灰度照片制作完成。

图 13-40

图 13-41

图 13-42

课堂练习——制作烛台特效

🔗 练习知识要点

　　使用"磁性套索"工具勾出烛台图像，使用"马赛克拼贴"滤镜制作马赛克底图，使用"马赛
克"滤镜、"绘画涂抹"滤镜和"粗糙蜡笔"滤镜制作烛台特效，最终效果如图 13-43 所示。

图 13-43

效果所在位置

Ch13/效果/制作烛台特效.psd。

课后习题——制作动感舞者

习题知识要点

　　使用"填充"命令和图层的混合模式制作图片的融合效果，使用"高斯模糊"命令和"波浪"滤镜制作投影效果，使用"画笔"工具和"画笔"面板制作高光，最终效果如图 13-44 所示。

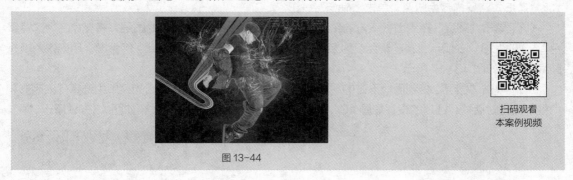

图 13-44

效果所在位置

Ch13/效果/制作动感舞者.psd。

13.4　制作粒子光

案例学习目标

　　学习使用图层样式、"滤镜"命令和"用画笔描边路径"按钮制作出需要的效果。

🔒 案例知识要点

使用"椭圆选框"工具、"描边"命令、"极坐标"命令、"风"命令和"动感模糊"命令制作光效果，使用图层样式为光添加多种特殊效果，使用"椭圆"工具、"画笔"工具和"用画笔描边路径"按钮制作外发光效果，使用"直排文字"工具和"描边"命令制作宣传性文字，最终效果如图13-45所示。

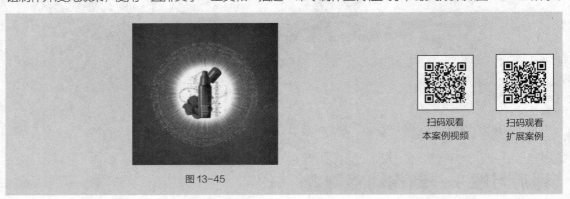

扫码观看
本案例视频

扫码观看
扩展案例

图 13-45

◎ 效果所在位置

Ch13/效果/制作粒子光.psd。

（1）按 Ctrl+N 组合键，新建一个文件，宽度和高度均为 6.8 cm，分辨率为 300 dpi，颜色模式为 RGB，背景内容为白色，单击"确定"按钮。

（2）单击"图层"控制面板下方的"创建新图层"按钮 █，生成新的图层并将其命名为"背景色"，如图 13-46 所示。将前景色设为红色（211、0、0）。按 Alt+Delete 组合键，用前景色填充图层，效果如图 13-47 所示。

（3）单击"图层"控制面板下方的"添加图层样式"按钮 fx，在弹出的菜单中选择"内阴影"命令，弹出对话框，选项的设置如图 13-48 所示，单击"确定"按钮，效果如图 13-49 所示。

图 13-46

图 13-47

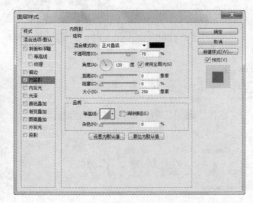

图 13-48

（4）新建图层并将其命名为"光"。选择"椭圆选框"工具 ◯，按住 Shift 键的同时，在图像窗口中拖曳鼠标绘制圆形选区，效果如图 13-50 所示。

（5）选择"编辑 > 描边"命令，弹出"描边"对话框，将描边颜色设为白色，其他选项的设置如图 13-51 所示，单击"确定"按钮。按 Ctrl+D 组合键，取消选区，效果如图 13-52 所示。

图 13-49

图 13-50

图 13-51

（6）选择"滤镜 > 扭曲 > 极坐标"命令，在弹出的对话框中进行设置，如图 13-53 所示，单击"确定"按钮，效果如图 13-54 所示。

图 13-52

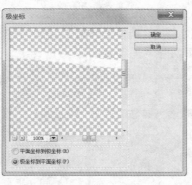

图 13-53

图 13-54

（7）选择"图像 > 图像旋转 > 90 度（逆时针）"命令，旋转图像，效果如图 13-55 所示。选择"滤镜 > 风格化 > 风"命令，在弹出的对话框中进行设置，如图 13-56 所示，单击"确定"按钮，效果如图 13-57 所示。多次重复按 Ctrl+F 组合键，重复使用"风"滤镜，效果如图 13-58 所示。

图 13-55

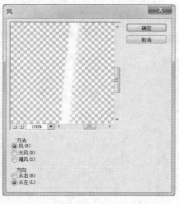

图 13-56

图 13-57

（8）选择"图像 > 图像旋转 > 90度（顺时针）"命令，效果如图 13-59 所示。选择"滤镜 > 扭曲 > 极坐标"命令，在弹出的对话框中进行设置，如图 13-60 所示，单击"确定"按钮，效果如图 13-61 所示。

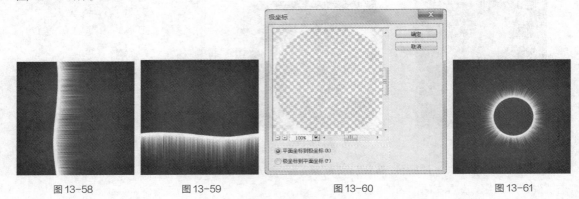

| 图 13-58 | 图 13-59 | 图 13-60 | 图 13-61 |

（9）按住 Ctrl 键的同时，在"光"图层的下方新建图层并将其命名为"圆"。将前景色设为白色。选择"椭圆"工具 ，在属性栏的"选择工具模式"选项中选择"像素"，按住 Shift 键的同时，在适当的位置绘制一个圆形，效果如图 13-62 所示。

（10）将"光"图层拖曳到"图层"控制面板下方的"创建新图层"按钮 上进行复制，生成新的图层"光 副本"。选择"滤镜 > 模糊 > 径向模糊"命令，在弹出的对话框中进行设置，如图 13-63 所示，单击"确定"按钮，效果如图 13-64 所示。

 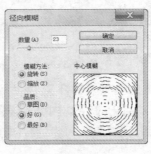 

| 图 13-62 | 图 13-63 | 图 13-64 |

（11）在"图层"控制面板中，按住 Shift 键的同时，将"圆"图层和"光 副本"图层之间的所有图层同时选取，如图 13-65 所示。按 Ctrl+E 组合键，合并图层并将其命名为"光"，如图 13-66 所示。

| 图 13-65 | 图 13-66 |

（12）单击"图层"控制面板下方的"添加图层样式"按钮 fx，在弹出的菜单中选择"内发光"命令，弹出其对话框，选项的设置如图 13-67 所示。选择"外发光"选项，切换到相应的对话框，将外发光颜色设为红色（255、0、0），其他选项的设置如图 13-68 所示，单击"确定"按钮，效果如图 13-69 所示。

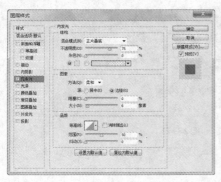 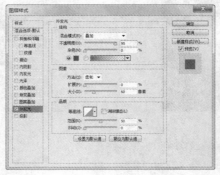 

图 13-67　　　　　　　图 13-68　　　　　　　图 13-69

（13）新建图层并将其命名为"外发光"。选择"椭圆"工具，在属性栏的"选择工具模式"选项中选择"路径"，按住 Shift 键的同时，在适当的位置绘制一个圆形路径，如图 13-70 所示。

（14）选择"画笔"工具，在属性栏中单击"切换画笔面板"按钮，弹出"画笔"控制面板，选择"画笔笔尖形状"选项，切换到相应的面板，设置如图 13-71 所示。选择"形状动态"选项，切换到相应的面板，设置如图 13-72 所示。选择"散布"选项，切换到相应的面板，设置如图 13-73 所示。单击"路径"控制面板下方的"用画笔描边路径"按钮，对路径进行描边，按 Enter 键，隐藏该路径，效果如图 13-74 所示。

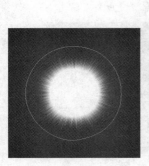   

图 13-70　　　　图 13-71　　　　图 13-72　　　　图 13-73

（15）单击"图层"控制面板下方的"添加图层样式"按钮 fx，在弹出的菜单中选择"内发光"命令，弹出其对话框，将发光颜色设为橘黄色（255、94、31），其他选项的设置如图 13-75 所示。选择"外发光"选项，切换到相应的对话框，将发光颜色设为红色（255、0、0），其他选项的设置如图 13-76 所示，单击"确定"按钮，效果如图 13-77 所示。按两次 Ctrl+J 组合键，复制"形状"图层，生成新的副本图层，如图 13-78 所示。

图 13-74

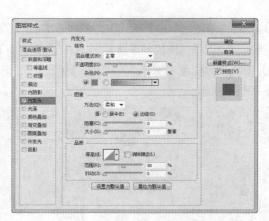

图 13-75

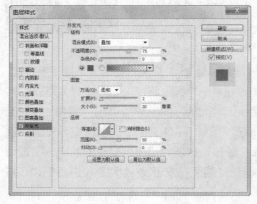

图 13-76

图 13-77

图 13-78

（16）按 Ctrl+T 组合键，在图像周围出现变换框，按住 Alt+Shift 组合键的同时，拖曳右上角的控制手柄等比例缩小图形，按 Enter 键确认操作，效果如图 13-79 所示。使用相同的方法再制作出一些内光，效果如图 13-80 所示。合并图层后，"图层"控制面板如图 13-81 所示。

图 13-79

图 13-80

图 13-81

（17）按 Ctrl+J 组合键，复制"内光"图层，生成新的图层"内光 副本"，如图 13-82 所示。选择"滤镜 > 模糊 > 高斯模糊"命令，在弹出的对话框中进行设置，如图 13-83 所示，单击"确定"按钮，效果如图 13-84 所示。

（18）按 Ctrl＋O 组合键，打开云盘中的"Ch13 > 素材 > 制作粒子光 > 01"文件，选择"移动"工具，将图片拖曳到图像窗口中适当的位置，效果如图 13-85 所示，在"图层"控制面板中生成新图层并将其命名为"化妆品"。粒子光制作完成。

| 图 13-82 | 图 13-83 | 图 13-84 | 图 13-85 |

13.5 　添加文身

案例学习目标

学习使用合成工具和面板添加文身。

案例知识要点

使用变换命令和"图层"控制面板添加文身，最终效果如图 13-86 所示。

扫码观看
本案例视频

扫码观看
扩展案例

图 13-86

效果所在位置

Ch13/添加文身/添加文身. psd。

（1）按 Ctrl+O 组合键，打开云盘中的"Ch13 > 添加文身 > 01、02"文件，选择"移动"工具 ，将 02 图片拖曳到 01 图像窗口中，如图 13-87 所示。

（2）按 Ctrl+T 组合键，在图像周围出现变换框，在变换框中单击鼠标右键，在弹出的菜单中选择"变形"命令，变形图像，按 Enter 键确认操作，效果如图 13-88 所示。

（3）在"图层"控制面板上方，将"不透明度"选项设为 60%，如图 13-89 所示，按 Enter 键确认操作，图像效果如图 13-90 所示。

图 13-87

图 13-88

图 13-89

图 13-90

（4）按 Ctrl+J 组合键，复制图像，如图 13-91 所示。在"图层"控制面板上方，将该图层的混合模式选项设为"饱和度"，将"不透明度"选项设为 75%，如图 13-92 所示，按 Enter 键确认操作，图像效果如图 13-93 所示。文身添加完成。

图 13-91

图 13-92

图 13-93

13.6　制作主题海报

案例学习目标

学习使用"渐变映射"命令制作主题海报。

案例知识要点

使用"渐变"工具填充背景，使用"钢笔"工具绘制多边形，使用"移动"工具移动图像，使用"渐变映射"命令调整人物图像，最终效果如图 13-94 所示。

图 13-94

扫码观看
本案例视频

扫码观看
扩展案例

效果所在位置

Ch13/效果/制作主题海报.psd。

（1）按 Ctrl+N 组合键，新建一个文件，宽度为 30 cm，高度为 34.9 cm，分辨率为 300 dpi，背景内容为白色，新建文档。

（2）选择"渐变"工具，单击属性栏中的"点按可编辑渐变"按钮，弹出"渐变编辑器"对话框，在"位置"选项中分别输入 0、50、100 三个位置点，并分别设置三个位置点颜色的 RGB 值为 0（202、229、242）、50（249、248、208）、100（202、227、204），如图 13-95 所示，单击"确定"按钮。在图像窗口中由右下角至左上角拖曳渐变色，效果如图 13-96 所示。

（3）选择"文件 > 置入"命令，弹出"置入"对话框，选择云盘中的"Ch13 > 素材 > 制作主题海报 > 01"文件，单击"置入"按钮，将图片置入到图像窗口中，并调整其位置和大小，按 Enter 键确认操作，效果如图 13-97 所示，在"图层"控制面板中生成新的图层并将其命名为"人物 1"。在该图层上单击鼠标右键，在弹出的菜单中选择"栅格化图层"命令，栅格化图像，如图 13-98 所示。

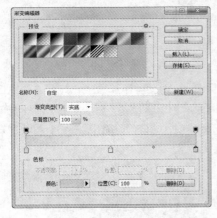

图 13-95

图 13-96

图 13-97

（4）选择"图像 > 调整 > 黑白"命令，在弹出的对话框中进行设置，如图 13-99 所示。单击"确定"按钮，效果如图 13-100 所示。

图 13-98

图 13-99

图 13-100

（5）在"图层"控制面板上方，将"人物1"图层的混合模式选项设为"正片叠底"，"不透明度"选项设为80%，如图 13-101 所示，按 Enter 键确认操作，效果如图 13-102 所示。

（6）选择"图像 > 调整 > 渐变映射"命令，弹出对话框，单击"点按可编辑渐变"按钮 ，弹出"渐变编辑器"对话框，将渐变色设为从橘色（255、83、16）到白色，如图 13-103 所示，单击"确定"按钮。返回到"渐变映射"对话框，单击"确定"按钮，效果如图 13-104 所示。

图 13-101

图 13-102

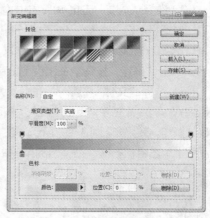

图 13-103

（7）单击"图层"控制面板下方的"添加图层蒙版"按钮 ▣，为图层添加蒙版，如图 13-105 所示。选择"渐变"工具 ▣，单击属性栏中的"点按可编辑渐变"按钮 ▣，弹出"渐变编辑器"对话框，将渐变色设为从黑色到白色，如图 13-106 所示，单击"确定"按钮。在 01 图像下方从下向上拖曳渐变色，效果如图 13-107 所示。

图 13-104

图 13-105

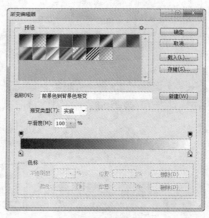

图 13-106

（8）选择"文件 > 置入"命令，弹出"置入"对话框，选择云盘中的"Ch13 > 素材 > 制作主题海报 > 02"文件，单击"置入"按钮，将图片置入图像窗口中，并调整其位置和大小，如图 13-108 所示。

（9）单击鼠标右键，在弹出的菜单中选择"水平翻转"命令，水平翻转图像，按 Enter 键确认操作，效果如图 13-109 所示，在"图层"控制面板中生成新的图层并将其命名为"人物2"。

在该图层上单击鼠标右键，在弹出的菜单中选择"栅格化图层"命令，栅格化图像，如图 13-110 所示。

（10）选择"图像 > 调整 > 黑白"命令，在弹出的对话框中进行设置，如图 13-111 所示。单击"确定"按钮，效果如图 13-112 所示。

图 13-107

图 13-108

图 13-109

图 13-110

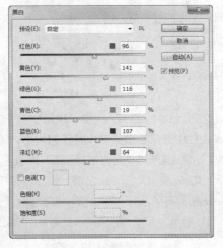

图 13-111

图 13-112

（11）在"图层"控制面板上方，将"人物 2"图层的混合模式选项设为"正片叠底"，"不透明度"选项设为 60%，如图 13-113 所示，按 Enter 键确认操作，效果如图 13-114 所示。

图 13-113

图 13-114

（12）选择"图像 > 调整 > 渐变映射"命令，弹出对话框，单击"点按可编辑渐变"按钮 ，弹出"渐变编辑器"对话框，将渐变色设为从绿色（0、233、164）到白色，如图 13-115 所示，单击"确定"按钮。返回到"渐变映射"对话框，单击"确定"按钮，效果如图 13-116 所示。

（13）按 Ctrl＋O 组合键，打开云盘中的"Ch13 > 素材 > 制作主题海报 > 03"文件。选择"移动"工具 ，将 03 图像拖曳到新建的图像窗口中适当的位置，效果如图 13-117 所示，在"图层"控制面板中生成新的图层并将其命名为"文字"。

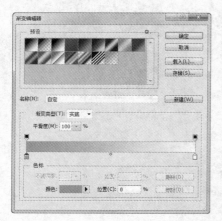

图 13-115 图 13-116 图 13-117

（14）将前景色设为橙色（255、144、0）。选择"横排文字"工具 ，在适当的位置分别输入需要的文字并选取文字，在属性栏中选择合适的字体并设置大小，单击"右对齐文本"按钮 ，效果如图 13-118 所示，在"图层"控制面板中分别生成新的文字图层。

（15）选择"量贩式 KTV"文字。按 Ctrl+T 组合键，弹出"字符"面板，将"设置行距"选项 设置为 63 点，"设置所选字符的字距调整"选项 设置为 50，单击"全部大写字母"按钮 ，如图 13-119 所示，按 Enter 键确认操作，效果如图 13-120 所示。

图 13-118 图 13-119 图 13-120

（16）选择"Pick up your……"文字。在"字符"面板中，将"设置行距"选项 设置为 17.2 点，"设置所选字符的字距调整"选项 设置为 50，单击"全部大写字母"按钮 ，如图 13-121 所示，按 Enter 键确认操作，效果如图 13-122 所示。

图 13-121

图 13-122

（17）在"图层"控制面板上方，将该文字图层的"不透明度"选项设为 60%，如图 13-123 所示，按 Enter 键确认操作，效果如图 13-124 所示。主题海报制作完成，效果如图 13-125 所示。

图 13-123

图 13-124

图 13-125

课堂练习——制作手绘图形

🔗 练习知识要点

使用"色相/饱和度"和"曲线"命令调整层调整动物图片，使用"查找边缘"滤镜、"通道"控制面板、"色阶"命令和"画笔"工具制作手绘图形，使用图层蒙版和"画笔"工具制作图片融合，最终效果如图 13-126 所示。

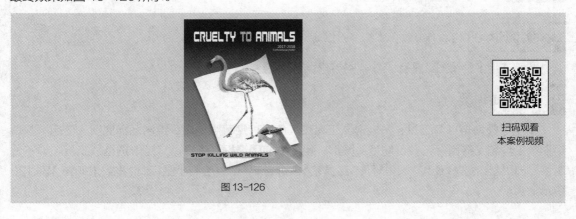

图 13-126

扫码观看
本案例视频

效果所在位置

Ch13/效果/制作手绘图形.psd。

课后习题——制作漂浮的水果

习题知识要点

使用图层蒙版、"画笔"工具和"高斯模糊"命令制作水果与海面的融合效果，使用"波纹"命令、"亮度与对比度"命令和"画笔"工具制作水果阴影，使用"横排文字"工具和"字符"控制面板添加需要的文字，最终效果如图 13-127 所示。

图 13-127

扫码观看
本案例视频

 效果所在位置

Ch13/效果/制作漂浮的水果.psd。

13.7 制作相机图标

案例学习目标

学习使用多种绘图工具及"图层"控制面板制作图标。

案例知识要点

使用"圆角矩形"工具、"矩形"工具和"创建剪贴蒙版"命令绘制图标底图，使用"圆角矩形"工具和"椭圆"工具绘制镜头图形，使用"椭圆选框"工具、"矩形选框"工具和"不透明度"选项绘制高光，使用"圆角矩形"工具和"横排文字"工具绘制小图标，最终效果如图 13-128 所示。

图 13-128

扫码观看
本案例视频

扫码观看
扩展案例

效果所在位置

Ch13/效果/制作相机图标.psd。

（1）按 Ctrl+N 组合键，新建一个文件，宽度为 23.28 cm，高度为 23.28 cm，分辨率为 72 dpi，颜色模式为 RGB，背景内容为白色。

（2）单击"图层"控制面板下方的"创建新组"按钮 ，生成新的图层组并将其命名为"相机图标"。将前景色设为肤色（241、236、233）。选择"圆角矩形"工具，在属性栏的"选择工具模式"选项中选择"形状"，将"半径"选项设为 150 px，在图像窗口中绘制一个圆角矩形，如图 13-129 所示，在"图层"控制面板中生成新的图层"圆角矩形 1"。

图 13-129

（3）选择"矩形"工具，在属性栏的"选择工具模式"选项中选择"形状"，在图像窗口中绘制一个矩形，在"图层"控制面板中生成新的图层"矩形 1"。在属性栏中将"填充"选项设为棕色（134、96、73），填充形状，效果如图 13-130 所示。

（4）单击"图层"控制面板下方的"添加图层样式"按钮 fx，在弹出的菜单中选择"描边"命令，弹出对话框，将描边颜色设为黑色，其他选项的设置如图 13-131 所示，单击"确定"按钮，效果如图 13-132 所示。

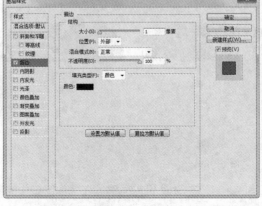

图 13-130

图 13-131

图 13-132

（5）选择"矩形"工具，在图像窗口中绘制矩形，在"图层"控制面板中生成新的图层"矩形 2"。在属性栏中将"填充"选项设为红色（253、50、77），填充形状，效果如图 13-133 所示。

（6）选择"移动"工具，按 Alt+Shift 组合键的同时，在图像窗口中水平向右复制矩形到适当的位置，填充矩形为黄色（255、211、66），效果如图 13-134 所示，使用相同的方法复制其他矩形并填充适当的颜色，效果如图 13-135 所示。

（7）按住 Ctrl 键的同时，将需要的图层同时选取，如图 13-136 所示，按 Alt+Ctrl+G 组合键，创建剪贴蒙版，如图 13-137 所示，效果如图 13-138 所示。

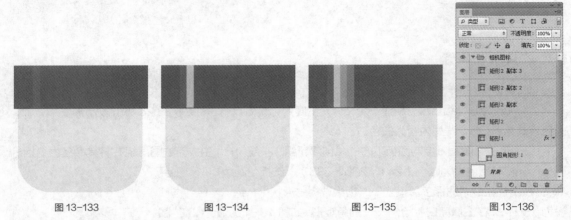

图 13-133　　　　图 13-134　　　　图 13-135　　　　图 13-136

（8）选择"圆角矩形"工具，将"半径"选项设为 10 px，在图像窗口中绘制圆角矩形，在"图层"控制面板中生成新的图层"圆角矩形 2"。在属性栏中将"填充"选项设为黑色，填充形状，效果如图 13-139 所示。

（9）选择"椭圆"工具，在属性栏的"选择工具模式"选项中选择"形状"，按住 Shift 键的同时，在图像窗口中分别绘制圆形并填充适当的颜色，效果如图 13-140 所示，在"图层"控制面板中分别生成新的图层。

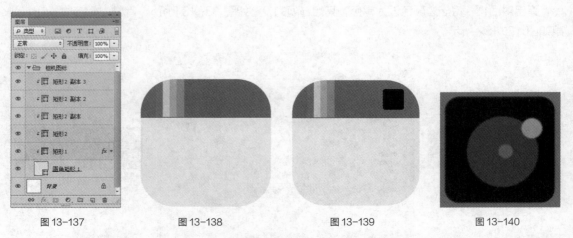

图 13-137　　　　图 13-138　　　　图 13-139　　　　图 13-140

（10）选择"椭圆"工具，按住 Shift 键的同时，在图像窗口中绘制圆形，在"图层"控制面板中生成新的图层"椭圆 4"。在属性栏中将"填充"选项设为灰色（204、195、189），填充形状，效果如图 13-141 所示。

（11）单击"图层"控制面板下方的"添加图层样式"按钮 **fx.**，在弹出的菜单中选择"投影"命令，将投影颜色设为棕色（34、23、20），其他选项的设置如图 13-142 所示，单击"确定"按钮，效果如图 13-143 所示。

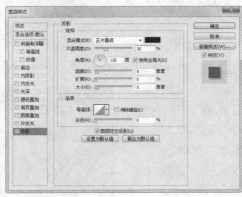

图 13-141   图 13-142   图 13-143

（12）选择"椭圆"工具 **●**，在属性栏的"选择工具模式"选项中选择"形状"，按住 Shift 键的同时，在图像窗口中分别绘制圆形并填充适当的颜色，效果如图 13-144 所示，在"图层"控制面板中分别生成新的图层。

（13）单击"图层"控制面板下方的"添加图层样式"按钮 **fx.**，在弹出的菜单中选择"描边"命令，弹出对话框，将描边颜色设为黑色，其他选项的设置如图 13-145 所示，单击"确定"按钮，效果如图 13-146 所示。

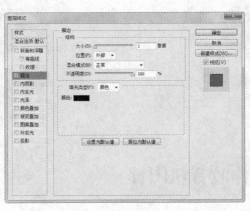

图 13-144   图 13-145   图 13-146

（14）选择"椭圆"工具 **●**，按住 Shift 键的同时，在图像窗口中分别绘制圆形，并填充适当的颜色，效果如图 13-147 所示，在"图层"控制面板中分别生成新的图层。

（15）新建图层并将其命名为"高光"。将前景色设为白色。选择"椭圆选框"工具 **○**，在图像窗口中绘制椭圆选区，如图 13-148 所示。选择"矩形选框"工具 **□**，在属性栏中选中"从选区减去"按钮 **▣**，在图像窗口中绘制矩形选区，如图 13-149 所示。按 Alt+Delete 组合键，用前景色填充选区。按 Ctrl+D 组合键，取消选区，效果如图 13-150 所示。

图 13-147

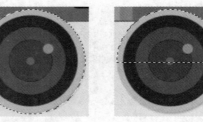
图 13-148

图 13-149

图 13-150

（16）在"图层"控制面板上方，将"高光"图层的"不透明度"选项设为 10%，如图 13-151
所示，图像效果如图 13-152 所示。

（17）选择"圆角矩形"工具 ，将"半径"
选项设为 50 px，在图像窗口中绘制圆角矩形，在
"图层"控制面板中生成新的图层"圆角矩形 3"。
在属性栏中将"填充"选项设为暗棕色（69、62、
59），填充形状，效果如图 13-153 所示。

（18）将前景色设为白色。选择"横排文字"
工具 ，在适当的位置输入需要的文字并选取文

图 13-151

图 13-152

字，在属性栏中选择合适的字体并设置大小，效果如图 13-154 所示，在"图层"控制面板中生成新
的文字图层。相机图标绘制完成。

图 13-153

图 13-154

课堂练习——制作收音机图标

🔗 练习知识要点

使用"渐变"工具和"油漆桶"工具制作背景效果，使用"圆角矩形"工具和图层样式制作收音
机底图，使用"横排文字"工具添加液晶屏文字，使用"椭圆"工具、"矩形"工具和"圆角矩形"
工具制作按钮和旋钮，最终效果如图 13-155 所示。

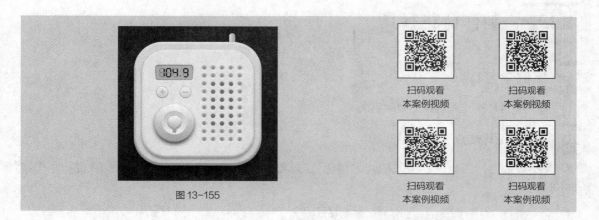

图 13-155

扫码观看
本案例视频

扫码观看
本案例视频

扫码观看
本案例视频

扫码观看
本案例视频

效果所在位置

Ch13/效果/制作收音机图标.psd。

课后习题——制作视频图标

习题知识要点

使用"渐变"工具填充背景效果，使用"圆角矩形"工具、"椭圆"工具和图层样式绘制视频图标，使用"椭圆选框"工具制作投影效果，使用"多边形"工具绘制播放按键，最终效果如图 13-156 所示。

图 13-156

扫码观看
本案例视频

扫码观看
本案例视频

扫码观看
本案例视频

扫码观看
本案例视频

效果所在位置

Ch13/效果/制作视频图标.psd。

13.8 制作荷花餐具

案例学习目标

使用多种修饰工具调整图像颜色。

案例知识要点

使用"加深"工具、"减淡"工具、"锐化"工具和"模糊"工具制作图像，最终效果如图 13-157 所示。

扫码观看　　扫码观看
本案例视频　扩展案例

图 13-157

效果所在位置

Ch13/效果/制作荷花餐具.psd。

（1）按 Ctrl＋O 组合键，打开云盘中的"Ch13 > 素材 > 制作荷花餐具 > 01、02"文件。选择"移动"工具 ，将 02 图片拖曳到 01 图像窗口中适当的位置，如图 13-158 所示，在"图层"控制面板中生成新的图层并将其命名为"荷花"。

（2）选择"加深"工具 ，在属性栏中单击"画笔"选项右侧的按钮 ，弹出画笔选择面板，在面板中选择需要的画笔形状，将"大小"选项设为 45 像素，如图 13-159 所示。在荷花图像中适当的位置拖曳鼠标，效果如图 13-160 所示。用相同的方法加深图像的其他部分，效果如图 13-161 所示。

图 13-158

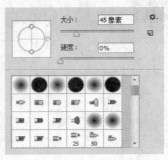

图 13-159

图 13-160

（3）选择"减淡"工具，在属性栏中单击"画笔"选项右侧的按钮，弹出画笔选择面板，在面板中选择需要的画笔形状，将"大小"选项设为 60 像素，如图 13-162 所示。在荷花图像中适当的位置拖曳鼠标，效果如图 13-163 所示。用相同的方法减淡图像的其他部分，效果如图 13-164 所示。

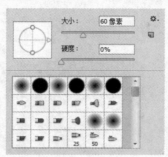

图 13-161　　　　　　　　　图 13-162　　　　　　　　　图 13-163

（4）选择"锐化"工具，在属性栏中单击"画笔"选项右侧的按钮，弹出画笔选择面板，在面板中选择需要的画笔形状，将"大小"选项设为 60 像素，如图 13-165 所示。在荷花图像中适当的位置拖曳鼠标，效果如图 13-166 所示。

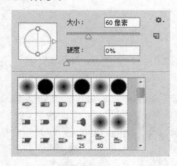

图 13-164　　　　　　　　　图 13-165　　　　　　　　　图 13-166

（5）按 Ctrl+O 组合键，打开云盘中的"Ch13 > 素材 > 制作荷花餐具 > 03、04"文件，选择"移动"工具，将 03、04 图片拖曳到图像窗口中适当的位置，效果如图 13-167 所示，在"图层"控制面板中生成新图层并分别将其命名为"花瓣""真实花瓣"。

（6）选择"移动"工具，按住 Alt 键的同时，拖曳图像到适当的位置，复制图像。按 Ctrl+T 组合键，在图像周围出现变换框，单击鼠标右键，选择"水平翻转"命令，并调整其大小及位置，按 Enter 键确认操作，效果如图 13-168 所示。

图 13-167　　　　　　　　　　　　　　　图 13-168

（7）选择"模糊"工具 ，在属性栏中单击"画笔"选项右侧的按钮 ，弹出画笔选择面板，在面板中选择需要的画笔形状，将"大小"选项设为 20 像素，如图 13-169 所示。在花瓣图像中适当的位置拖曳鼠标，将花瓣图像模糊，效果如图 13-170 所示。荷花餐具制作完成，效果如图 13-171 所示。

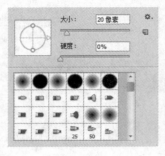

图 13-169

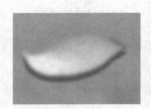

图 13-170

图 13-171

课堂练习——制作美丽夕阳插画

练习知识要点

使用"画笔"工具绘制地面、草和红叶，使用"横排文字"工具和图层样式添加宣传文字，最终效果如图 13-172 所示。

扫码观看
本案例视频

图 13-172

效果所在位置

Ch13/效果/制作美丽夕阳插画.psd。

课后习题——制作海湾插画

习题知识要点

使用"套索"工具和"磁性套索"工具抠出图像，使用"移动"工具移动素材图像，最终效果如

图 13-173 所示。

图 13-173

效果所在位置

Ch13/效果/制作海湾插画.psd。

13.9 制作生日贺卡

案例学习目标

学习使用绘图工具和"调色"命令制作贺卡。

案例知识要点

使用"椭圆"工具、图层的"不透明度"和"描边"命令制作背景效果,使用"移动"工具和图层的混合模式添加花朵,使用"色相/饱和度"命令调整花朵颜色,使用"横排文字"工具添加文字,最终效果如图 13-174 所示。

图 13-174

效果所在位置

Ch13/效果/制作生日贺卡.psd。

1. 绘制背景图形

（1）按 Ctrl+N 组合键，新建一个文件，宽度为 15.5 cm，高度为 11 cm，分辨率为 300 dpi，颜色模式为 RGB，背景内容为白色，单击"确定"按钮。将前景色设为粉色（252、169、214）。按 Alt+Delete 组合键，用前景色填充背景，效果如图 13-175 所示。

（2）将前景色设为白色。选择"椭圆"工具 ，在属性栏的"选择工具模式"选项中选择"形状"，在图像窗口中绘制椭圆形，效果如图 13-176 所示。按 Ctrl+T 组合键，在图形周围出现变换框，将鼠标指针放在变换框的控制手柄外边，指针变为旋转图标 ↰，拖曳鼠标将图形旋转到适当的角度，按 Enter 键确认操作，效果如图 13-177 所示。

图 13-175   图 13-176   图 13-177

（3）在"图层"控制面板上方，将"椭圆 1"图层的"不透明度"选项设为 60%，如图 13-178 所示，按 Enter 键确认操作，图像效果如图 13-179 所示。选择"移动"工具 ，按住 Alt 键的同时，拖曳图形到适当的位置，复制图像。按 Ctrl+T 组合键，将图形旋转到适当的角度，并调整其大小及位置，按 Enter 键确认操作，效果如图 13-180 所示。

图 13-178   图 13-179   图 13-180

（4）新建图层并将其命名为"线"，选择"椭圆"工具 ，在属性栏的"选择工具模式"选项中选择"路径"，在图像窗口中绘制椭圆形路径，如图 13-181 所示。按 Ctrl+Enter 组合键，将路径转化为选区，效果如图 13-182 所示。

图 13-181   图 13-182

（5）选择"编辑 > 描边"命令，弹出"描边"对话框，将描边色设为白色，其他选项的设置如图 13-183 所示，单击"确定"按钮。按 Ctrl+D 组合键，取消选区，效果如图 13-184 所示。

图 13-183   图 13-184

2. 添加文字和装饰图形

（1）按 Ctrl+O 组合键，打开云盘中的"Ch13 > 素材 > 制作生日贺卡 > 01"文件，选择"移动"工具 ，将花朵图片拖曳到图像窗口中适当的位置，效果如图 13-185 所示，在"图层"控制面板中生成新的图层并将其命名为"花朵"。

（2）在"图层"控制面板上方，将"花朵"图层的混合模式选项设为"正片叠底"，如图 13-186 所示，图像效果如图 13-187 所示。

图 13-185   图 13-186   图 13-187

（3）选择"移动"工具 ，按住 Alt 键的同时，向上拖曳花朵图像到适当的位置，复制图像，并调整其大小和角度，效果如图 13-188 所示，在"图层"控制面板中生成新的图层"花朵 副本"。将"花朵 副本"图层的"不透明度"选项设为 10%，如图 13-189 所示，按 Enter 键确认操作，图像效果如图 13-190 所示。

图 13-188   图 13-189   图 13-190

（4）用相同的方法复制花朵图片并调整其大小，将"花朵 副本 1"图层的"不透明度"选项设为51%，按 Enter 键确认操作，图像效果如图 13-191 所示。选择"图像 > 调整 > 色相/饱和度"命令，在弹出的对话框中进行设置，如图 13-192 所示。单击"确定"按钮，效果如图 13-193 所示。

图 13-191   图 13-192

（5）用上述方法分别复制其他图像，并分别调整图像的色相/饱和度和不透明度，图像效果如图 13-194 所示。

（6）将前景色设为紫色（111、55、131）。选择"横排文字"工具 T，在适当的位置输入需要的文字并选取文字，在属性栏中选择合适的字体并设置文字大小，效果如图 13-195 所示，在"图层"控制面板中生成新的文字图层。

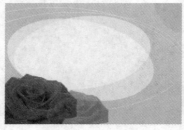  

图 13-193   图 13-194   图 13-195

（7）按 Ctrl+T 组合键，在文字周围出现变换框，单击鼠标右键，在弹出的菜单中选择"斜切"命令，拖曳控制手柄倾斜适当的角度，按 Enter 键确认操作，效果如图 13-196 所示。用相同的方法添加其他的文字，效果如图 13-197 所示。生日贺卡制作完成。

图 13-196   图 13-197

课堂练习——制作美容宣传卡

练习知识要点

使用"渐变"工具和"纹理化"滤镜制作背景，使用"移动"工具和图层样式添加人物和花朵，使用"横排文字"工具、"矩形"工具和"自定形状"工具添加标志和信息内容，最终效果如图 13-198 所示。

图 13-198

效果所在位置

Ch13/效果/制作美容宣传卡.psd。

课后习题——制作春节贺卡

习题知识要点

使用"钢笔"工具和图层蒙版制作背景底图，使用"文本"工具添加卡片信息，使用"椭圆"工具和"矩形"工具绘制装饰图形，最终效果如图 13-199 所示。

图 13-199

扫码观看
本案例视频

效果所在位置

Ch13/效果/制作春节贺卡.psd。

13.10　制作房地产广告

案例学习目标

学习使用"渐变"工具、"图层"控制面板和绘图工具制作广告。

案例知识要点

使用"渐变"工具、图层蒙版和"矩形选框"工具制作背景底图，使用"变换"命令、"渐变"工具和图层蒙版制作楼房和倒影，使用"钢笔"工具绘制标记，使用"横排文字"工具添加文字，最终效果如图 13-200 所示。

图 13-200

扫码观看
本案例视频

扫码观看
扩展案例

效果所在位置

Ch13/效果/制作房地产广告.psd。

1. 合成背景底图

（1）按 Ctrl+N 组合键，新建一个文件，宽度为 21 cm，高度为 29.7 cm，分辨率为 300 dpi，颜色模式为 RGB，背景内容为白色，单击"确定"按钮。

（2）新建图层并将其命名为"色块"。选择"渐变"工具 ，单击属性栏中的"点按可编辑渐变"按钮 ，弹出"渐变编辑器"对话框，在"位置"选项中分别输入 0、73、100 三个位置点，分别设置三个位置点颜色的 RGB 值为 0（0、71、78），73（0、149、153），100（0、149、153），将左侧的"不透明度"选项设为 0%，如图 13-201 所示。在图像窗口中由上方至中心拖曳光标填充渐变色，效果如图 13-202 所示。

（3）新建图层并将其命名为"色块 2"。选择"渐变"工具![icon]，单击属性栏中的"点按可编辑渐变"按钮![icon]，弹出"渐变编辑器"对话框，在"位置"选项中分别输入 0、82、100 三个位置点，分别设置三个位置点颜色的 RGB 值为 0（0、71、78），82（0、149、153），100（0、149、153），如图 13-203 所示。在图像窗口中由下至上拖曳光标填充渐变色，效果如图 13-204 所示。

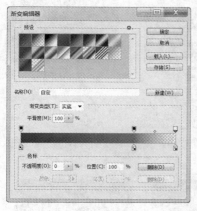
图 13-201

图 13-202

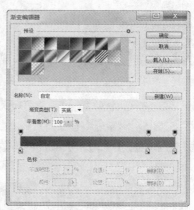
图 13-203

（4）单击"图层"控制面板下方的"添加图层蒙版"按钮![icon]，为"色块 2"图层添加图层蒙版，如图 13-205 所示。将前景色设为黑色。选择"矩形选框"工具![icon]，在图像窗口中绘制矩形选区，如图 13-206 所示。按 Alt+Delete 组合键，用前景色填充选区。按 Ctrl+D 组合键，取消选区，效果如图 13-207 所示。

图 13-204

图 13-205

图 13-206

图 13-207

2. 制作合成图像

（1）按 Ctrl+O 组合键，打开云盘中的"Ch13 > 素材 > 制作房地产广告 > 01"文件。选择"移动"工具![icon]，将图片拖曳到图像窗口中适当的位置，效果如图 13-208 所示，在"图层"控制面板中生成新的图层并将其命名为"远山"。将"远山"图层的混合模式选项设为"正片叠底"，如图 13-209 所示，图像效果如图 13-210 所示。

（2）按 Ctrl+O 组合键，打开云盘中的"Ch13 > 素材 > 制作房地产广告 > 02"文件。选择"移动"工具![icon]，将图片拖曳到图像窗口中适当的位置，并调整其大小，效果如图 13-211 所示，在"图层"控制面板中生成新图层并将其命名为"云"。将"云"图层的混合模式选项设为"柔光"，"不透明度"选项设为 49%，如图 13-212 所示，按 Enter 键确认操作，图像效果如图 13-213 所示。

图 13-208

图 13-209

图 13-210

图 13-211

（3）按 Ctrl+O 组合键，打开云盘中的"Ch13 > 素材 > 制作房地产广告 > 03"文件。选择"移动"工具 ，将图片拖曳到图像窗口中适当的位置，并调整其大小，效果如图 13-214 所示，在"图层"控制面板中生成新图层并将其命名为"湖"。将"湖"图层的混合模式选项设为"明度"，图像效果如图 13-215 所示。

图 13-212

图 13-213

图 13-214

图 13-215

（4）按 Ctrl+O 组合键，打开云盘中的"Ch13 > 素材 > 制作房地产广告 > 04"文件。选择"移动"工具 ，将图片拖曳到图像窗口中适当的位置，并调整其大小，效果如图 13-216 所示，在"图层"控制面板中生成新图层并将其命名为"楼"。

（5）将"楼"图层拖曳到"图层"控制面板下方的"创建新图层"按钮 上进行复制，生成新的图层"楼 副本"。按 Ctrl+T 组合键，在图像周围出现变换框，单击鼠标右键，在弹出的菜单中选择"垂直翻转"命令，垂直翻转图像，按住 Shift 键的同时，垂直向下拖曳图形到适当的位置，按 Enter 键确认操作，效果如图 13-217 所示。

图 13-216

图 13-217

（6）在"图层"控制面板上方，将"楼 副本"图层的"不透明度"选项设为 50%，如图 13-218 所示，按 Enter 键确认操作，图像效果如图 13-219 所示。单击"图层"控制面板下方的"添加图层蒙版"按钮 ，为"楼 副本"图层添加图层蒙版。选择"渐变"工具 ，单击属性栏中的"点按可编辑渐变"按钮 ，弹出"渐变编辑器"对话框，将渐变色设为从黑色到白色，单击"确定"按钮。在图像窗口中从下向上拖曳光标填充渐变色，效果如图 13-220 所示。

图 13-218   图 13-219   图 13-220

（7）按 Ctrl+O 组合键，打开云盘中的"Ch13 > 素材 > 制作房地产广告 > 05"文件。选择"移动"工具 ，将图片拖曳到图像窗口中适当的位置，并调整其大小，效果如图 13-221 所示，在"图层"控制面板中生成新图层并将其命名为"云倒影"。将"云倒影"图层拖曳到"楼 副本"图层的下方，如图 13-222 所示，图像效果如图 13-223 所示。

图 13-221   图 13-222   图 13-223

（8）按 Ctrl+O 组合键，打开云盘中的"Ch13 > 素材 > 制作房地产广告 > 06"文件。选择"移动"工具 ，将图片拖曳到图像窗口中适当的位置，效果如图 13-224 所示，在"图层"控制面板中生成新图层并将其命名为"植物"。

（9）按 Ctrl+O 组合键，打开云盘中的"Ch13 > 素材 > 制作房地产广告 > 07"文件。选择"移动"工具 ，将图片拖曳到图像窗口中适当的位置，效果如图 13-225 所示，在"图层"控制面板中生成新图层并将其命名为"湖面反光"。将"湖面反光"图层的混合模式选项设为"柔光"，图像效果如图 13-226 所示。

图 13-224   图 13-225   图 13-226

（10）按 Ctrl+O 组合键，打开云盘中的"Ch13 > 素材 > 制作房地产广告 > 08"文件。选择

"移动"工具 ，将图片拖曳到图像窗口中适当的位置，效果如图 13-227 所示，在"图层"控制面板中生成新图层并将其命名为"云 2"。

（11）单击"图层"控制面板下方的"添加图层蒙版"按钮 ，为"云 2"图层添加图层蒙版。选择"矩形选框"工具 ，在图像窗口中绘制矩形选区，如图 13-228 所示。按 Alt+Delete 组合键，用前景色填充选区。按 Ctrl+D 组合键，取消选区，效果如图 13-229 所示。

图 13-227　　　　　　　　图 13-228　　　　　　　　图 13-229

3. 添加装饰和标记

（1）按 Ctrl+O 组合键，打开云盘中的"Ch13 > 素材 > 制作房地产广告 > 09"文件。选择"移动"工具 ，将图片拖曳到图像窗口中适当的位置，效果如图 13-230 所示，在"图层"控制面板中生成新图层并将其命名为"鸟"。

（2）单击"图层"控制面板下方的"添加图层蒙版"按钮 ，为"鸟"图层添加图层蒙版。选择"画笔"工具 ，在属性栏中单击"画笔"选项右侧的按钮 ，在弹出的面板中选择需要的画笔形状，如图 13-231 所示，在图像窗口中拖曳鼠标擦除不需要的图像，效果如图 13-232 所示。

（3）新建图层并将其命名为"黑边"。选择"矩形"工具 ，在属性栏中的"选择工具模式"选项中选择"像素"，在图像窗口中绘制一个矩形，效果如图 13-233 所示。

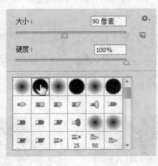

图 13-230　　　　　　　图 13-231　　　　　　　图 13-232　　　　　　图 13-233

（4）按 Alt+Ctrl+T 组合键，在图像周围出现变换框，按住 Shift 键的同时，垂直向上拖曳图形到适当的位置，复制图形，按 Enter 键确认操作，效果如图 13-234 所示，在"图层"控制面板中生成新图层"黑边 副本"。

（5）新建图层并将其命名为"logo"。选择"钢笔"工具 ，绘制路径，效果如图 13-235 所示。按 Ctrl+Enter 组合键，将路径转换为选区，如图 13-236 所示。将前景色设为白色。按 Alt+Delete 组合键，用前景色填充选区。按 Ctrl+D 组合键，取消选区，效果如图 13-237 所示。

图 13-234　　　　　　　图 13-235　　　　　　　图 13-236　　　　　　　图 13-237

（6）单击"图层"控制面板下方的"添加图层样式"按钮 fx ，在弹出的菜单中选择"渐变叠加"命令，弹出其对话框，单击"渐变"选项右侧的"点按可编辑渐变"按钮 ，弹出"渐变编辑器"对话框，在"位置"选项中分别输入 0、37、69、100 四个位置点，分别设置四个位置点颜色的 RGB 值为 0（208、177、71），37（239、241、132），69（209、183、73），100（234、230、94），如图 13-238 所示，单击"确定"按钮。返回到"渐变叠加"对话框，其他选项的设置如图 13-239 所示。单击"确定"按钮，图像效果如图 13-240 所示。

图 13-238　　　　　　　　　　　　　　　　　　　图 13-239

（7）选择"横排文字"工具 T ，在适当的位置分别输入需要的文字并选取文字，在属性栏中选择合适的字体并设置大小，效果如图 13-241 所示，在"图层"控制面板中分别生成新的文字图层。

（8）在"图层"控制面板上选中所有文字图层和"logo"图层，按 Ctrl+G 组合键，为多个文字图层创建图层组，如图 13-242 所示。房地产广告制作完成。

图 13-240　　　　　　　图 13-241　　　　　　　图 13-242

课堂练习——制作电视广告

🔗 练习知识要点

使用"渐变"工具添加底图颜色，使用"钢笔"工具和"创建剪贴蒙版"命令制作电视屏幕，使用"画笔"工具为电视机和模型添加阴影效果，使用图层蒙版和"渐变"工具制作渐隐效果，使用"横排文字"工具添加文字，最终效果如图 13-243 所示。

图 13-243

◎ 效果所在位置

Ch13/效果/制作电视广告.psd。

课后习题——制作汽车广告

🔗 习题知识要点

使用"矩形"工具和图层样式制作背景图，使用"横排文字"工具、"透视"命令和"投影"命令制作标题文字，使用"圆角矩形"工具和"创建剪贴蒙版"命令制作介绍图，最终效果如图 13-244 所示。

图 13-244

📁 **效果所在位置**

Ch13/效果/制作汽车广告.psd。

13.11 制作美食书籍封面

✏️ **案例学习目标**

学习使用绘图工具、"移动"工具和"文字"工具制作书籍。

🔒 **案例知识要点**

使用"新建参考线"命令添加参考线，使用"矩形"工具和"椭圆"工具绘制标签，使用"钢笔"工具、"横排文字"工具、"字符"控制面板和"直线"工具添加书名和内容文字，使用"自定形状"工具添加装饰图形，使用"直排文字"工具添加书脊，最终效果如图 13-245 所示。

图 13-245

扫码观看
本案例视频

扫码观看
本案例视频

扫码观看
扩展案例

⊙ **效果所在位置**

Ch13/效果/制作美食书籍封面.psd。

1. 制作封面效果

（1）按 Ctrl+N 组合键，新建一个文件，宽度为 37.6 cm，高度为 26.6 cm，分辨率为 150 dpi，颜色模式为 RGB，背景内容为白色，单击"确定"按钮。选择"视图 > 新建参考线"命令，弹出"新建参考线"对话框，设置如图 13-246 所示，单击"确定"按钮，效果如图 13-247 所示。用相同的方法，在 26.3 cm 处新建一条水平参考线，效果如图 13-248 所示。

图 13-246

图 13-247

图 13-248

（2）选择"视图 > 新建参考线"命令，弹出"新建参考线"对话框，设置如图 13-249 所示，单击"确定"按钮，效果如图 13-250 所示。用相同的方法，分别在 18 cm、19.6 cm 和 37.3 cm 处新建垂直参考线，效果如图 13-251 所示。

图 13-249

图 13-250

图 13-251

（3）单击"图层"控制面板下方的"创建新组"按钮，生成新的图层组并将其命名为"封面"。按 Ctrl+O 组合键，打开云盘中的"Ch13 > 素材 > 制作美食书籍封面 > 01"文件，选择"移动"工具，将图片拖曳到图像窗口中的适当位置，如图 13-252 所示，在"图层"控制面板中生成新的图层并将其命名为"图片"。

（4）选择"矩形"工具，在属性栏的"选择工具模式"选项中选择"路径"，在图像窗口中适当的位置绘制矩形路径，如图 13-253 所示。

（5）选择"椭圆"工具，在适当的位置绘制一个椭圆形，如图 13-254 所示。选择"路径选择"工具，选取椭圆形，按住

图 13-252　　　图 13-253

Alt+Shift 组合键的同时，水平向右拖曳图形到适当的位置，复制图形，效果如图 13-255 所示。

（6）选择"路径选择"工具，按住 Shift 键的同时，单击第一个椭圆形，将其同时选取，按住 Alt+Shift 组合键的同时，垂直向下拖曳图形到适当的位置，复制图形，效果如图 13-256 所示。

（7）按住 Shift 键的同时，选取所有的椭圆形，在属性栏中单击"路径操作"按钮，在弹出的下拉面板中选择"减去顶层形状"命令。用圈选的方法将所有的椭圆形和矩形同时选取，如图 13-257 所示，在属性栏中单击"路径操作"按钮，在弹出的下拉面板选择"合并形状组件"命令，将所有图形组合成一个图形，效果如图 13-258 所示。

图 13-254　　　图 13-255　　　图 13-256　　　图 13-257　　　图 13-258

（8）新建图层并将其命名为"形状"。将前景色设为绿色（13、123、51）。按 Ctrl+Enter 组

合键，将路径转化为选区。按 Alt+Delete 组合键，用前景色填充选区。按 Ctrl+D 组合键，取消选区，效果如图 13-259 所示。选择"椭圆"工具 ⬭，在属性栏的"选择工具模式"选项中选择"像素"，在适当的位置绘制一个椭圆形，如图 13-260 所示。

（9）将"形状"图层拖曳到"图层"控制面板下方的"创建新图层"按钮 ⬜ 上进行复制，生成新的副本图层"形状 副本"。按 Ctrl+T 组合键，在图形周围出现变换框，按住 Shift+Alt 组合键的同时，拖曳变换框右上角的控制手柄，等比例缩小图形，按 Enter 键确认操作。

（10）将前景色设为浅绿色（14、148、4）。按住 Ctrl 键的同时，单击"形状 副本"图层的缩览图，图像周围生成选区，如图 13-261 所示。按 Alt+Delete 组合键，用前景色填充选区。按 Ctrl+D 组合键，取消选区，效果如图 13-262 所示。使用上述方法再复制一个图形，制作出图 13-263 所示的效果。

图 13-259　　　　　图 13-260　　　　　图 13-261　　　　　图 13-262　　　　　图 13-263

（11）按 Ctrl+O 组合键，打开云盘中的"Ch13 > 素材 > 制作美食书籍封面 > 02"文件，选择"移动"工具 ⊕，将面包图片拖曳到图像窗口中的适当位置，如图 13-264 所示，在"图层"控制面板中生成新的图层并将其命名为"小面包"。

（12）将前景色设为褐色（65、35、37）。选择"横排文字"工具 T，在适当的位置分别输入需要的文字并选取文字，在属性栏中选择合适的字体并设置文字大小。分别按 Alt+向左方向键，适当调整文字间距，效果如图 13-265 所示，在"图层"控制面板中分别生成新的文字图层。

（13）选择"钢笔"工具 ⬗，在属性栏的"选择工具模式"选项中选择"路径"，在适当的位置单击绘制一条路径。将前景色设为深绿色（34、71、37）。选择"横排文字"工具 T，在属性栏中选择合适的字体并设置文字大小，将鼠标光标放在路径上时，光标变为 Ⅰ 图标，单击插入光标，输入需要的文字，如图 13-266 所示，在"图层"控制面板中生成新的文字图层。

图 13-264　　　　　　　　　图 13-265　　　　　　　　　图 13-266

（14）选取文字，按 Ctrl+T 组合键，弹出"字符"控制面板，将"设置所选字符的字距调整"选项 VA 0 设为-100，其他选项的设置如图 13-267 所示，隐藏路径后，效果如图 13-268

所示。

（15）将前景色设为橘黄色（236、84、9）。选择"横排文字"工具 [T]，在适当的位置输入需要的文字并选取文字，在属性栏中选择合适的字体并设置文字大小，按 Alt+向左方向键，适当调整文字间距，效果如图 13-269 所示，在"图层"控制面板中生成新的文字图层。

（16）将前景色设为褐色（60、32、27）。选择"横排文字"工具 [T]，在图像窗口中分别输入需要的文字并选取文字，在属性栏中选择合适的字体并设置文字大小，效果如图 13-270 所示，在"图层"控制面板中分别生成新的文字图层。

图 13-267　　　　　　　图 13-268　　　　　　　图 13-269　　　　　　　图 13-270

（17）新建图层并将其命名为"直线"。将前景色设为深绿色（34、71、37）。选择"直线"工具 [/]，在属性栏的"选择工具模式"选项中选择"像素"，将"粗细"选项设为 4 px，按住 Shift 键的同时，在适当的位置拖曳鼠标绘制一条直线，效果如图 13-271 所示。

（18）按 Ctrl+J 组合键，复制"直线"图层，生成新的图层"直线 副本"。选择"移动"工具 [►+]，按住 Shift 键的同时，在图像窗口中垂直向下拖曳复制出的直线到适当的位置，效果如图 13-272 所示。使用相同的方法再绘制两条竖线，效果如图 13-273 所示。

图 13-271　　　　　　　图 13-272　　　　　　　图 13-273

（19）新建图层并将其命名为"形状 1"。选择"自定形状"工具 [🖉]，单击属性栏中的"形状"选项，弹出"形状"面板，单击面板右上方的按钮 ⚙，在弹出的菜单中选择"全部"选项，弹出提示对话框，单击"确定"按钮。在"形状"面板中选中图形"百合花饰"，如图 13-274 所示。在属性栏的"选择工具模式"选项中选择"像素"，按住 Shift 键的同时，在图像窗口中拖曳鼠标绘制图形，效果如图 13-275 所示。

（20）新建图层并将其命名为"形状 2"。选择"自定形状"工具 [🖉]，单击属性栏中的"形状"选项，弹出"形状"面板，在"形状"面板中选中图形"装饰 1"，如图 13-276 所示，在图像窗口中拖曳鼠标绘制图形，效果如图 13-277 所示。

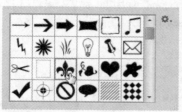

图 13-274

图 13-275

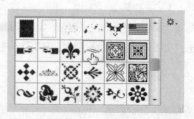

图 13-276

（21）将"形状 2"图层拖曳到"图层"控制面板下方的"创建新图层"按钮 上进行复制，生成新的图层"形状 2 副本"。选择"移动"工具 ，按住 Shift 键的同时，在图像窗口中水平向右拖曳复制的图形到适当的位置，效果如图 13-278 所示。

图 13-277

（22）按住 Shift 键的同时，单击"形状 1"图层，将几个图层同时选取，如图 13-279 所示。将选中的图层拖曳到"图层"控制面板下方的"创建新图层"按钮 上进行复制，生成新的副本图层。

图 13-278

图 13-279

（23）选择"移动"工具 ，按住 Shift 键的同时，在图像窗口中垂直向下拖曳复制的图形到适当的位置，效果如图 13-280 所示。按 Ctrl+T 组合键，图形周围出现变换框，在变换框中单击鼠标右键，在弹出的快捷菜单中选择"垂直翻转"命令，将图形垂直翻转，按 Enter 键确认操作，效果如图 13-281 所示。

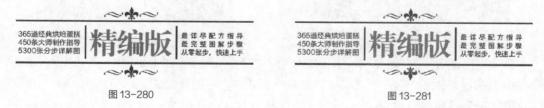

图 13-280

图 13-281

（24）按 Ctrl+O 组合键，打开云盘中的"Ch13 ＞ 素材 ＞ 制作美食书籍封面 ＞ 03、04、05"文件，选择"移动"工具 ，分别将图片拖曳到图像窗口中的适当位置，并调整其大小，如图 13-282 所示，在"图层"控制面板中分别生成新的图层并将其命名为"草莓""橙子"和"面包"，如图 13-283 所示。

（25）单击"图层"控制面板下方的"添加图层样式"按钮 *fx.* ，在弹出的菜单中选择"投影"命令，弹出对话框，选项的设置如图 13-284 所示，单击"确定"按钮，效果如图 13-285 所示。单击"封面"图层组左侧的三角形图标 ，将"封面"图层组中的图层隐藏。

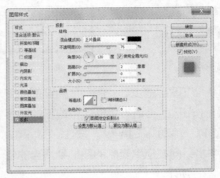

图 13-282　　　　　　　图 13-283　　　　　　　　　图 13-284　　　　　　　图 13-285

2. 制作封底和书脊

（1）单击"图层"控制面板下方的"创建新组"按钮 ，生成新的图层组并将其命名为"封底"。新建图层并将其命名为"矩形"。将前景色设为淡绿色（136、150、5）。选择"矩形"工具 ，在属性栏的"选择工具模式"选项中选择"像素"，在图像窗口中适当的位置绘制一个矩形，效果如图 13-286 所示。

（2）按 Ctrl+O 组合键，分别打开云盘中的"Ch13 > 素材 > 制作美食书籍封面 > 06、07、08"文件，选择"移动"工具 ，分别将图片拖曳到图像窗口中的适当位置，如图 13-287 所示，在"图层"控制面板中生成新的图层并将其命名为"图片 1""图片 2"和"条形码"。单击"封底"图层组左侧的三角形图标 ，将"封底"图层组中的图层隐藏。

图 13-286　　　　　　　　　　　　　　　图 13-287

（3）单击"图层"控制面板下方的"创建新组"按钮 ，生成新的图层组并将其命名为"书脊"。新建图层并将其命名为"矩形 1"。选择"矩形"工具 ，在书脊上适当的位置再绘制一个矩形，效果如图 13-288 所示。

（4）在"封面"图层组中，选中"小面包"图层，按 Ctrl+J 组合键，复制"小面包"图层，生成新的图层"小面包 副本"。将"小面包 副本"拖曳到"书脊"图层组中的"矩形 1"图层的上方，如图 13-289 所示。选择"移动"工具 ，在图像窗口中拖曳复制出的面包图片到适当的位置并调整其大小，效果如图 13-290 所示。

图 13-288　　　　　　　　　图 13-289　　　　　　　　图 13-290

（5）将前景色设为白色。选择"直排文字"工具 IT，在书脊上适当的位置输入需要的文字，选取文字，在属性栏中选择合适的字体并设置文字大小，效果如图 13-291 所示，按 Alt+向左方向键，适当调整文字间距，取消文字的选取状态，效果如图 13-292 所示，在"图层"控制面板中生成新的文字图层。

（6）将前景色设为褐色（65、35、37）。选择"直排文字"工具 IT，在书脊上适当的位置输入需要的文字，选取文字，在属性栏中选择合适的字体并设置文字大小，按 Alt+向右方向键，适当调整文字间距，效果如图 13-293 所示，在"图层"控制面板中生成新的文字图层。选取文字"精编版"，在属性栏中设置合适的文字大小，效果如图 13-294 所示。

（7）将前景色设为白色。选择"直排文字"工具 IT，在书脊上适当的位置输入需要的文字，选取文字，在属性栏中选择合适的字体并设置文字大小，效果如图 13-295 所示，按 Alt+向右方向键，适当调整文字间距，取消文字的选取状态，效果如图 13-296 所示，在"图层"控制面板中生成新的文字图层。

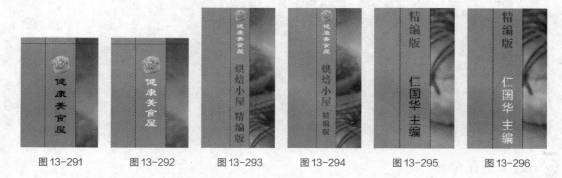

图 13-291　　　　图 13-292　　　　图 13-293　　　　图 13-294　　　　图 13-295　　　　图 13-296

（8）新建图层并将其命名为"星星"。将前景色设为深红色（65、35、37）。选择"自定形状"工具 ❀，单击属性栏中的"形状"选项，弹出"形状"面板，在"形状"面板中选中图形"星形"，如图 13-297 所示，按住 Shift 键的同时，在图像窗口中拖曳鼠标绘制图形，效果如图 13-298 所示。

（9）选择"直排文字"工具 IT，在书脊上适当的位置输入需要的文字，选取文字，在属性栏中选择合适的字体并设置文字大小，按 Alt+向右方向键，适当调整文字间距，效果如图 13-299 所示，在"图层"控制面板中生成新的文字图层。按 Ctrl+; 组合键，隐藏参考线。美食书籍封面制作完成，效果如图 13-300 所示。

图 13-297

图 13-298

图 13-299

图 13-300

课堂练习——制作少儿读物书籍封面

练习知识要点

使用"图案填充"命令和图层混合模式制作背景效果，使用"钢笔"工具、"横排文字"工具和图层样式制作标题文字，使用"圆角矩形"工具和"自定形状"工具绘制装饰图形，使用"钢笔"工具和"文字"工具制作区域文字，最终效果如图 13-301 所示。

图 13-301

效果所在位置

Ch13/效果/制作少儿读物书籍封面.psd。

课后习题——制作儿童教育书籍封面

习题知识要点

使用"新建参考线"命令添加参考线，使用"钢笔"工具和"描边"命令制作背景底图，使用"横排文字"工具和图层样式制作标题文字，使用"移动"工具添加素材图片，使用"自定形状"工具绘制装饰图形，最终效果如图 13-302 所示。

图 13-302

效果所在位置

Ch13/效果/制作儿童教育书籍封面.psd。

13.12 制作零食包装

案例学习目标

学习使用绘图工具、"渐变填充"工具及"移动"工具制作包装。

案例知识要点

使用"渐变"工具和图层蒙版制作背景，使用"钢笔"工具制作包装底图，使用"钢笔"工具、"渐变"工具和图层混合模式制作包装袋高光和阴影，使用"路径"面板和图层样式制作包装封口线，使用"横排文字"工具添加相关信息，最终效果如图 13-303 所示。

图 13-303

⊚ 效果所在位置

Ch13/效果/制作零食包装.psd。

1. 制作背景和底图

（1）按 Ctrl+N 组合键，新建一个文件，宽度为 12 cm，高度为 9 cm，分辨率为 300 dpi，颜色模式为 RGB，背景内容为白色，单击"确定"按钮。

（2）新建图层并将其命名为"背景 上"。选择"渐变"工具 █，单击属性栏中的"点按可编辑渐变"按钮 █，弹出"渐变编辑器"对话框，将渐变色设为从浅灰色（219、222、231）到深灰色（100、111、113），单击"确定"按钮。选中属性栏中的"径向渐变"按钮 █，在图像窗口中由中间至左上角拖曳光标填充渐变色，效果如图 13-304 所示。

（3）新建图层并将其命名为"背景 下"。选中属性栏中的"线性渐变"按钮 █，在图像窗口中由下至上拖曳光标填充渐变色，效果如图 13-305 所示。单击"图层"控制面板下方的"添加图层蒙版"按钮 █，为"背景 下"图层添加图层蒙版。将前景色设为黑色。选择"矩形选框"工具 █，在图像窗口中绘制矩形选区。按 Alt+Delete 组合键，用前景色填充选区。按 Ctrl+D 组合键，取消选区，效果如图 13-306 所示。

图 13-304   图 13-305   图 13-306

（4）新建图层并将其命名为"包装袋"。将前景色设为浅灰色（237、237、237）。选择"钢笔"工具 █，绘制一个路径，如图 13-307 所示。按 Ctrl+Enter 组合键，将路径转换为选区。按 Alt+Delete 组合键，用前景色填充选区。按 Ctrl+D 组合键，取消选区。效果如图 13-308 所示。

（5）按住 Ctrl 键的同时，单击"创建新图层"按钮 █，创建新图层并将其命名为"包装袋阴影"。将前景色设为灰色（54、54、54）。选择"画笔"工具 █，在属性栏中单击"画笔"选项右侧的按钮 █，在弹出的"画笔"面板中选择需要的画笔形状，如图 13-309 所示。在图像窗口中拖曳鼠标绘制包装袋阴影，效果如图 13-310 所示。

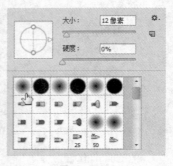

图 13-307   图 13-308   图 13-309   图 13-310

（6）按住 Ctrl 键的同时，单击"创建新图层"按钮 ，创建新图层并将其命名为"包装袋阴影 2"。选择"多边形套索"工具，在图像窗口中拖曳鼠标绘制选区，效果如图 13-311 所示。在图像窗口中单击鼠标右键选择"羽化"命令，设置如图 13-312 所示，单击"确定"按钮。选择"渐变"工具，单击属性栏中的"点按可编辑渐变"按钮，弹出"渐变编辑器"对话框，将渐变色设为从灰色（54、54、54）到透明，单击"确定"按钮。在图像窗口中由上至下拖曳光标填充渐变色。按 Ctrl+D 组合键，取消选区，效果如图 13-313 所示。

| 图 13-311 | 图 13-312 | 图 13-313 |

2. 添加主体图形和文字

（1）按 Ctrl+O 组合键，打开云盘中的"Ch13 > 素材 > 制作零食包装 > 01"文件，选择"移动"工具，将榴莲图片拖曳到图像窗口中适当的位置，效果如图 13-314 所示，在"图层"控制面板中生成新的图层并将其命名为"榴莲"。按住 Alt 键的同时，将鼠标光标放在"榴莲"图层和"包装袋"图层的中间，鼠标光标变为 ↓□ 形状，单击为图层创建剪切蒙版，效果如图 13-315 所示。

（2）新建图层并将其命名为"色块"。将前景色设为绿色（79、88、35）。选择"钢笔"工具，绘制一个路径，效果如图 13-316 所示。

（3）按 Ctrl+Enter 组合键，将路径转换为选区。按 Alt+Delete 组合键，用前景色填充选区。按 Ctrl+D 组合键，取消选区，图像效果如图 13-317 所示。

| 图 13-314 | 图 13-315 | 图 13-316 | 图 13-317 |

（4）在"图层"控制面板上方，将"色块"图层的"不透明度"选项设为 75%，如图 13-318 所示，按 Enter 键确认操作，图像效果如图 13-319 所示。

（5）按 Ctrl+O 组合键，打开云盘中的"Ch13 > 素材 > 制作零食包装 > 02"文件。选择"移动"工具，将图片拖曳到图像窗口中适当的位置并调整其大小，效果如图 13-320 所示，在"图层"控制面板中生成新的图层并将其命名为"卡通榴莲"。

（6）将前景色设为白色。选择"横排文字"工具 T，在适当的位置输入需要的文字并选取文字，在属性栏中选择合适的字体并设置大小，效果如图 13-321 所示，在"图层"控制面板中生成新的文字图层。

图 13-318   图 13-319   图 13-320   图 13-321

（7）将前景色设为深灰色（51、52、51）。选择"自定形状"工具 ，单击"形状"选项，弹出"形状"面板，单击面板右上方的按钮 ，在弹出的菜单中选择"台词框"命令，弹出提示对话框，单击"追加"按钮。在"形状"面板中选中图形"会话 10"，如图 13-322 所示。在属性栏的"选择工具模式"选项中选择"像素"，在图像窗口中拖曳光标绘制图形，如图 13-323 所示。

（8）选择"横排文字"工具 T，在适当的位置输入需要的文字并选取文字，在属性栏中选择合适的字体并设置大小，效果如图 13-324 所示，在"图层"控制面板中生成新的文字图层。将前景色设为白色。在适当的位置输入需要的文字并选取文字，在属性栏中选择合适的字体并设置大小，效果如图 13-325 所示，在"图层"控制面板中生成新的文字图层。

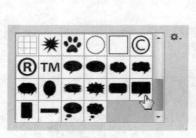   

图 13-322   图 13-323   图 13-324   图 13-325

3．添加阴影和高光

（1）新建图层并将其命名为"阴影"。选择"钢笔"工具 ，绘制路径，效果如图 13-326 所示。按 Ctrl+Enter 组合键，将路径转换为选区，如图 13-327 所示。

（2）选择"渐变"工具 ，单击属性栏中的"点按可编辑渐变"按钮 ，弹出"渐变编辑器"对话框，将渐变色设为从白色到黑色，单击"确定"按钮。在属性栏中单击"径向渐变"按钮 ，在图像窗口中由中心至右上角拖曳光标填充渐变色，按 Ctrl+D 组合键，取消选区，效果如图 13-328 所示。在"图层"控制面板上方，将"阴影"图层的"填充"选项设为 20%，按 Enter 键确认操作，图像效果如图 13-329 所示。

图 13-326   图 13-327   图 13-328   图 13-329

（3）新建图层并将其命名为"高光"。选择"钢笔"工具 , 绘制路径，效果如图 13-330 所示。按 Ctrl+Enter 组合键，将路径转换为选区，如图 13-331 所示。在选区内单击鼠标右键，在弹出的菜单中选择"羽化"命令，弹出"羽化选区"对话框，设置羽化半径为 10 px，单击"确定"按钮。

（4）选择"渐变"工具 , 单击属性栏中的"点按可编辑渐变"按钮 , 弹出"渐变编辑器"对话框，将渐变色设为从白色到透明色，单击"确定"按钮。在图像窗口中由中心至右上角拖曳光标填充渐变色，效果如图 13-332 所示。按 Ctrl+D 组合键，取消选区。在"图层"控制面板上方，将"阴影"图层的"填充"选项设为 56%，图像效果如图 13-333 所示。

图 13-330   图 13-331   图 13-332   图 13-333

（5）新建图层并将其命名为"封口线"。将前景色设为灰色（54、54、54）。选择"钢笔"工具 , 绘制路径，如图 13-334 所示。选择"画笔"工具 , 单击属性栏中的"画笔"选项右侧的按钮 , 选择需要的画笔，设置如图 13-335 所示。单击"路径"控制面板下方的"用画笔描边路径"按钮 , 对路径进行描边。按 Enter 键，隐藏该路径，图像效果如图 13-336 所示。

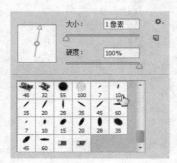

图 13-334   图 13-335   图 13-336

（6）单击"图层"控制面板下方的"添加图层样式"按钮 fx，在弹出的菜单中选择"斜面和浮雕"命令，在弹出的对话框中进行设置，如图 13-337 所示，单击"确定"按钮，效果如图 13-338所示。

（7）用相同的方法制作下方的封口线，并将其在"图层"控制面板上命名为"封口线下"，图像效果如图 13-339 所示。零食包装制作完成。

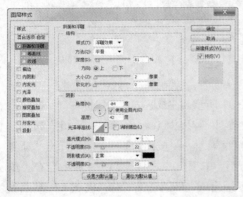

图 13-337

图 13-338　　　　　　　　图 13-339

课堂练习——制作曲奇包装

🔗 练习知识要点

使用"矩形"工具和图层样式绘制封面底图，使用"色相/饱和度"命令、"曲线"命令和图层混合模式制作封面图片效果，使用"矩形"工具、"横排文字"工具和"直排文字"工具制作包装文字，使用"渐变"工具和"亮度/对比度"命令制作底色效果，使用"阈值"命令和"渐变映射"命令制作图片效果，使用"扭曲"命令调整包装效果，使用"扭曲"命令、"图层蒙版"命令和"渐变"工具制作包装倒影效果，最终效果如图 13-340 所示。

图 13-340

扫码观看
本案例视频　　扫码观看
本案例视频

◎ **效果所在位置**

Ch13/效果/曲奇包装立体效果.psd。

课后习题——制作书籍包装

🔗 **习题知识要点**

使用图层蒙版、"画笔"工具、图层的混合模式、"横排文字"工具和"直排文字"工具制作书面效果，使用图层的混合模式和"色彩平衡"命令调整背景效果，使用"扭曲"命令和"直排文字"工具制作书籍效果，使用"横排文字"工具和图层样式制作文字效果，最终效果如图 13-341所示。

图 13-341

扫码观看
本案例视频

📁 **效果所在位置**

Ch13/效果/书籍包装立体效果.psd。

13.13 制作数码产品网页

📢 **案例学习目标**

使用"渐变填充"工具、"图层样式"命令及"动感模糊"命令制作需要的效果。

🔒 **案例知识要点**

使用"渐变"工具和"橡皮擦"工具制作背景效果，使用图层样式、"横排文字"工具、"椭圆"工具和"动感模糊"命令制作导航栏，使用"横排文字"工具和图层样式制作信息文字，最终效果如图 13-342 所示。

图 13-342

◉ 效果所在位置

Ch13/效果/制作数码产品网页.psd。

1. 制作导航条

（1）按 Ctrl + N 组合键，新建一个文件，宽度为 1100 px，高度
为 830 px，分辨率为 72 dpi，颜色模式为 RGB，背景内容为白色，
单击"确定"按钮。将前景色设为浅灰色（233、233、233）。按
Alt+Delete 组合键，用前景色填充"背景"图层，效果如图 13-343
所示。

图 13-343

（2）新建图层并将其命名为"导航条"。将前景色设为白色。选
择"圆角矩形"工具 🔲，在属性栏的"选择工具模式"选项中选择"像
素"，将"半径"选项设为 80 px，在图像窗口中绘制圆角矩形，如
图 13-344 所示。

（3）单击"图层"控制面板下方的"添加图层样式"按钮 _fx._，
在弹出的菜单中选择"斜面和浮雕"命令，在弹出的对话框中进行
设置，如图 13-345 所示。选择"投影"选项，切换到相应的对话
框，设置如图 13-346 所示。单击"确定"按钮，效果如图 13-347 所示。

图 13-344

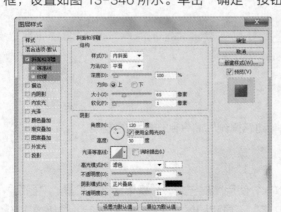

图 13-345

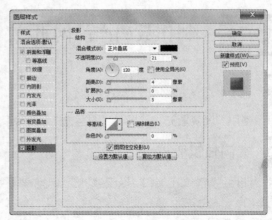

图 13-346

（4）将前景色设为深灰色（68、68、68）。选择"横排文字"工具 $\boxed{T}$，在适当的位置输入需要的文字并选取文字，在属性栏中选择合适的字体并设置大小，按 Alt+向左方向键，调整文字适当的间距，效果如图 13-348 所示，在"图层"控制面板中生成新的文字图层。选取文字"首页"，填充文字为蓝色（92、144、223），效果如图 13-349 所示。

图 13-347   图 13-348

（5）将前景色设为黑色。选择"横排文字"工具 $\boxed{T}$，在适当的位置输入需要的文字并选取文字，在属性栏中选择合适的字体并设置大小，按 Alt+向左方向键，调整文字适当的间距，效果如图 13-350 所示，在"图层"控制面板中生成新的文字图层。选取文字"LING"，填充文字为蓝色（92、144、223），效果如图 13-351 所示。

图 13-349   图 13-350   图 13-351

（6）将前景色设为灰色（117、117、117）。选择"横排文字"工具 $\boxed{T}$，在适当的位置输入需要的文字并选取文字，在属性栏中选择合适的字体并设置大小，按 Alt+向右方向键，调整文字适当的间距，效果如图 13-352 所示，在"图层"控制面板中生成新的文字图层。

（7）选取文字，按 Ctrl+T 组合键，在弹出的"字符"控制面板中单击"全部大写字母"按钮 $\boxed{TT}$，将文字全部大写，其他选项的设置如图 13-353 所示。按 Enter 键确认操作，效果如图 13-354 所示。

图 13-352   图 13-353   图 13-354

（8）按 Ctrl+O 组合键，打开云盘中的"Ch13 > 素材 > 制作数码产品网页 > 01"文件。选择"移动"工具 $\boxed{\text{+}}$，将图片拖曳到图像窗口中适当的位置，效果如图 13-355 所示，在"图层"控制面板中生成新图层并将其命名为"灯"。

（9）新建图层并将其命名为"光"。将前景色设为蓝色（27、97、204）。选择"椭圆选框"

工具 ⬭ ，在图像窗口中绘制椭圆选区，如图 13-356 所示。按 Alt+Delete 组合键，用前景色填充选区。按 Ctrl+D 组合键，取消选区，效果如图 13-357 所示。

图 13-355

图 13-356

图 13-357

（10）选择"滤镜 > 模糊 > 动感模糊"命令，在弹出的对话框中进行设置，如图 13-358 所示。单击"确定"按钮，效果如图 13-359 所示。

（11）在"图层"控制面板上方，将"光"图层的混合模式选项设为"滤色"，如图 13-360 所示，图像效果如图 13-361 所示。

图 13-358

图 13-359

图 13-360

图 13-361

2. 添加内容区和页脚

（1）按 Ctrl+J 组合键，复制"光"图层，生成新的图层"光 副本"，如图 13-362 所示。

（2）按 Ctrl+O 组合键，打开云盘中的"Ch13 > 素材 > 制作数码产品网页 > 02"文件。选择"移动"工具 ⤬ ，将图片拖曳到图像窗口中适当的位置，效果如图 13-363 所示，在"图层"控制面板中生成新图层并将其命名为"蓝天"。

（3）在"图层"控制面板上方，将"蓝天"图层的混合模式选项设为"变暗"，"填充"选项设为 75%，如图 13-364 所示，按 Enter 键确认操作，图像效果如图 13-365 所示。

图 13-362

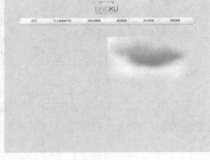
图 13-363

图 13-364

（4）按 Ctrl + O 组合键，打开云盘中的"Ch13 > 素材 > 制作数码产品网页 > 03、04"文件。选择"移动"工具，将图片分别拖曳到图像窗口中适当的位置，效果如图 13-366 所示，在"图层"控制面板中分别生成新图层并将其命名为"云""图片"。

（5）将前景色设为淡黑色（12、11、11）。选择"横排文字"工具 T，在适当的位置输入需要的文字并选取文字，在属性栏中选择合适的字体并设置大小，按 Alt+向左方向键，调整文字适当的间距，效果如图 13-367 所示，在"图层"控制面板中生成新的文字图层。

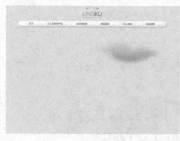
图 13-365

图 13-366

图 13-367

（6）新建图层并将其命名为"矩形 1"。将前景色设为灰色（150、150、150）。选择"矩形"工具，在属性栏的"选择工具模式"选项中选择"像素"，在图像窗口中绘制一个矩形，如图 13-368 所示。单击"图层"控制面板下方的"添加图层蒙版"按钮，为"矩形 1"图层添加图层蒙版，如图 13-369 所示。

（7）选择"渐变"工具，单击属性栏中的"点按可编辑渐变"按钮，弹出"渐变编辑器"对话框，将渐变色设为从黑色到白色，并在图像窗口中由上至下拖曳渐变色，松开鼠标左键，效果如图 13-370 所示。

图 13-368

图 13-369

图 13-370

（8）新建图层并将其命名为"矩形 2"。将前景色设为浅灰色（228、228、228）。选择"矩形"工具，在图像窗口中绘制一个矩形，如图 13-371 所示。

（9）新建图层并将其命名为"矩形 3"。将前景色设为白色。选择"矩形"工具，在图像窗口中绘制一个矩形，如图 13-372 所示。

（10）将前景色设为灰色（144、143、143）。选择"横排文字"工具 T，在适当的位置输入需要的文字并选取文字，在属性栏中选择合适的字体并设置大小，按 Alt+向右方向键，调整文字适当的间距，效果如图 13-373 所示，在"图层"控制面板中生成新的文字图层，效果如图 13-374 所示。数码产品网页制作完成。

图 13-371

图 13-372

图 13-373

图 13-374

课堂练习——制作家具网页

练习知识要点

　　使用"横排文字"工具、"栅格化文字"命令和"多边形套索"工具制作标志，使用"矩形"工具、"直线"工具和"填充"工具制作导航条，使用"移动"工具、"不透明度"选项和"横排文字"工具制作主题图片，使用"横排文字"工具和"自定形状"工具添加其他相关信息，最终效果如图 13-375 所示。

扫码观看
本案例视频

扫码观看
本案例视频

图 13-375

效果所在位置

Ch13/效果/制作家具网页.psd。

课后习题——制作绿色粮仓网页

习题知识要点

使用"文字"工具和"矩形"工具制作导航条，使用"钢笔"工具、"椭圆"工具和剪贴蒙版制作广告区域和小图标，使用"圆角矩形"工具和"文字"工具制作广告信息区域，最终效果如图 13-376 所示。

扫码观看
本案例视频

扫码观看
本案例视频

图 13-376

效果所在位置

Ch13/效果/制作绿色粮仓网页.psd。